KB044383

CNC 공작기계와 프로그래밍

CNC Machine Tools & Programming

안중환 · 김창호 · 김선호 · 김화영

 북스힐

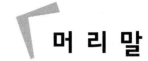

머리말

《CNC 공작기계 - 원리와 프로그래밍》을 2006년 발간하고 벌써 7년이 지났다. 그동안 여러 대학에서 교재로 사용해 오신 분들로부터 오류와 부족한 부분에 대해 여러 의견을 들었고 필자들도 체제상 보완해야 할 부분이 많다는 것을 느껴 왔다. 2012년 겨울에 시작한 대대적인 개편 작업이 이제 그 결실을 맺게 되었다. CNC의 원리와 수동 프로그래밍에는 큰 변화가 없지만 이를 응용한 기계 형태나 자동 프로그래밍 소프트웨어는 시대에 따라 새로운 것이 나오고 기능이 많이 변화하고 있다. 이런 내용을 가능한 많이 담고자 하였고 학생들의 이해를 돕기 위해 좀 더 자세한 설명을 추가하였다. 책의 체제와 내용이 많이 바뀐 점을 감안하여 《CNC 공작기계와 프로그래밍》이라는 새 제목을 달았다.

필자가 CNC 공작기계를 다루기 시작했던 1970년대 후반과 1980년대와 비교하여 2010년대 대한민국의 공작기계 생산은 세계 5위 수준으로 크게 발전했다. CNC 공작기계는 기계, 전자 및 컴퓨터 기술이 융합된 메카트로닉스 기술의 대표적 기계로서 컴퓨터로 정밀 제어되기 때문에 복잡한 형상 가공성과 정밀성 면에서 최고급 기능공보다 훨씬 우수하여 생산성을 획기적으로 향상시켰다. 현대식 제조공장의 특징인 다품종 소량생산과 자동화 무인운전이 가능해진 것도 CNC 공작기계 덕분이다. 그리고 공작기계는 항공기, 자동차, 휴대폰, 가전제품 등 모든 소비재들을 생산하는 모기계(mother machine)이기 때문에 공작기계의 성능수준이 그 나라의 기술 수준, 즉 산업의 수준을 대변한다.

시중에 CNC 공작기계에 관한 책이 많이 나와 있으나 대부분 원리보다는 프로그래밍 위주로, 즉 설계자보다는 사용자 입장에서 소개하고 있는 점을 늘 아쉽게 생각해 왔다.

우리나라는 미국, 유럽, 일본 등의 선진국에 비해 CNC 공작기계 산업이 늦게 시작하였고 자체 개발보다는 모방 제작을 먼저 하였기 때문에 활용기술은 뛰어나지만 원리에 근거한 원천기술이 부족하다. 공작기계 산업이 세계 5위권에 진입했기 때문에 이제는 이 분야 기술을 우리나라가 선도하여 세계 1, 2위권으로 성장하는 일이 남았다. 이에 필요한 차세대 공작기계 기술자를 양성하는 데 도움이 되기를 기대하면서 가능한 학생들이 이해하기 쉽도록 CNC 원리를 설명하였다.

이 책은 내용상 2부로 나눌 수 있는데, 1부에서는 CNC 공작기계의 구조와 원리에 대해서, 2부에서는 수동 및 자동 프로그래밍에 대해서 설명하였다. 각각에서 다루는 내용은 기초 단계부터 어려운 고급 단계까지 포함되어 있다. 1부의 서보제어에 관한 내용이나 2부의 자동 프로그래밍 중 APT 나 HyperMill 에 관한 내용은 어려우므로 학생의 수준이나 학습에 필요한 정도에 따라 적절히 건너뛰어 전체 교육흐름에 맞도록 내용을 선택할 필요가 있다. 더 전문적이고 상세한 내용은 부록에 싣고 필요한 사람은 활용할 수 있도록 하였다.

강의실에서 프로그래밍한 것을 실제 가공한다는 것은 쉬운 일이 아니다. 프로그램을 확실히 하기 위해 학교 부속공장이나 외부 공장에 의뢰해 실제 가공한 것을 예제로 많이 활용하였다. 그리고 관련 자료의 그림이나 사진은 국내 업체의 최신 것을 활용하였다. 여러 방면으로 도움을 주신 분들께 감사드린다. 좋은 책을 만들기 위해 최선을 다했지만 여전히 부족한 점이 많을 것이다. 독자 여러분들의 예리한 지적과 따뜻한 조언을 바란다.

2014년 2월
대표저자 안중환

차 례

1장 CNC와 가공 자동화

가공공정의 자동화가 잘 된 공장에 가면 CNC 공작기계가 쭉 늘어서 있고, 제어기 화면에는 진행 중인 CNC 프로그램과 작업현황이 시시각각 디스플레이 되고 있다. 때때로 공구저장대가 빙글빙글 돌면서 공구교환이 이루어지고, 공작물을 장착하고 있는 팔렛이 이송 궤도 위로 왔다 갔다 하며 공작물 교환이 이루어진다. 작업자는 거의 눈에 보이지 않고 어떤 공작기계에서 경고음이 울리면 작업자가 나타나서 확인한다. 그림 1.1은 4대의 머시닝 센터, 2대의 CNC 선반 그리고 2대의 로봇으로 이루어진 가공자동화 시스템을 보여준다.

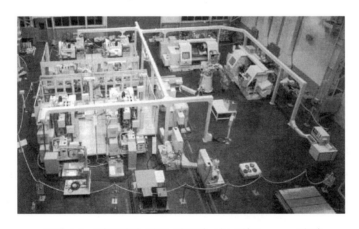

그림 1.1 대표적인 가공 자동화 시스템(Okuma, 일본)

[유튜브 참고 동영상]
The History of CNC(4:20)
Numerical Control & Computer Numerical Control(4:39)
CNC Operator(0:56)
CNC Programmer(1:43)

무엇이 가공공정의 무인화를 가져왔는가? 그 핵심이 CNC 공작기계이다. 1장에서는 가공 자동화의 방향, CNC의 역사, 한국의 공작기계 산업현황, CNC의 적용분야 및 장단점 등에 대해서 설명한다.

1.1 CNC의 정의

NC(Numerical Control : 수치제어)는 "수치정보를 지령으로 입력해서 기계로 하여금 소정의 작업을 수행하도록 하는 자동제어 방법"이다. 수치정보는 정해진 양식(NC 코드)[1]을 갖추어서 표현되는데, 예를 들어 NC 코드 지령

G00 X123.078 Y-70.205 M03 S1500;

이 주어지면 기계는 자동으로 주축 1500rpm(S1500)으로 정회전(M03) 하면서 테이블을 목표위치 (X=123.078, Y=-70.205)로 급속이송(G00)하는 작업을 한다.

여기서 테이블 이송지령은 G, 공구지령은 T, 주축속도는 S, 이송속도는 F, ON/OFF 지령은 M 등으로 나타낸다. 하나의 xx공정을 마무리하는 데 필요한 모든 지령을 하나로 모은 것을 xx공정 CNC 프로그램이라고 한다.

초기의 NC에서는 입력된 지령정보를 해석하고 처리하는 주체가 논리회로로만 되어 있었는데, CNC(Computerized NC : 컴퓨터 수치제어)에서는 마이크로컴퓨터가 이것을 대체하고 있는 점이 다르다. 즉 1970년대 마이크로프로세서가 개발된 뒤 자연히 NC가 CNC로 바뀐 셈이다. 이런 이유로 초기의 NC를 회로형(hardwired) NC, 요즘의 NC를 프로그램형(softwired) NC라고도 한다. CNC로 되면서 CNC 장치는 더 작아지고 기능은 더 풍부하게 되었다. 따라서 CNC의 기능 향상은 마이크로프로세서의 발달과 함께 해 왔다.

----

1) EIA(Electronics Industries Association) 코드 : RS-244B

   ISO 코드 / ASCII(American Standard Code for Information Interchange) 코드 : RS-358B

1.2 가공공정의 자동화

가공공정은 금속 또는 비금속 소재를 원하는 형상으로 깎거나(절삭가공) 변형시켜(성형가공) 만드는 생산공정이다. 이들 공정은 각각 공작기계, 프레스에서 이루어지는데 필요한 형상을 만들기 위해 보통 공구나 금형이 사용된다. 표 1.1은 금속 소재를 대상으로 하는 절삭과 성형기계를 나타낸다.

표 1.1 가공기계의 종류

소 재	가공방법	접 촉	기 계
금 속	절 삭	접촉절삭	터닝 센터
			머시닝 센터
			밀링기
			연삭기
			드릴링기
		비접촉절삭	방전가공기
			레이저가공기
			초음파가공기
	성 형	프레스기	
		절곡기	

1.2.1 가공 공정의 구성요소

가공에 필요한 요소를 시스템적으로 생각하면 그림 1.2에 보이는 것처럼 작업자, 공작물, 공작기계, 공구로 구성된다. 여기에 소재, 정보, 에너지가 입력되면 작업자의 판단에 의하여 기계를 조작하게 되고 공구와 공작물의 상대운동이 일어나고 완성된 제품이 출력된다. 따라서 형상이 복잡하고 정밀한 제품은 경험이 많은 숙련공의 손을 거쳐야만 한다. CNC 기계에서는 컴퓨터의 지원을 받아 정보처리 과정과 기계조작 과정을 모두를 자동적으로 처리한다. 현대의 자동화 공장에서는 컴퓨터의 지령을 받아 기계가 자동으로 작동되기 때문에 작업자는 프로그램을 하든지 전체 공정이 원만히 진행되는지 감시하는 역할만 하면 된다. 따라서 필요한 작업자수도 현저히 줄어들게 된다.

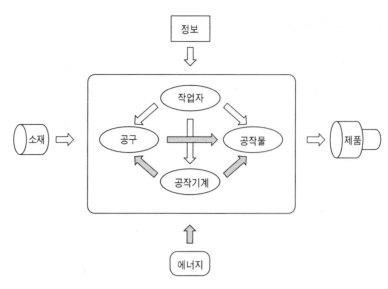

그림 1.2 작업자에 의한 가공 시스템의 구성

1.2.2 공구 – 테이블 구동 기술의 자동화

공작기계에서 숙련공의 손 조작이 필요한 핵심 기술은 첫째, 공구 위치를 정확하게 이동시키고, 둘째, 가공속도, 이송속도, 공구 설치 각을 알맞게 맞추는 것이다. 전자는 형상 정밀도를 달성하는 데 필수적인 것이고, 후자는 제품의 표면 품위를 높이기 위한 것으로 경험적인 노하우에 속한다. 범용 공작기계에서 첫째 기술은 숙련된 작업자가 손으로 공구대나 테이블을 핸들로 적절히 돌림으로써 이루어졌다. 따라서 고정밀도가 요구되고 형상이 복잡해지면 가공시간이 길어질 뿐 아니라 가공하기가 매우 어려워진다.

손 조작 기술을 어떻게 자동화하느냐에 따라 크게 두 가지 방식이 있다. 그림 1.3은 수동식 이송기구(그림 1.3(a))를 자동화 이송기구로 바꾼 모습을 나타낸다. 캠이나 링크와 같은 기구를 사용하는 기구식 자동화(그림 1.3(b))와 서보 모터(servo motor)와 컴퓨터 제어기를 사용하는 서보식 자동화(그림 1.3(c))이다.

기구식은 캠의 형상에 의해 테이블이나 공구의 궤적이 정해지므로 한 가지의 부품 형상만 가공할 수 있고, 부품 형상이 바뀌면 거기에 맞는 캠이나 링크로 교환해야 한다. 또 복잡한 형상을 가공하기 위해서는 캠이나 링크 설계가 복잡해진다. 따라서 한 종류의 단순형상 부품을 대량 생산하는 데 주로 사용된다(대량 생산 자동화).

서보식은 컴퓨터 제어기에서 부품 형상에 맞는 지령정보(위치, 속도)를 자유자재로

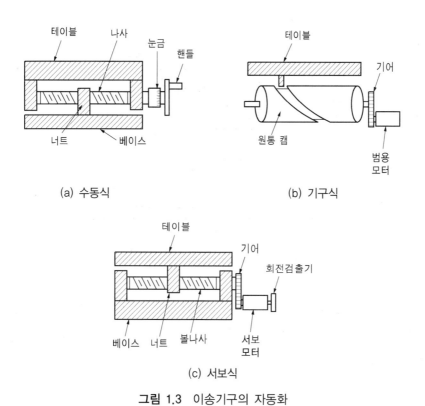

(a) 수동식   (b) 기구식

(c) 서보식

그림 1.3 이송기구의 자동화

만들어서 서보 모터를 구동하면 되므로 기구부에 아무 변동 없이 복잡한 형상도 가공할 수 있다. 따라서 복잡형상 부품이나 다종의 단순 형상 부품을 소,중량 생산하는 데 알맞다(다품종 생산 자동화).

1.2.3 자동화 가공기계의 유형

가공기계의 자동화 방향은 크게 생산성 향상과 다양성을 지향하는 두 가지방향으로 진행되어 왔다. 그림1.4는 생산성과 다양성 측면에서 평가한 자동화 가공기계의 유형을 나타낸다.

1) 생산성 지향 기계

1920년대~1960년대 특정형상의 부품을 대량 가공할 목적으로 개발된 기계이다. 이런 기계에서는 부품의 형상과 치수 변경이 어렵고, 시스템 전체가 짜여진 듯이 연결되어

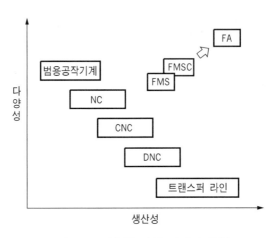

그림 1.4 자동화 가공 기계의 유형

있으므로 기계간 공정시간이 다를 경우 가동률이 떨어지고, 고장이 생길 때 시스템 전체가 정지한다. 유연성(flexibility) 없는 고정 자동화(hard automation) 기계로서 아래와 같은 기계들이 있다.

① 자동선반(automatic lathe)

　순차제어(sequence control)에 의해 정해진 가공만이 가능하도록 만들어진 선반

② 전용 공작기계(special purpose machine tools)

　정해진 제품이 대량생산에 적합하게 만들어진 기계로서 형상이 바뀌면 사용이 불가능함

③ 트랜스퍼 머신(transfer machine)

　전용기계를 여러 대 직렬로 배치하여 기계간 공작물 이동은 자동으로 이루어짐

2) 다양성 지향 기계

　전용 기계와 달리 1대의 기계에서 형상과 치수가 다른 여러 가지 부품을 가공할 수 있는 다품종 소량생산 방식의 기계이다. 이것은 소비자의 요구가 다양해지면서 그 중요성이 더욱 부각되고 있다. 입력지령만 바뀌면 다른 제품이 출력되므로 유연성이 높은

유연 자동화(soft automation) 기계로서 다음과 같은 것들이 있다.

① 모방 공작기계(tracer machine, copy machine tools)

　부품 형상정보가 모형(template)으로 준비되면 촉침(stylus)이 이를 읽어 들여 유압 서보기구가 위치 및 윤곽을 제어한다. 그림 1.5는 그 구조를 보여준다. 아날로그식 제어방식으로 CNC 제어가 보급되기 전에 사용되었으나 모형을 제작하는 것이 어렵고, 또 반복 사용함에 따라 모형이 마멸하는 문제 때문에 CNC로 대체되었다.

② 수치제어 공작기계(CNC machine tools)

　부품 형상정보가 수치로 입력되고 센서와 서보 모터로 구성된 서보기구에 의해 공구경로가 제어되며 필요한 형상의 부품이 가공된다. 그림 1.6은 CNC 공작기계의 구성을 보여준다. 형상이 바뀌더라도 바뀐 형상정보만 입력하면 되기 때문에 유연성이 가장 우수한 공작기계이다.

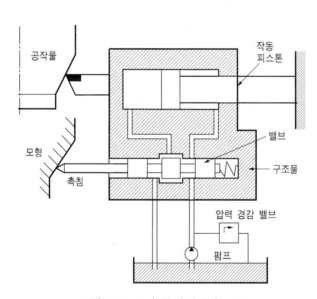

그림 1.5 모방 공작기계의 구조

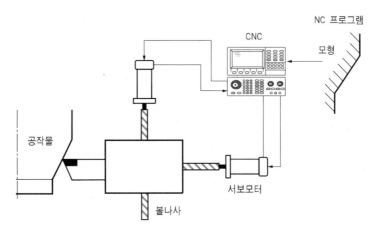

그림 1.6 수치제어 공작기계의 구조

1.2.4 기구식과 CNC식 자동화 기계의 비교

기구식과 CNC식 자동화 기계가 어떻게 다른지 선반의 예를 들어 구조와 특징을 비교해 보자. 그림 1.7은 수동선반, 자동선반, CNC 선반의 사진을 나타낸다. 표 1.2는 이들을 대상으로 몇 가지 특징을 비교한 것이다.

표 1.2 수동·자동·CNC 선반의 비교

기계 항목	수동 선반	자동 선반	CNC 선반
공구제어 정보	작업자 두뇌	캠, 링크	프로그램, 마이크로프로세서
공구 이동	작업자 손, 팔	모터, 캠, 링크	서보 모터, 볼 스크루
위치·속도 검출	작업자 눈	×	센서
자동화 수준	×	단순	고급
생산방식	단순형상 저정밀도 부품의 소량(10개 이하) 생산	단순형상 부품의 대량(mass) 생산	복잡 형상 부품의 소·중량(batch) 생산
문제점	효율저하, 품질결함	융통성 결여	프로그래밍 어려움

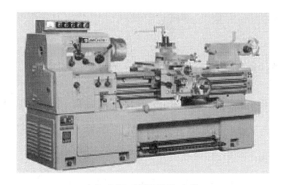

(a) 수동 선반(화천기계)

(b) 자동 선반

(c) CNC 선반(위아)

그림 1.7 선반의 종류

1.3 CNC의 역사

1.3.1 NC의 태동과 개발 연대사

제2차 세계대전 직후 미국 공군은 범용 공작기계에서 가공하기 힘든, 복잡하면서도 정밀한 비행기 부품[2]을 신속하고도 안정적으로 제작할 수 있는 기계를 개발할 필요성을 절실히 느끼고 있었다.

MIT의 서보기구 연구실(Servomechanisms Lab)이 1949년부터 미공군의 프로젝트에 참여하여 1952년 최초로 retrofit NC[3] 밀링기(그림 1.8)를 개발하였다. 미국에서 NC 밀링기가 개발된 이래 일본, 유럽에서 계속해서 새로운 NC 가공기계들이 개발되었고, 한국에서도 1977년 처음으로 NC 선반을 개발하였다. 한국의 경우 KIST와 화천기계가 협력해서 수동선반을 개조한 retrofit NC 선반이다.

순수한 국산 제어기(TEPS)[4]를 채용한 최초 국산 CNC 선반이 (주)통일에 의해 1984년

그림 1.8 세계 최초의 NC 공작기계

---

2) 비행기 부품의 특징
   * 복잡 형상, 고정밀 → 고도의 숙련공, 치공구, 공정 도중 잦은 측정 필요
   * 큰 알루미늄 괴에서 부품 가공 → 많은 공정 필요
3) retrofit NC: 수동 공작기계의 주축과 이송축을 서보기구로 대체하여 개조한 NC 공작기계
4) Tongil Easy Positioning System(TEPS)
   · μ - Processor(G80: LG 製, 8bit 4개 사용), 보간회로 자체 개발
   · 국산화율 50%(볼 나사도 국산화)
   · 1986년 현대자동차 '포니'의 엔진가공라인에 NC 선반, 머시닝 센터 20여대를 투입하였으나 잡음(noise)에 의한 오동작으로 실패함.

(a) 국산 CNC 1호기의 내부 구조

(b) 국산 CNC 밀링 1호기

그림 1.9 국산 최초의 CNC와 CNC 공작기계((주)통일, 한국 와콤전자 제공)

2월에 개발되었고, 최초 국산 CNC 밀링은 그해 10월에 개발되었다. 그림 1.9는 국산 CNC 1호기 및 국산 CNC 밀링 1호기를 보여준다.

표 1.3은 한국, 미국, 유럽, 일본을 중심으로 NC 개발사를 정리한 것이다.

표 1.3 NC 공작기계의 개발사(한국·미국·유럽·일본)

연도	개발 기관	개발 기계	비고
1952	MIT 서보기구 연구실(미국)	NC 밀링 (3축 제어)	미국 공군 지원
1955	Bendix 사(미국)	NC 밀링 100대 제작	미국 공군
1956	Kearney & Trecker(미국)	CNC Profile	유압 펄스 모터
1956	동경공업대(TIT, 일본)	NC 선반 (2축제어)	일본 최초 NC 기계
1957	Gidding & Lewis(미국)	Skin Miller (5축)	
1957	후지쯔(FANUC 전신, 일본)	NC 터렛 펀치 프레스	
1958	마끼노 제작소+ 후지쯔	NC 밀링	최초 상품화 밀링
1958	기계 시험소(일본)	NC Jig Borer	광학 검출계 적용
1959	Kearney & Trecker	머시닝 센터 (Milwaukee −Matic Ⅱ)	ATC(Automatic Tool Changer)로 공정집약화
1959	MIT(미국)	APT(1)	CAM의 시초
1960	Cincinatti Milacron(미국)	NC 원통 연삭기	
1964	히따찌(일본)	머시닝 센터	
1964	토요타 코오끼(일본)	NC 캠 연삭기	

표 1.3 계속

연도	개발 기관	개발 기계	비고
1964	아헨공대(독일)	EXAPT	
1967	Cincinatti Milacron과 General Electric	Molins System 24	DNC의 시초
1968	이케가이 + 후지쯔	DNC	
1969	Sundstrand(미국)	DNC (Omni Control)	
1970	Rank Pneumo Precision (미국)	비구면 가공기	공기 베어링 주축 레이저 간섭계
1977	KIST+화천기공(한국)	NC 선반	국내 최초 CNC 공작기계
1984	(주)통일(한국)	TEPS	최초 한국산 CNC 제어기
		NC 선반, NC 밀링	최초 한국산 제어기 탑재
1986	(주)통일	머시닝 센터	
1991	큐빅테크(한국)	OMEGA	국내 최초 CAM
1992	(주)통일	SENTROL	
1994	(주)터보테크(한국)	2축 선반용 CNC	
1995	(주)대우종합기계(한국)	FMS 시스템	
1997	(주)대우종합기계	25,000rpm 머시닝 센터	
1998	(주)한국와콤전자(한국)	CNC 제어기	통일에서 SENTROL 인수
1999	(주)터보테크	개방형 PC-NC	
2003	(주)대우종합기계	복합가공 터닝 센터	세계 5위 진입

1.3.2 CAM과 CAD 기술의 태동

1952년 미국 MIT의 서보기구 연구실(Servomechanisms Lab).에서 미공군의 요청으로 NC 밀링을 개발한 뒤 항공산업에서 활용했지만 부품의 형상이 복잡해질수록 곡선가공 경로에 있는 수많은 점들을 일일이 입력하는 것이 너무 시간이 걸리고 어려웠다. 그래서 미국 항공산업협회(AIA : Airospace Industries Association)가 형상정보를 쉽게 입력할 수 있는 자동 프로그래밍 시스템의 개발을 요청하게 되고, 1957~1961년에 걸쳐 미국 MIT의 컴퓨터 응용그룹(Computer Applications Group)이 참여하여 최초의 자동 프로그래밍 언어이자 CAD, CAM의 원조인 APT(Automatically Programmed Tools)을 개발하였다.

APT는 공작물 형상을 정의하는 형상정의문과 공구운동을 정의하는 공구동작문, 그 외 시스템제어문으로 이루어지는데 형상정의문은 후에 컴퓨터 그래픽스와 연계해서 CAD 분야로, 공구동작문은 공정계획과 연계해서 CAM 분야로 분화되어 발전을 계속하여 왔다. 현재는 다양한 CAD 또는 CAM 소프트웨어가 설계 또는 가공분야에 특화되어 현장에서 사용되고 있다.

1.3.3 CNC 기반 생산 시스템의 변천

CNC 공작기계의 보급 확대는 공작기계 기반의 생산 시스템을 크게 변화시키고, 고기능화, 고정밀화, 무인화를 지향하면서 DNC, FMC, FMS로 발전해 왔다. 가공기계(또는 시스템)가 NC화 되는 과정을 주요 기술변천에 따라 몇 단계로 나누면 다음과 같다.

1) 단위 NC 기계

초기의 회로 가변형(hard-wired) NC로서 비교적 성능이 단순하고, 밀링, 선반, 드릴링 등 단위 공정이 가능한 기계이다.

2) 단위 CNC 기계

1970년대에 개발된 마이크로프로세서가 장착된 단위 공정용 CNC 기계로서 프로그램을 쉽게 바꿀 수 있고(soft-wired) 여러 가지 다양한 지원 프로그램이 개발되어 성능이 향상되었다. 초기에 NC 프로그램 입력 방법으로는 수동입력(MDI: Manual Data Input) 외에 천공 테이프를 이용하였고, 이를 위해 그림 1.10과 같은 전용 NC 프로그램 입력장치와 테이프 펀칭기가 필요했다. 이러한 장치는 나중에 RS-232C와 같은 통신매체를 통한 컴퓨터 입력으로 대체되었다.

3) 머시닝 센터 (machining center)

여러 종류의 절삭공정이 가능한 복합 (또는 공정집약) 가공 시스템이다. 따라서 여러 종류의 공구를 저장할 공구저장대 (tool magazine)와 공정이 바뀔 때마다 공구교환을 하는 공구교환기 (ATC : Automatic Tool Changer)가 필요하다.

4) 군(群) 관리 시스템(DNC : Direct NC system)

주 컴퓨터(host computer)가 통신선을 통해서 여러대의 CNC 공작기계를 제어, 관리하는 생산 시스템이다. 부품 프로그램의 처리나 생산관리정보를 전체로 파악할 수 있어 최적조건으로 시스템을 운영할 수 있다. FMC나 FMS 처럼 복수 기계로 구성된 생산 시스템을 구성하는 기본 기술이 된다. 그림 1.11은 DNC의 개념도를 나타낸다.

그림 1.10 CNC 공작기계용 테이프 작성 장치(Valentino & Goldenberg)

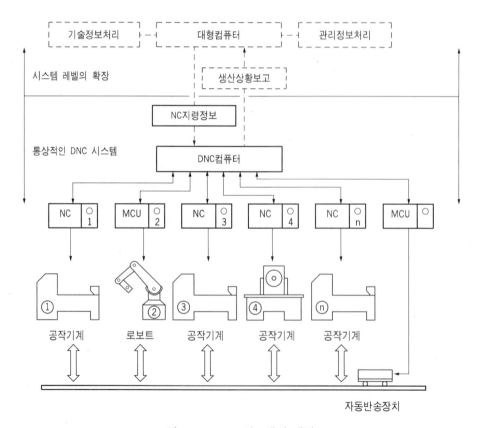

그림 1.11 DNC 시스템의 개념도

5) FMC (Flexible Manufacturing Cell)

FMC는 그림 1.12처럼 CNC 공작기계, 로봇, 반송장치 등을 조합해서 개별공정을 자동화한 소규모 유연제어 생산단위이다.

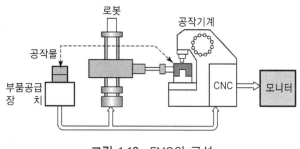

그림 1.12 FMC의 구성

6) FMS (Flexible Manufacturing System)

제품의 다품종화에 대응해서 공작기계의 변동/확장, 라인의 변경이 가능하도록 개발된 생산시스템으로 그림 1.13처럼 공작기계, ROBOT, 운반장치, 자동창고, 중앙제어 컴퓨터로 구성된다. 형상(예: 각형, 원통형, 원판형)에 따라 공정 및 기계의 분류가 쉽고

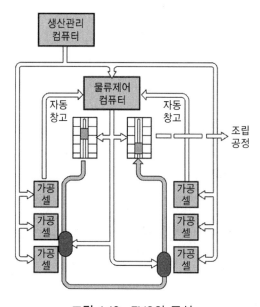

그림 1.13 FMS의 구성

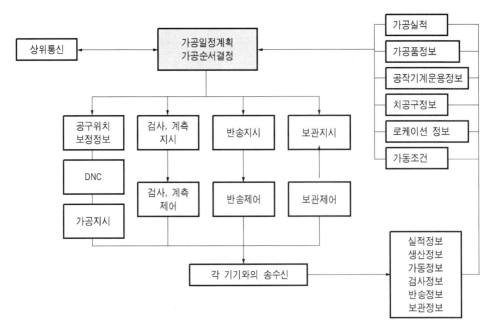

그림 1.14 FMS의 운영 소프트웨어

(flexibility), 유사 형식의 치수 변화와 생산수량의 변동에 대처하기 쉬워(versatility)
전 공정의 체계화가 가능하다.

　야간의 무인화 운전을 실현한 FMS 사례로 FANUC(주) 후지쯔 ROBOT 공장의 24시간
또는 72시간 무인 FMS가 있다. 장시간 무인운전을위해 공구파손을 감시하는 기능이
필요하다. 그림 1.14는 FMS를 운영하는 데 필요한 소프트웨어를 나타낸다.

1.4 CNC 공작기계의 중요성

1.4.1 자본재 산업의 핵심

　CNC 공작기계는 기계를 만드는 모기계(mother machine)이고, 규격·품질·성능 등의
기술 집약도가 높은 고부가가치 산업이기 때문에 산업구조의 고도화와 제조업 경쟁력
강화에 필수적인 핵심 기술이다. 그러나 기술 축적에 장시간이 소요되고 기술모방에
한계가 있어 단기간에 경쟁력 확보가 불가능하다. 공작기계의 연구·개발에 대규모 투자
를 하고 있는 일본이나 독일이 제조업 경쟁력이 강세인데 비해 공작기계를 포기한 영국이

제조업 경쟁력이 약세인 사실을 보면 그 중요성을 알 수 있다.

1.4.2 선진 공업 기술력의 척도

공작기계는 선진 공업기술력의 척도로서 G7 그룹에 속한 일본, 독일, 미국, 이탈리아
와 유럽의 공업국인 스위스, 오스트리아, 스페인, 그리고 후발 공업국가인 중국, 한국,
대만 등이 세계 총 생산량의 대부분을 생산하고 있다. 세계대전을 일으킨 일본, 독일,
이탈리아는 각각 17.3%, 15.9%, 6.8%(2015년 기준)를 차지하고 있다. 최근 급격한 공업
발전을 하고 있는 중국은 2009년부터 공작기계의 생산과 소비에서 압도적으로 1위에
올라 있다.

1.4.3 전략물품

CNC 공작기계는 고성능 군용 장비나 무기제조에 사용될 수 있기 때문에 공산권이나
테러에 관련된 국가에 수출할 때 통제를 받는 전략물품이다. 이와 관련된 역사적 사건으
로 1980년도 중반에 드러난 도시바 COCOM[5] 위반사건이다. 이 사건은 (주)도시바 기계
가 1982-1984년 사이에 COCOM 규제 품목인 9축과 5축 제어 밀링기계를 각 4대씩
비밀리에 소련에 수출하였고, 소련은 이 기계를 이용해서 잠수함의 스크루를 정밀가공하
여 잠수함의 추진소음을 줄였고, 미국은 기존의 소너(SONAR) 장비로 소련 잠수함을
추적할 수 없게 되었고, 결국 미국의 국가안보에 큰 피해를 입혔다는 혐의로 큰 제재를
받은 사건이다.

1.5 한국 공작기계 기술의 현황

1.5.1 공작기계 산업의 발전 추세

그림 1.15는 1994년 이후 공작기계 산업의 발전 추세를 생산, 수출, 수입 측면에서

---

5) Coordinating Committee for Export Control to Communist Area(對공산권 수출통제 위원회,
   1949-1994.3, 17개국). 이후에 새로운 전략물자 수출통제규범인 바세나르 체제(Wassenaar
   Arrangement, 1996.4. 33개국)로 바뀌었다. 통제 대상국가는 국제평화와 지역안전을 저해할
   우려가 있는 모든 국가로 현재 북한, 리비아, 이란, 이라크, 시리아 등이 해당된다.

보이고 있다. 2002년 공작기계 생산 2조원을, 2004년 공작기계 생산 3조원과 수출 10억불을, 2008년 공작기계 생산 4조 8천억원과 수출 19억불을, 2014년 공작기계 생산 6조 4천억원을 각각 돌파하였다.

1.5.2 강생산기술 약핵심기술

2015년 현재 국내 공작기계 생산의 CNC 비중은 90% 이상이고, 수동이 10%에 못미치는데, CNC 비중은 더욱 높아지고 있다. 공작기계의 생산액 측면에서 절삭기계와 성형기계 비중이 각각 70%, 30%이다.

한국은 2016년 통계(표 1.4~1.7)에 따르면 총생산 47.6억 달러(세계 5위)로 세계 총생산액의 6.1%를 점유하고, 소비 38.2억 달러(세계 5위), 수출 23.4억 달러(세계 7위), 수입 14.1억 달러(세계 7위)로 자본재 산업의 강대국으로 자리를 잡았다. 수출주종은 비교적 저가의 선반, 머시닝 센터, 프레스이고, 수입주종은 고가의 머시닝 센터, 선반, 레이저 가공기, 연삭기, 프레스, 절곡기이다. 이것은 우리나라의 CNC 기술력이 정밀도, 가공난이도, 기능면에서 아직 낮다는 것을 말한다. 핵심기술 중 CNC 제어기와 서보 모터 등은 거의 수입에 의존하고 있다.

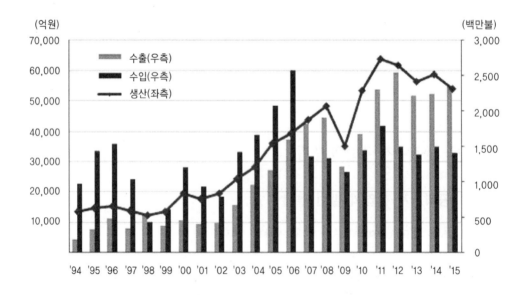

그림 1.15 한국 공작기계 산업의 규모(한국 공작기계 산업협회 자료)

표 1.4 국가별 공작기계 생산현황(상위 10개국)(단위: 백만$)

번호	국가명	2013년	2014년	2015년(p)
1	중국	24,700	24,400	22,100
2	일본	11,334	14,707	13,489
3	독일	15,269	14,311	12,422
4	이탈리아	5,476	5,739	5,306
5	한국	5,150	5,618	4,758
6	미국	4,956	5,425	4,600
7	대만	4,537	4,815	4,030
8	스위스	3,243	3,644	3,053
9	스페인	1,285	1,166	1,003
10	오스트리아	1,217	1,039	938

※ (p) preliminary

표 1.5 국가별 공작기계 소비현황(상위 10개국)(단위: 백만$)

번호	국가명	2013년	2014년	2015년(p)
1	중국	31,900	31,800	27,500
2	미국	8,049	8,722	7,361
3	독일	7,573	7,274	6,341
4	일본	3,696	5,254	5,804
5	한국	4,320	4,878	3,823
6	이탈리아	2,098	2,838	3,136
7	멕시코	1,924	2,027	2,214
8	러시아	2,055	2,281	2,177
9	대만	1,629	1,797	1,564
10	인도	1,338	1,499	1,541

※ (p) preliminary

표 1.6 국가별 공작기계 수출현황(상위 10개국)(단위: 백만$)

번호	국가명	2013년	2014년	2015년(p)
1	독일	10,708	10,110	8,792
2	일본	8,383	10,341	8,626
3	이탈리아	4,370	4,082	3,641
4	중국	2,900	3,400	3,200
5	대만	3,548	3,753	3,186
6	스위스	2,800	3,026	2,587
7	한국	2,216	2,236	2,342
8	미국	2,176	2,334	1,745
9	벨기에	985	1,068	955
10	스페인	1,184	1,032	851

※ (p) preliminary

표 1.7 국가별 공작기계 수입현황(상위 10개국)(단위: 백만$)

번호	국가명	2013년	2014년	2015년(p)
1	중국	10,100	10,800	8,600
2	미국	5,268	5,631	4,506
3	독일	3,013	3,073	2,731
4	멕시코	1,908	1,983	2,188
5	러시아	1,922	1,900	1,756
6	이탈리아	992	1,181	1,471
7	한국	1,386	1,496	1,407
8	터키	1,037	1,124	1,031
9	일본	745	888	940
10	벨기에	858	974	904

※ (p) preliminary

1.6 CNC 기계의 장점과 단점

CNC 기계는 유연 자동화(soft automation) 방식이기 때문에 고정 자동화(hard automation) 방식인 전용기계보다 여러 가지 장점을 가지고 있다. 이들을 간단히 설명하면 다음과 같다.

1.6.1 장점

1) 형상변동 대응성

제품의 형상이 일부 바뀌더라도 치공구를 바꾸지 않고 약간의 CNC 프로그램 변경만으로 생산이 가능하므로 제품의 모델 변화에 대처가 용이하다. 따라서 다품종 소량 생산이나 항공기 부품처럼 소량 생산에 유리하다.

2) 가공 집중화

대형 공작물이라도 다른 기계에 옮기지 않고 공구 교환만으로 여러 가지 가공 공정을 같은 기계에서 할 수 있다. 예를 들면 터닝 센터, 머시닝 센터, 그라인딩 센터 등이 있다. 그 결과 치공구를 줄일 수 있다.

3) 정밀도 향상

CNC 기계를 이용하면 다음과 같은 원인으로 정밀도가 개선되므로 그 결과 제품의 품질이 크게 향상된다.

첫째, 한 기계에서 많은 작업을 할 수 있기 때문에 다른 기계로 공작물을 옮겨 설치할 때 생기는 설치오차가 발생하지 않는다.

둘째, 작업자와 작업 방법 등의 변동요인을 줄일 수 있다.

셋째, 기계운전 기능과 손재주에 의한 기능이 컴퓨터 의존 기능으로 대체된다.

4) 생산계획성 향상

CNC 프로그램으로부터 부품의 가공시간이 정확하게 계산되기 때문에 하루 또는 한 달 생산량이 분명해진다. 따라서 부품별 납기 일정에 따라 생산계획을 합리적으로 세울

수 있어 공장 전체로 최적의 생산계획을 유지할 수 있다.

5) 공장자동화 실현

가공 프로그램을 컴퓨터 파일처럼 쉽게 관리할 수 있고, 통신선을 통해 CNC 공작기계에 전송할 수 있기 때문에 호스트 컴퓨터가 여러 종류, 여러 대의 CNC 장비를 중앙에서 통제할 수 있다. 따라서 가공·조립·검사·반송 등 공정별로 장비들을 분산하여 셀 또는 모듈별로 제어하면서 호스트 컴퓨터와 연계하여 전체가 유기적으로 가동하는 공장자동화를 실현할 수 있다. CNC 기술의 발달이 공장자동화(Factory Automation: FA)를 가져왔다고 볼 수 있다.

1.6.2 단점

CNC 기계의 단점은 가격이 비교적 비싸고 보수(maintenance)가 복잡해서 전문 보수요원이 필요하며, 숙련되고 훈련이 잘 된 프로그래머가 필요하다는 것이다.

1.7 CNC의 적용 분야

생산량, 제품 형상 측면에서 CNC 적용이 유리한 분야는 소·중량의 배치(batch) 생산이면서 형상이 복잡한 제품을 가공하는 경우이다. 그림 1.16(a)는 기계 종류별 생산량과 생산 비용의 관계를 나타내고, 그림 1.16(b)는 생산량과 형상 복잡성에 따라 기계 종류별 유리한 적용분야를 나타낸다. 항공기 부품처럼 형상이 복잡하면서 생산량이 소량인 경우가 CNC 기계의 이상적인 적용분야이다. 선박의 프로펠러[6]나 플라스틱 사출 금형의 경우도 생산량은 적지만 형상 복잡성 때문에 CNC 기계 적용이 유리한 분야이다.

6) 그림은 (주)현대중공업이 2005년에 생산한 8,200 TEU급 고속 컨테이너선에 탑재될 선박 프로펠러를 나타낸다. 무게 106.3톤, 직경 9.1m로서 CNC 공작기계로 가공이 이루어진다.

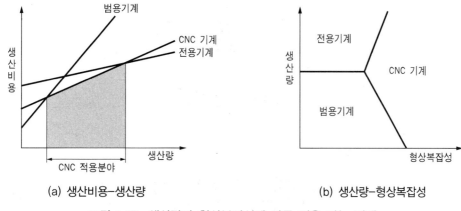

(a) 생산비용–생산량   (b) 생산량–형상복잡성

그림 1.16　생산량과 형상복잡성에 따른 적용 가능 기계

　그러나 최근 인건비 상승과 부품의 고품질화 요구 때문에 형상이 복잡한 부품은 생산량의 많고 적음에 관계없이 CNC 기계를 사용하지 않으면 안 되게 되었다. 그 결과 CNC 기술을 적용하는 분야가 공작기계를 넘어서 다양한 분야로 확대되고 있는 추세이다. 공작기계 중에는 선반, 밀링기, 머시닝 센터 외에도 드릴기, 태핑기, 연삭기, 터닝 센터 등이 있고, 기타 가공기계 중에는 방전가공기, 터릿 펀치 프레스기, 레이저 절단기, 조각기, 목재가공기(CNC router) 등이 있다. 가공 이외의 적용분야는 3차원 측정기, 로봇, 반송차, 옷감 재단기 등이 있다(그림 1.17).

(a) 3차원 측정기

(b) 무인 반송차

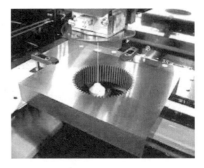

(c) 와이어 방전가공기

(d) 레이저 절단기

(e) 옷감 레이저 절단기

그림 1.17 CNC의 적용 사례

1.8 CNC의 기술 동향

최근의 가공기술은 고속화, 고정밀화, 다기능, 복합화, 무인화, 편리성, 원격A/S 등 수요자의 요구가 증대하고 있다. 이에 부응하여 소프트웨어와 하드웨어 기술이 진화함에 따라 새로운 형태의 CNC 기능이 추가되고 있다. 최근의 수요자 요구에 따른 CNC의 기술동향을 정리하면 다음과 같고, 최신 기술은 유수의 공작기계 전시회[7]에서 매년 소개되고 있다.

1) Software

① 풍부한 가공 Program Option
② Graphic 기능 - 공구 경로 검증
③ 대화형 Program 입력
④ Background 편집

2) 제어/자동화

① 고속제어/Servo Parameter 설정
② PMC Data 입출력/Link/편집/Ladder 화면 표시
③ 측정

3) Spindle 제어

① C축 제어/동기 제어
② Multi Orientation

4) 신뢰성

① 공구경로 확인/주축 회전수/이송속도 표시/진행 Program 표시

----

7) EMO : Machine Tool World Exposition(유럽 하노버, 밀라노)
　　IMTS : International Manufacturing Technology Show(미국 시카고)
　　JIMTOF : Japan International Machine Tool Fair(일본 동경)
　　SIMTOS : Seoul International Machine Tool Show(한국 서울)

② 자기 진단 기능 : 운전상태/Spindle 상태/Servo 상태 표시
③ 원격 A/S

1.9 CNC 공작기계 선정법

CNC 공작기계를 도입하면 생산성을 크게 높일 수 있다. 그러나 이러한 효과를 얻기 위해서 적절한 공작기계와 프로그래밍 소프트웨어를 잘 선정하고, 작업자를 충분히 훈련시켜야 한다. 적절한 공작기계를 선정하려면 기계 시방서(specification) 중에서 아래와 같은 내용을 검토해야 한다.

1) X,Y,Z 축의 스트로크(이동거리)에 의해 부품크기가 결정됨.
2) 주축, 이송축의 구동모터 용량에 의해 절삭량(즉, 생산속도)이 결정됨.
3) 기계정밀도에 의해 가공물의 정밀도가 결정됨.
4) 동시 제어축 수에 의해 가공물 형상(평면, 복합곡면)이 결정됨.
5) 메모리 용량에 의해 한번 가공할 수 있는 형상복잡도가 결정됨.

1. 다음 용어를 간단히 설명하라.

   1) Wassenaar Arrangement

   2) FMS

   3) 한글 CNC TEPS

   4) DNC(Direct NC)

   5) mother machine

2. NC, CNC, DNC의 차이를 설명하라.

3. 생산장비가 대부분 CNC화되는 이유로 생산성, 품질, 제조원가 측면에서 설명하라.

4. CNC와 CAD, CAM을 각각 정의하고 상호관련에 대해 설명하라.

5. 제조업 경쟁력을 높이는 데 CNC 공작기계의 중요성을 설명하라.

6. 범용공작기계와 비교해서 CNC 공작기계의 장점을 설명하라.

2장 CNC 공작기계의 구조

2.1 CNC 공작기계의 종류

절삭가공용 CNC 공작기계는 초기에는 CNC 선반, CNC 밀링, CNC 드릴링과 같은 단일 가공을 수행하는 공작기계가 많이 사용되었으며, 1990년대 이후부터는 공정 집약화를 통해 생산성 향상을 지향하는 머시닝 센터, 터닝 센터, 복합가공기와 같은 다기능 및 복합 (multi-function and multi-tasking) 가공을 수행하는 공작기계가 산업현장에서 많이 사용되고 있다.

절삭가공을 수행하기 위해서는 공구와 공작물 사이에 상대운동이 필요하며, 상대운동을 일으키는 방법, 즉 가공방법에 따라 이를 구현하는 데 사용되는 여러 종류의 CNC 공작기계가 존재한다. CNC 공작기계의 기본 구조는 같은 작업을 수행하는 범용 공작기계와 거의 비슷하며 CNC 제어기와 고정도 서보 구동계를 사용한다는 점이 큰 차이점이다.

2.1.1 CNC 선반

그림 2.1은 범용 선반과 CNC 선반(CNC lathe)의 기본 구조를 나타낸다. CNC 선반은 범용 선반에 CNC 제어기와 서보 구동계를 붙여 자동화한 것으로 원통형상 공작물의 내·외경 및 나사 가공에 주로 사용된다. 그림 2.1(a)와 같이 범용 선반은 왕복대 위에 설치되어 있는 공구대를 작업자가 주축 방향 및 반경 방향으로 움직이는 핸들을 조작하여 작업을 수행하나, CNC 선반에서는 CNC 제어기로부터 NC 지령을 받아 자동적으로

....
[유튜브 참고 동영상]
CyberCNC: Namkamura-Tome Slant 1 with Fanuc 10T CNC Lathe(3:28)

수행한다. 범용 선반과 CNC 선반은 베드 구조에서 차이가 있다. 범용 선반은 베드가 바닥면과 평행한 플랫 베드 구조(flat bed construction)로 되어 있다. 플랫 베드 구조는 공구가 플랫 베드 위 안내면을 따라 움직이기 때문에 작업자가 작업하기 쉬운 구조이나 칩이 베드나 안내면에 떨어져서 칩 배출 성능이 나쁘다. 이런 문제를 해결하기 위해 CNC 선반에서는 경사 베드 구조(slant bed construction)를 사용하고 있다. 경사 베드는 구조가 견고하고 칩 배출 성능이 우수하여 대형 CNC 선반을 제외한 대부분의 CNC 선반에서 채택하고 있다. CNC 선반은 그림 2.1(b)처럼 자동 공구 교환이 가능한 터릿 공구대에 몇 개의 공구를 미리 준비해두고 NC 지령에 따라 공구를 자동교환해 가면서 외경, 내경, 나사와 같은 일련의 선삭가공과 구멍가공, 탭가공 등을 수행한다.

(a) 범용 선반(화천기계)

(b) CNC 선반(화천기계 Hi-ECO31A)

그림 2.1 선반

2.1.2 CNC 밀링머신

그림 2.2는 수직형 범용 밀링머신과 수직형 CNC 밀링머신(vertical CNC milling machine)의 기본 구조를 나타낸다. CNC 밀링머신은 CNC 선반과 마찬가지로 범용 밀링머신에 CNC 장치와 서보 구동계를 붙어 자동화한 것이다. 대부분의 밀링머신은 컬럼-니(column and knee) 구조로 되어 있으며 주축의 방향에 따라 수직형과 수평형으로 구분

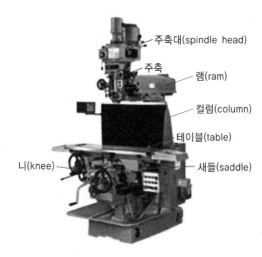

(a) 수직형 범용 밀링머신(화천기계)

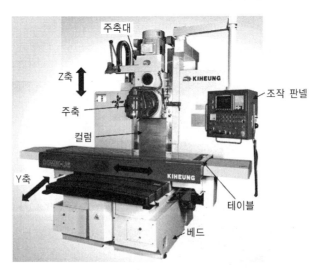

(b) 수직형 CNC 밀링머신(기흥기계 COMBI-U6)

그림 2.2 밀링머신

된다. 수직형 밀링머신(그림 2.2(a))의 경우 주축대가 테이블에 대해 일정각도로 회전하며, 주축대가 장착되어 있는 램 부분이 컬럼 상부의 안내면을 따라 전후 방향으로 이동하는 구조이다. 범용 밀링머신의 경우 부품가공을 위해 작업자가 공작물이 놓인 테이블의 핸들을 돌려 가면서 작업을 수행하나 CNC 밀링머신에서는 CNC 제어기의 제어 지령에 의해 자동으로 작업을 수행한다. 수직형 CNC 밀링머신(그림 2.2(b))도 수직형 밀링머신과 같은 컬럼-니 구조로 되어있다. 밀링커터, 엔드밀, 드릴과 같은 회전 공구를 공구홀더에 끼워 주축에 장착하고 회전시킨 상태에서 NC 지령에 따라 공작물이 놓인 테이블을 X, Y, Z축으로 움직여 평면가공과 더불어 공작물 윗면에 홈, 포켓 및 곡면가공 등을 수행한다.

2.1.3 머시닝 센터

머시닝 센터(machining center)는 공작물의 작업 준비 및 교체 없이 공구를 자동적으로 교환하면서 밀링, 드릴링, 보링 가공 등을 연속해서 할 수 있는 다기능 CNC 공작기계이다. 즉, 머시닝 센터란 가공 프로그램에 따라 2개 이상의 가공공정을 수행할 수 있고, 공구매거진(tool magazine) 또는 유사한 공구 저장대로부터 공구를 자동 교환할 수 있는 CNC 공작기계라 말할 수 있다.

머시닝 센터는 주축의 방향에 따라 크게 수평형과 수직형으로 나눌 수 있다. 그림 2.3과 그림 2.4는 각각 수평형 머시닝 센터와 수직형 머시닝 센터의 구조와 외관을 나타낸다. 수평형 머시닝 센터는 칩 처리와 절삭유 배출이 쉽기 때문에 장시간 가공이 필요한 대형 공작물 가공에 적합한 구조이다. 수직형은 칩 처리 등에 다소 어려움이 있으나, 공작물 설치 등 작업 준비가 수평형보다 쉽고 상자형 공작물의 다면가공에 적합하다. 일반적으로 머시닝 센터는 3개의 직선 운동축(X,Y,Z)을 움직여 $2\frac{1}{2}$축 형상가공을 수행한다. 임펠라, 프로펠라 등 복잡한 형상가공에는 3축 머시닝 센터에 주축대 또는 테이블에 2개 회전축을 부가하여 5축 동시제어를 지원하는 5축 머시닝 센터가 사용된다. 또 장시간 자동운전을 위해 공작물을 미리 여러 개 장착해 두고 자동으로 공작물을 걸고 내릴 수 있도록 도와주는 자동 팔렛교환기(APC: Automatic Pallet Changer)가 사용된다.

CNC 선반이나 CNC 밀링머신과 같이 단일가공을 자동화하기 위해 사용한 CNC 공작기계와 달리 머시닝 센터는 한 대의 공작기계에서 여러 종류의 가공을 할 수 있기 때문에

머시닝 센터의 보급과 함께 CNC 밀링머신, CNC 드릴링머신, CNC 보링머신의 수요를
거의 대체하고 있다.

(a) 구조

(b) 외관

그림 2.3 수평형 머시닝 센터(두산인프라코어 HP4000)

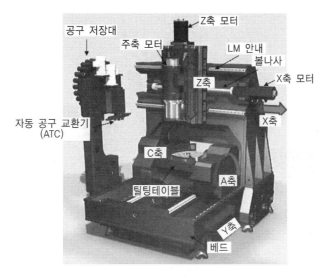

(a) 구조

(b) 외관

그림 2.4 수직형 5축 머시닝 센터(두산인프라코어 VMD 600-5AX)

2.1.4 터닝 센터

터닝 센터(turning center)는 선반 기능 외에 밀링머신 기능, 보링머신 기능을 갖춘, 원통 형상 공작물을 가공 대상으로 하는, 다기능 CNC 공작기계를 뜻한다. 그림 2.5는 터닝 센터의 기본 구조를 나타낸다. 기본적으로는 터릿형 공구대를 장착한 CNC 선반과 구조가 비슷하나, 주축의 C축 제어가 지원되고 공구대에 선삭공구뿐 아니라 드릴, 엔드

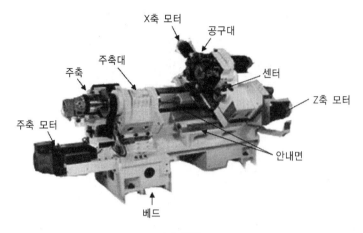

(a) 구조

(b) 외관

(c) 회전공구를 장착한 터릿 공구대

그림 2.5 터닝 센터(두산인프라코어 Lynx220LM)

밀과 같은 회전공구를 장착할 수 있는 것이 CNC 선반과의 차이점이다. 선반 기능뿐만 아니라 밀링머신, 보링머신 기능도 갖추고 있고 원통형상 공작물을 대상으로 한 번의 공작물 장착으로 공구대에 준비된 여러 공구를 자동 선택해 가면서 각종 절삭 가공을 행하는 것이 가능하다.

2.1.5 복합가공기

그림 2.6은 복합가공기(multi-tasking machine)의 기본 구조를 나타낸다. 복합가공기는 터닝 센터와 머시닝 센터를 통합한 복합 CNC 공작기계를 말하며, 단순한 선삭, 밀링 가공에서부터 복잡한 다축동시제어 가공까지 모든 작업을 하나의 공작기계에서 복합적으로 수행할 수 있다. 복합가공기는 터닝 센터에 밀링용 주축을 장착한 구조가 일반적이며 이 때문에 턴-밀센터(turn-mill center)라고도 한다. 복합가공기는 서로 마주보는 2개의 터닝용 주축과 상부 슬라이드에 밀링 주축, 하부 슬라이드에 터릿 공구대를 두고 있다. 3개의 직선축(X, Y, Z축)과 2개의 회전축(주축의 C축 및 밀링 주축의 B축)을 포함한 5축 제어를 기본으로 하고 있으며, 최대 9축(X1, X2, Y, Z1, Z2, A, B, C1, C2)까지 제어가능하다.

(a) 복합가공기 구조

(b) 외관

(c) 복합 가공 예

그림 2.6 복합가공기(두산인프라코어 PUMA MX)

2.2 CNC 공작기계의 주요 구성요소

CNC 공작기계는 NC화의 정도에 따라 단일가공의 자동화를 목적으로 하는 CNC 선반, CNC 밀링머신에서 다기능 복합가공을 지향하는 머시닝 센터, 터닝 센터, 복합가공기 등 여러 형태가 있고 가공방법이 절삭인지, 연삭인지, 방전인지에 따라서도 공작기계 구성이 달라진다. CNC 공작기계가 수많은 부품으로 구성되어 있지만 각 CNC 공작기계를 분해해 보면 그림 2.7과 같이 몇 개의 중요한 구성요소로 되어 있음을 알 수 있다. CNC 공작기계는 기계 구조물, 주축계 구동, 이송구동계, 주변장치와 같이 유닛(unit) 단위로 나누는 것이 일반적이다. 따라서 CNC 공작기계의 구조와 원리를 이해하기 위해

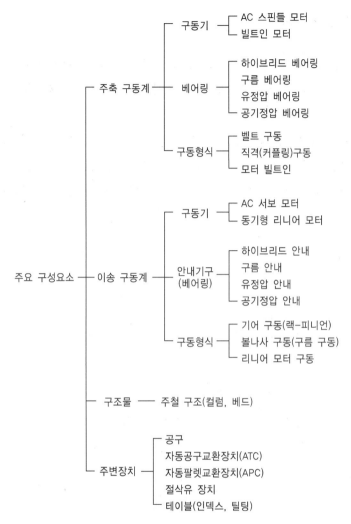

그림 2.7 CNC 공작기계의 주요 구성요소

서는 각 유닛별 기능과 유닛 내 구성요소의 특징들을 알고 있어야 한다. CNC 공작기계의 가공정도 및 운동정도는 기본적으로 각 운동부의 운동전사, 즉 모성 원리에 의해 결정된다. 따라서 고정도 가공을 위해서는 고정도 운동을 실현할 수 있는 구성요소의 선택이 중요하다.

2.3 공작기계의 좌표축

공작기계에서 각 축의 정의는 EIA(Electronic Industries Association) RS 274-B를 준용하는데 이는 그림 2.8과 같이 오른손 법칙을 따른다. 엄지는 X축을, 검지는 Y축을, 중지는 Z축으로 정의한다.

그림 2.9는 3축 CNC 공작기계의 축 정의를 나타낸다. X, Y, Z 3개 직선 이동축과 A, B, C 3개 회전 이동축이 있다. 같은 축이 중복될 때 X, Y, Z축의 보완 축으로 U, V, W축을 사용한다. 그림 2.10은 5축 공작기계에 대한 좌표축을 나타낸다.

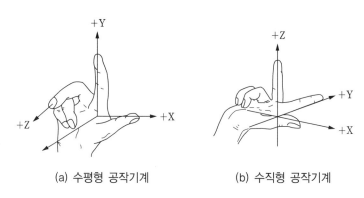

(a) 수평형 공작기계   (b) 수직형 공작기계

그림 2.8 오른손 법칙을 이용한 공작기계 각 축 정의

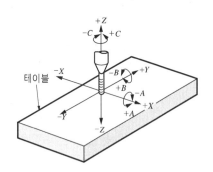

그림 2.9 3축 CNC 공작기계의 축 정의

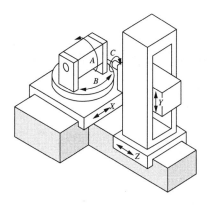

그림 2.10   5축 공작기계의 좌표축

2.4 이송 구동계

이송 구동계는 공작물이나 공구가 장착된 테이블이나 주축대를 원하는 위치로 보내는 데 이용되는 구성요소로 이송 구동계의 위치결정 정도와 속도가 CNC 공작기계의 생산성과 품질에 크게 영향을 미친다. 고정도 가공을 위해서는 이송 구동계가 NC 명령에 따라 정확하게 추종할 수 있어야 하는데, CNC 제어기에서 세밀하게 이송지령을 내려도 이송계의 움직임이 이를 추종하지 못하면 소용이 없다.

CNC 공작기계의 이송구동방식에는 볼나사에 의한 구동방식과 리니어 모터에 의한 직접 구동방식이 사용된다. 그림 2.11은 보통의 CNC 공작기계에 적용되는 볼나사 이송구동계를 나타낸다. 볼나사 이송구동계는 이송축 서보 모터, 커플링, 볼나사, 너트, 직선 안내기구로 구성되고, 직선 안내기구 위에 놓인 테이블이 볼나사와 너트에 의해 직선으로 이동한다. 볼나사는 서보 모터와 직접 연결되거나 기어나 벨트 감속을 거쳐 서보 모터와 연결되고, 서보드라이브를 거쳐 CNC 제어기와 연결되어 이송지령에 따라 이송운동을 수행한다.

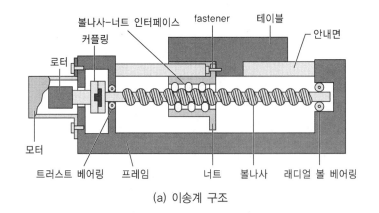

(a) 이송계 구조

(b) 이송계

그림 2.11 이송 구동계

2.4.1 이송축 서보 모터

CNC 공작기계 이송축은 급격한 위치 또는 속도지령 변화에 빠르게 대응할 수 있어야
한다. 이 때문에 이송축 서보 모터는 높은 가감속 특성과 빠른 응답성, 속도 변동이
적고 부드러운 회전 특성 등을 갖고 있어야 한다. 이송축 서보 모터로 1970년까지는
DC 서보 모터를 사용하였으나, 현재는 동기형(synchronous type) AC 서보 모터를
주로 사용하고 있다. AC 서보 모터는 구동원리에 따라 동기형과 유도형(induction type)
으로 나누어진다. 유도형 서보 모터는 구조가 견고하고 비교적 큰 출력을 낼 수 있기
때문에 큰 부하능력이 요구되는 주축계에 주로 사용되고 동기형 모터는 효율이 좋고
저발열 특성 때문에 이송계에 주로 사용된다.

특히 고속 이송을 요구하는 곳에서는 AC 서보 모터를 직선형으로 바꾼 형태인 리니어 모터(linear motor)가 사용된다. 그림 2.12는 CNC 공작기계에 사용되는 AC/DC 서보 모터의 구조를 나타내며, 표 2.1은 각각의 특징을 비교한 표이다. 그림 2.13은 시판되는 이송축 서보 모터의 사진이다.

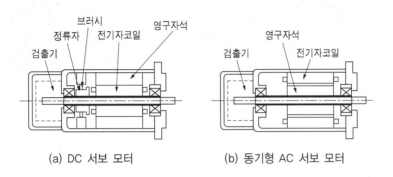

(a) DC 서보 모터   (b) 동기형 AC 서보 모터

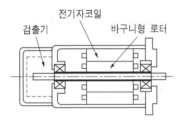

(c) 유도형 AC 서보 모터

그림 2.12 서보 모터의 구조

표 2.1 서보 모터 특징

특징 \ 종류	DC 서보 모터	동기형 AC 서보 모터	유도형 AC 서보 모터
구 조	복잡	비교적 간단	간단
브러시	있음	없음	없음
제어성	간단	약간 복잡	복잡(벡터제어)
대용량화	힘듦	약간 힘듦	용이
정격 출력	수 W~수 kW (고속 대출력 불가능)	수10W~20kW	수100W~100kW (소용량에서 효율이 나쁨)
고속회전	부적합	비교적 용이	용이
방열성	나쁨	좋음	나쁨
보수성	불량	보수 필요 없음	보수 필요 없음

(a) AC형(SIEMENS, 독일)   (b) DC형(BALDOR, 미국)

그림 2.13 이송축 서보 모터

1) DC 서보 모터

DC 서보 모터는 그림 2.12 (a)와 같이 고정자가 영구자석이고 회전자가 전기자코일이며, 회전자 축 외경에 정류자와 회전자 철심이 부착되어 있고, 회전자 철심 내에 전기자 코일이 감겨져 있다. DC 모터는 전기자 코일과 연결된 정류자와 브러시의 기계적 접촉을 통해 전류가 전기자 코일에 공급된다.

모터 토크가 회전자에 공급되는 전기자 전류에 비례하기 때문에 제어가 쉽고 속도제어 범위가 넓고 비교적 가격이 싸다는 장점이 있는 반면, 브러시 마찰로 인한 기계적 손실이 크고 브러시의 정기적인 보수가 필요하며 전기자 코일이 모터 안쪽에 있기 때문에 방열성이 나쁘고 고속 운전 시 효율이 떨어지는 단점을 갖고 있다. 이 때문에 지금은 CNC 공작기계에서 사용하지 않는다.

2) 동기형 AC 서보 모터

동기형 AC 서보 모터는 그림 2.12 (b)와 같이 회전자가 페라이트 영구자석이고 고정자가 전기자 코일로 되었다. 전기자 코일 끝단에 리드선이 나와 있어서 이 리드선을 통해 서로 120° 위상차를 갖는 3상 교류 전류를 공급한다. 동기형 AC 서보 모터의 구동원리는 비교적 간단한다. 고정자에 식 (2.1)과 같이 3상 전류를 흘리면 그림 2.14처럼 회전자계 $w_r[\text{rad/s}]$가 만들어지고, 회전자는 생성된 회전자계와 영구자석 사이의 자기흡입력에 의해 회전자계와 같은 속도로 같은 방향으로 회전하게 된다. 무부하 상태에서는 회전자계와 회전자의 자기축이 일치된 상태에서 회전하지만 회전자에 부하가 걸리면 그림

2.14와 같이 δ가 증가해서 토크를 발생한다. 이 δ를 내부상차각 혹은 토크각이라 부른다. 하지만 부하가 증가해서 δ가 90°를 초과하면 역으로 토크가 감소해서 회전자계 속도를 따라가지 못하게 되고 심한 경우 멈추게 된다. 발생토크는 δ와 더불어 정현파적으로 변하며 식 (2.2)와 같이 구해진다. 식 (2.2)로부터 회전자가 만드는 자계방향과 고정자가 만드는 자계방향이 90°일 때 고정자 전류에 의해서 생기는 토크는 최대가 된다. 따라서 자극센서를 이용하여 현재의 회전자계의 위치를 검출해서 δ를 일정하게 제어하면 발생토크가 고정자 전류 i에 비례하게 된다.

또한 모터의 회전속도는 고정자의 회전자계의 회전주파수와 같기 때문에 식 (2.3)과 같이 입력전류의 주파수 f_{in}[Hz]를 제어하면 속도를 제어할 수 있다.

$$i_u = i_m \sin\theta, \ i_m : \text{최대전류}$$

$$i_v = i_m \sin\left(\theta - \frac{2}{3}\pi\right)$$

$$i_w = i_m \sin\left(\theta - \frac{4}{3}\pi\right) \quad\quad\quad (2.1)$$

합성전류: $i = i_u + i_v + i_w = \dfrac{3}{2}i_m$

발생토크: $\tau = k_t i \ \sin\delta \quad (k_t : \text{토크상수}, \ \delta : \text{상차각}) \quad\quad (2.2)$

동기속도: $w_r = \dfrac{2\pi f_{in}}{p} \ (f_{in} : \text{입력전류 주파수[Hz]}, \ p : \text{모터극수}) \quad (2.3)$

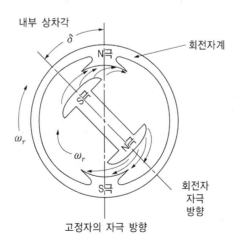

그림 2.14 부하시 동기형 모터의 상태

동기형 AC 서보 모터는 DC 서보 모터와 비교해서 제어가 조금 복잡하나 브러시 마모에 따른 정기적인 보수 문제로부터 자유롭고, 구조가 간단하고 방열성이 우수하다. 정류 스파크에 의한 최고속도의 제한이 없기 때문에 고속 영역에서 토크 특성도 우수하다.

3) 동기형 리니어 모터

고속 이송과 높은 가감속 응답특성이 필요한 경우 모터의 회전운동을 직선운동으로 변환하는 기계요소 없이 모터에서 바로 이송계를 구동하는 리니어 모터(linear motor)가 사용된다. 리니어 모터는 구동력을 얻는 방식에 따라 AC 모터와 같이 동기형과 유도형으로 나누어진다. 동기형 리니어 모터는 그림 2.15와 같이 회전형의 동기형 AC 모터를 축 방향으로 잘라서 펼쳐 놓은 것과 같은 형태를 가진다. 리니어 모터의 1차측은 동기형 AC 모터의 고정자와 같이 전기자 코일이고 2차측은 영구자석으로 되어 있다. 토크를 발생하는 회전형 모터와 달리 리니어 모터는 추력을 발생하는 것이 다르나 구동 원리는 회전형 동기 AC 모터와 같다. 리니어 모터는 회전형 모터와 달리 구조가 간단하고 관성의 영향을 작게 받기 때문에 고속, 고정밀도, 빠른 응답성을 얻을 수 있다. 이런 장점 때문에

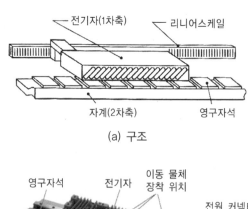

(a) 구조

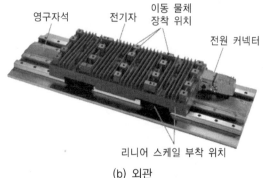

(b) 외관

그림 2.15 동기형 리니어 모터의 구조

고속왕복운동이 많은 CNC 연삭기나 초정밀 선반, 비구면 가공기, 와이어컷 방전 가공기
와 같은 공작기계의 이송계에 주로 사용된다.

2.4.2 이송나사

이송나사(lead screw)는 모터의 회전운동을 직선운동으로 변환시켜 테이블이나 공구
대의 위치를 결정해 주는 요소로 이송모터와 함께 이송계의 위치정밀도, 반복정밀도,
분해능을 결정하는 중요한 요소이다.

이송나사의 종류에는 미끄럼 사다리꼴(trapezoidal) 나사, 볼나사(ball screw), 정압
베어링(hydrostatic bearing) 나사, 자기 베어링(magnetic bearing) 나사 등이 있다.
미끄럼 나사는 범용 공작기계에, 볼나사는 CNC 공작기계에, 정압나사는 초정밀 공작기
계 및 측정기에 주로 사용된다.

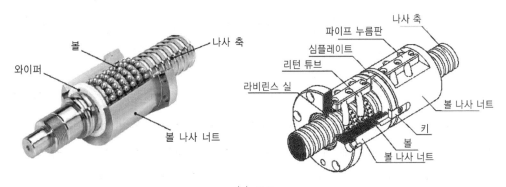

(a) 구조

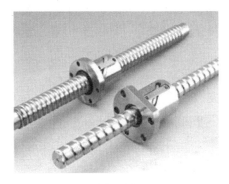

(b) 외관

그림 2.16 볼 나사

그림 2.16은 볼나사의 기본 구조를 나타낸다. 원호 단면형상의 나선홈이 나있는 나사축과 너트 사이에 들어 있는 다수의 볼링이 나사의 회전운동과 더불어 나선홈 안을 순환한다. 볼나사의 마찰계수(0.002~0.005)는 미끄럼 나사의 마찰계수(0.1~ 0.15)의 약 1/30배 정도로 작고 효율은 미끄럼 나사의 2~4배 정도로 높다.

나사의 정도가 기계의 위치 정도에 직접 영향을 미치기 때문에 피치정도를 높게 하는 것과 더불어 미리 피치오차를 측정해 놓고 CNC 장치에서 일정 길이 이송 후 보정하는 방법을 채용하고 있다. 또 볼나사는 세장비(직경과 길이의 비)가 50~100에 이르는 긴 부품으로 고정도의 동심도가 요구되기 때문에 전 길이에 걸쳐 열처리를 필요로 한다.

2.4.3 직선 안내기구

직선 안내기구(linear motion guide)는 공작기계의 베드나 컬럼에 설치되어 테이블이나 주축대가 직진 운동방향으로만 정확하게 움직이도록 하고 다른 방향의 움직임은 구속하는 요소를 말한다. 간단히 안내(guide) 혹은 안내면(guide way)이라고도 한다. 안내는 운동을 부드럽게 하고 마멸이 적게 생기도록 하기 위해 마찰계수를 가능한 작게 하는 것이 유리하다. 안내기구는 운동요소(테이블 등)와 고정요소(베드 등) 사이의 마찰 저감 방식에 따라 미끄럼 안내(friction guide), 구름 안내(rolling guide), 유정압 안내(hydrostatic guide)로 나눌 수 있다. 그 외에도 공기정압 안내(aerostatic guide), 자기 안내(magnetic guide) 등이 있다. CNC 공작기계에서는 구름 안내 방식을 많이 사용하고 있다. 유정압 안내는 고정도, 고강성 및 고감쇠성이 요구되는 곳에 더 적합하며, 공기정압 및 자기 안내는 외부 부하가 작게 걸리는 정밀 위치 결정 기구에 주로 사용한다.

1) 미끄럼 안내

미끄럼 안내(friction guides)는 두 접촉면(고정요소와 운동요소) 사이에 적당량의 윤활유를 공급하여 윤활 유막을 생성시키고 이로 인한 동압 효과를 이용해서 운동요소를 지지하고 미끄럽게 직진 운동시키는 방식이다. 공작기계 안내 기구로 가장 오래된 안내 방식이다. 미끄럼 안내는 원리상 면접촉이 일어나기 때문에 마찰계수가 0.1~0.15로 크고 특히 저속에서 스틱 슬립이 일어나기 쉽기 때문에 안내면의 면압 설정, 적절한 안내면의 윤활방법 등에 대한 고려가 필요하다. 마찰계수가 크기 때문에 고정도 위치 정도가 요구되는 공작기계의 안내면에는 사용하기 힘들다. 하지만 감쇠성이 우수하고 충격하중에 대한 강도가 좋고 큰 부하능력(최대 140MPa)을 갖고 있기 때문에 채터 발생 없이 안정되게 중절삭하는 것을 목적으로 하는 공작기계의 안내 구조로는 적합하다. 미끄럼 안내는 그림 2.17과 같이 안내면의 형상에 따라 V-V안내면, V-평 안내면,

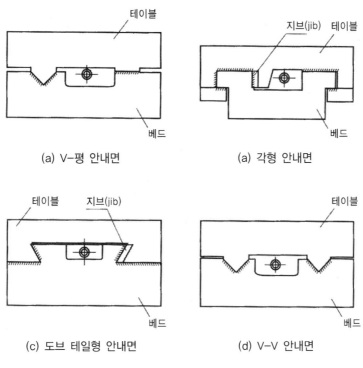

(a) V-평 안내면   (a) 각형 안내면

(c) 도브 테일형 안내면   (d) V-V 안내면

그림 2.17 미끄럼 안내

그림 2.18 갠트리 밀링머신의 코팅된 안내면

각형 안내면, 도브 테일형(dove tail) 안내면으로 나눌 수 있다. 최근에는 그림 2.18처럼 마찰저항을 작게 하기 위해 수 mm 두께의 폴리머를 안내면에 코팅하는 경우도 있다. 그러나 이송속도가 빨라지면 코팅된 폴리머가 박리될 위험이 있고 속도에 비례하여 마찰저항도 증가하여 마모가 급격히 일어나기 때문에 고속이송에서는 사용할 수 없다.

2) 구름 안내

구름 안내(rolling guides)는 CNC 공작기계의 제어 정도를 향상시키고 이송속도의 고속화에 대응할 수 있어 현재 많이 사용되고 있다. 현재의 기술로는 고속이송을 실현하기에는 구름 안내가 가장 적합하다. 그림 2.19는 CNC 공작기계에 사용되는 구름 안내면의 종류를 나타낸다. 안내 방식에 따라 고정측 요소의 결합부에 나 있는 레일을 안내 궤도로 하는 레일 안내방식과 고정측 결합부를 궤도로 하는 평면 안내방식으로 나눈다.

(a) 레일 안내방식(볼 베어링)   (b) 레일 안내방식(롤러 베어링)

(c) 평면 안내방식(니들 베어링)

그림 2.19 구름 직선안내 기구의 종류

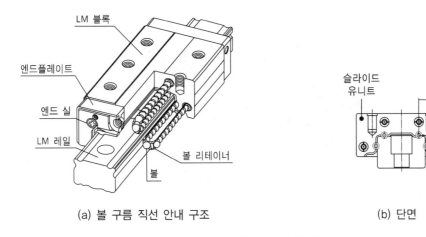

| (a) 볼 구름 직선 안내 구조 | (b) 단면 |

그림 2.20 볼 구름 안내기구

또 두 접촉면 사이에 넣는 구름 요소의 종류에 따라 볼 베어링, 롤러 베어링, 니들 베어링 3가지 형태로 분류할 수 있다. 이들 중 선접촉이 일어나는 롤러 베어링 쪽이 강성이 높고 감쇠특성도 좋은 것으로 알려져 있다.

그림 2.20은 레일 안내방식의 볼 구름 안내를 보여준다. 볼 리테이너(retainer)가 들어 있어 볼과 볼의 접촉이 없기 때문에 이동체의 마찰계수가 0.003~0.005로 아주 작고 고속 시 발열, 소음도 저감할 수 있는 특징을 갖고 있다. 또 정마찰과 동마찰의 차이가 거의 없어 스틱 슬립도 일어나지 않는다. 하지만 일반적으로 구름 안내는 동강성이 낮기 때문에 중절삭에 적합하지 않고 채터 등의 진동이 발생하기 쉽다는 것이 단점이다.

3) 유정압 안내

유정압 안내(hydrostatic guides)는 그림 2.21에서 보는 것처럼 두 접촉면 사이에 고압의 유체가 들어가고, 이 유체에 의해 형성하는 수십 μm 정압의 윤활 유막에 의해 지지되어 안내되기 때문에 두 접촉면이 직접 닿지 않는다. 이 때문에 마찰계수가 아주 작고 저속 이송 시에도 스틱 슬립 현상이 일어나지 않는다. 공급 압력을 높이면 부하 능력을 높일 수 있고 안내면에 마모가 안 생기므로 반영구적이다. 정압 안내의 경우 안내면의 오차가 유막에 의해 평균화되어 고정도를 쉽게 얻을 수 있기 때문에 연삭반, 초정밀 선반, 정밀 측정기에 주로 사용된다. 하지만 이송운동의 수직 방향의 감쇠성은

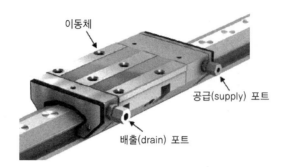

(a) 외관(Schaeffler, 독일)

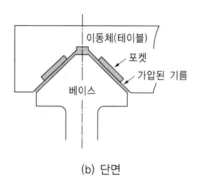

(b) 단면

그림 2.21 유정압 안내

높으나 이송운동방향의 감쇠성이 낮은 것이 단점이다. 이를 해결하기 위해 운동요소를 완전히 부상(floating)시키지 않고 반쯤 부상시켜 습동 저항을 높이는 하이브리드방식의 안내도 사용한다. 펌프 및 배관이 필요하므로 경비와 중량이 증가한다.

4) 안내면의 평가

표 2.2는 3가지 안내의 성능을 비교한 결과를 나타낸다. 전체적으로 구름 안내가 비교적 우수하다는 것을 알 수 있다. 정압 안내에 대해서는 특히 이송 운동 방향의 강성이 낮아 이에 대한 대책이 필요하다. 앞서 언급한 하이브리드 안내 방식도 그 대책 중 하나이다.

표 2.2 안내면의 특성 비교

평가항목	미끄럼 안내	구름 안내	유정압 안내	비고
운동정밀도	○	◎	◎	떠오름(floating)
부하용량	○	○	◎	수직 방향 하중
위치결정정밀도	○	◎	◎	로스트 모션
고속운동 특성	△	◎	○	고속성
저속운동 특성	△	◎	◎	정마찰
정강성(중부하 시)	○	◎	◎	수직 방향 하중
정강성(경부하 시)	○	◎	◎	수직 방향 하중
동강성(수직방향)	◎	○	◎	채터 진동 안정성
동강성(이송방향)	◎	○	△	채터 진동 안정성
마찰 특성	△	○	◎	구동 모터 용량
내마모성	△	○	◎	마찰계수
마모 균일성	△	○	◎	국부적 마모 특성
방진 대책 필요성	○	◎	○	방진 실링, 필터
소음 특성	◎	△	◎	고속 시 소음
조립성	△	◎	△	면가공 정도, 조립 공수
보수성	△	◎	△	보수, 수리
경제성	○	◎	△	제작 비용

(◎ : 우수, ○ : 보통, △ : 나쁨)

2.4.4 이송구동 방식

공작기계에 사용되는 이송구동 방식에는 일반적으로 가장 많이 사용하는 볼나사 구동 방식, 긴 행정(long stroke)의 대형 공작기계에 사용하는 랙-피니언 구동방식, 초정밀 공작기계용으로 많이 쓰이는 정압나사 구동방식 등이 있다. 최근에는 이송계의 고속화, 고정도·고강성화를 위해 운동 전달요소를 거치지 않고 직접 구동하는 리니어 모터 구동방식도 많이 사용되고 있다.

1) 볼나사 구동 방식

볼나사 구동 방식은 CNC 공작기계의 이송 구동방식으로 현재 가장 많이 사용하고
있다. 그림 2.22(a)는 볼나사 구동방식의 기본 구성을 나타낸다. 일반적으로 테이블이나
주축대 등 이송 운동요소와 이들 운동요소에 붙어 있는 볼너트, 고정 구조요소 쪽에
붙어 있는 볼나사, 커플링, 서보 모터, 검출기로 구성된다. 볼나사의 한쪽 끝은 서보

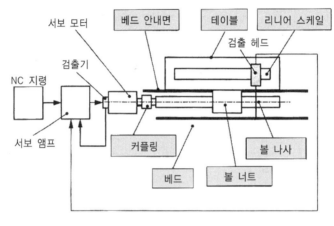

(a) 구성

(b) 구성 예

그림 2.22 볼나사 구동 방식

모터에 직접 연결되거나 기어/벨트 등을 거쳐 연결된다. 볼나사 구동의 경우 고효율 (95~98%), 저발열, 저마모, 고속성, 긴 수명 등 우수한 특징을 갖고 있다. 두 개 축을 정렬(alignment)시켜야 하는 어려움이 있으나 백래시가 거의 없고 서보 강성(servo stiffness)을 쉽게 높일 수 있다는 장점을 갖고 있다.

2) 리니어 구동 방식

그림 2.23(a)는 리니어 구동 방식의 기본 구성을 나타낸다. 리니어 구동 방식은 커플링, 볼나사, 너트와 같은 기계요소 없이 리니어 모터와 위치검출용 리니어 스케일만으로 간단히 구성되고 리니어 모터가 테이블을 직접 구동한다. 따라서 모터의 특성에 의해서만 이송계의 특성이 결정된다. 기계요소가 없기 때문에 구동계의 강성이 높고 관성도

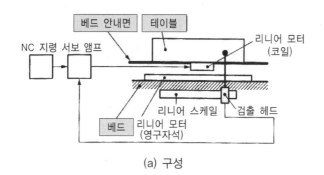

(a) 구성

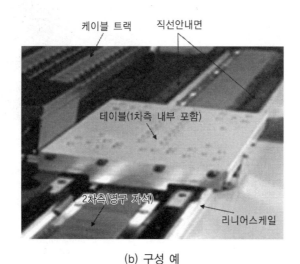

(b) 구성 예

그림 2.23 리니어 구동 방식

작다. 따라서 로스트 모션이 작아 고정도 위치 결정과 고속·고가감속 구동이 가능해져 이들 특징을 살린 공작기계가 많이 개발되고 있다. 지령에 대한 고응답성, 고속 대응, 구조의 단순화와 마모부품의 감소 등 고속화, 고가속화가 요구되는 CNC 공작기계에 있어서 이상적인 구동방식으로 보급되고 있다. 하지만 추력에 비례해 커지는 흡인력·반발력과 발열, 자력에 의한 칩의 부착 등 해결해야 할 문제도 많다.

2.5 주축 구동계

주축 구동계는 절삭저항과 같은 외력에 대항해서 공구나 공작물을 잡고 있는 주축을 요구되는 회전속도로 정확하고 안정되게 회전시키고, 가공에 필요한 에너지를 절삭이 일어나는 곳에 전달하는 역할을 한다. 이 때문에 주축 구동계는 큰 부하용량, 고강성·고정도 특성 등을 갖고 있어야 한다. 또 최근에는 공작기계의 고속화와 더불어 주축의 고속성능(회전수 증가, 기동·정지시간 단축)과 저진동·저소음 특성도 요구된다. 그 외에도 주축 고속화를 위해서는 고속 회전과 큰 부하를 지지할 수 있는 베어링 기술과 발열을 위한 윤활 냉각기술이 매우 중요하다.

주축 구동계는 이송 구동계와 마찬가지로 공작기계의 생산성과 가공 부품의 품질에

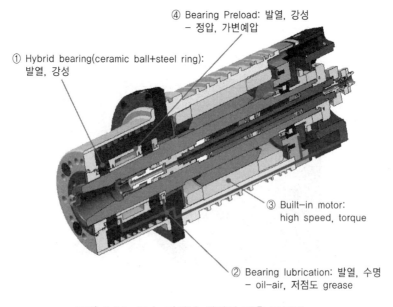

④ Bearing Preload: 발열, 강성
  – 정압, 가변예압

① Hybrid bearing(ceramic ball+steel ring):
  발열, 강성

③ Built-in motor:
  high speed, torque

② Bearing lubrication: 발열, 수명
  – oil-air, 저점도 grease

그림 2.24 고속 머시닝 센터의 주축 구동계

큰 영향을 미친다. 그림 2.24는 고속 머시닝 센터에 이용되는 주축구동계의 구조를 나타낸다. 주축 구동계는 공구 또는 공작물을 정확하게 파지하고 절삭저항으로 인한 흔들림을 방지하는 주축과 가공에 필요한 구동 토크를 발생하는 주축 모터 그리고 절삭저항과 같은 외력에 대항하여 정확하게 주축의 회전 중심을 지지하고 유지하는 주축용 베어링으로 구성된다.

2.5.1 주축 서보 모터

CNC 공작기계에서는 저속영역에서의 큰 토크와 저속영역에서 고속영역까지 넓은 회전수 범위에 걸쳐 일정한 출력을 필요로 한다. 또 고속회전이 가능하고 빈번한 기동정지 및 정·역회전 운동에 빠르게 반응할 수 있어야 한다. 따라서 주축 구동계에 적용되는 모터는 넓은 정출력 범위와 낮은 관성 그리고 고속회전 특성을 갖고 있어야 한다. 이 때문에 CNC 공작기계의 주축 모터로는 동기형 AC 모터보다 구조가 견고해서 대출력을 내기 쉽고 관성이 작아 응답성과 고속회전 특성이 좋은 유도형 AC 모터가 주로 사용되고

(a) 유도형 AC 서보 모터

회전자 코어

고정자 코어

쿨링 자켓

(b) 빌트인(Built-in) 모터

그림 2.25 주축용 서보 모터(SIEMENS, 독일)

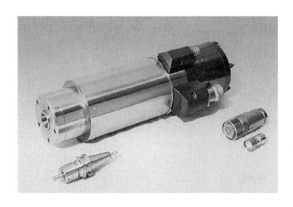

그림 2.26 고주파 스핀들(에코텍, 한국)

있다. 또한 공작기계의 고속화와 더불어 주축과 모터을 일체화하여 고속회전과 고응답
성을 실현하는 빌트인 모터의 사용이 점차 늘어나고 있다. 빌트인 모터를 사용하는
고속 머시닝 센터의 경우 주축속도 30,000~40,000rpm이 보편화되어 있고 50,000rpm
까지 기술개발이 진행되고 있다. PCB 기판 구멍가공 같이 가공부하가 작고 고속회전을
필요로 하는 경우에는 고주파 스핀들 모터가 사용된다. 고주파 주축모터의 회전속도는
100,000~300,000rpm 정도이다. 그림 2.25는 주축용 서보 모터의 사진이며 그림 2.26
은 고주파 모터의 사진이다.

1) 유도형 AC 서보 모터

유도형 AC 서보 모터는 그림 2.12 (c)와 같이 고정자, 회전자가 모두 전기자 코일로
되어 있다. 특히 회전자가 새장형(squirrel-cage) 구조로 되어 있기 때문에 구조적으로
강인하고 회전자의 관성을 작게 할 수 있어 고속응답과 큰 출력을 얻을 수 있다. 반면에
제어 방법이 동기형 모터에 비해 복잡하다.

그림 2.27은 유도형 AC 서보 모터의 구동원리를 나타낸다. 유도형 모터도 동기형
모터와 마찬가지로 회전자계에 의해 회전력을 얻는 점은 같으나 동기형 모터에서는
영구자석인 회전자가 회전자계의 자기 흡인력에 의해 회전하는 방식인데 비해, 유도형
모터는 전자유도 작용에 의해 생기는 회전자 전류에 의해 회전하는 것이 다르다. 그림
2.27과 같이 고정자에 3상 전류를 흘리면 회전자계가 얻어지고 이 회전자계가 시계방향
으로 ω_r(rad/sec)의 각속도로 회전하면서 자속이 회전자 코일을 자르게 된다. 이때

회전자계를 고정시키고 생각해 보면, 상대적으로 고정자 코일이 반시계 방향으로 움직이는 것과 같게 되어 그림 2.27과 같은 유도전류가 회전자 코일에 발생하게 된다(**플레밍의 오른손 법칙**). 이 회전자 전류(유도전류)와 자속과의 상호작용에 의해 시계방향으로 토크가 발생한다(**플레밍의 왼손법칙**).

회전자 코일에 유도전류를 발생시키기 위해서는 회전자의 회전속도 ω가 회전자계의 회전속도 ω_r보다 약간 작은 $\omega < \omega_r$ 조건이 유지되어야 하며, $\omega = \omega_r$의 조건에서는 코일을 끊는 자속이 존재하지 않기 때문에 전자유도 작용이 생기지 않는다. 회전자계의 회전속도와 회전자의 회전속도차를 회전자계 속도로 나눈 값을 슬립(slip)이라 한다. 동기형 모터와 달리 전자유도현상을 발생시키기 위해서는 슬립이 필요하기 때문에 회전자계의 회전속도와 로터의 회전속도가 일치하지 않는다. 모터 회전속도는 식 (2.4)과 같이 얻어진다.

$$\text{슬립(slip)}: \ s = \frac{\omega_r - \omega}{\omega_r}$$

$$\text{모터의 회전속도}(\omega): \ \omega = \omega_r\,(1-s) = \frac{2\pi f_{in}(1-s)}{p} \tag{2.4}$$

$$f_{in}: \text{고정자 전류 주파수[Hz]}, \ p: \text{모터 극수}$$

유도형 모터에 발생하는 토크는 회전자에 작용하는 쇄교자속을 ϕ, 고정자에 의한 유도전류를 i_2, 토크상수를 k_t로 하면 식 (2.5)와 같이 표현된다.

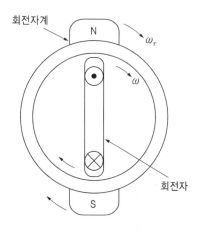

그림 2.27 유도형 AC 모터의 동작원리

발생 토크: $\tau = k_t \phi i_2$ (2.5)

      (τ: 토크[Nm], ϕ: 쇄교자속[Wb], i_2: 유도전류[A])

쇄교자속: $\phi = I_m M$ (2.6)

      (M: 계자 인덕턴스[H], I_m: 계자전류[A])

위 식에서 ϕ를 일정하게 제어하면 모터에 발생하는 토크는 고정자의 유도전류 i_2에 비례하게 되어 토크 발생 메커니즘이 DC 모터와 같게 됨을 알 수 있다.

2) 빌트인 모터

CNC 공작기계의 주축 고속화를 위해서는 기존의 주축과 주축모터를 벨트/기어 또는 커플링으로 이용하여 연결하는 구동 방식으로는 개재되는 기계요소와 주축과 모터의 정렬문제 등으로 인해 고속회전에 한계가 있다. 이 때문에 모터와 주축 사이에 기계요소를 생략하고 모터 안에 주축을 넣어 통합형으로 사용하는 빌트인 모터가 고속 주축용 모터로 많이 사용되고 있다.

그림 2.28은 CNC 공작기계 주축에 사용되는 빌트인 모터의 기본 구조를 나타낸다. 회전자와 고정자가 결합되고 회전자 안에 주축이 베어링에 의해 지지된 형태로 회전한다. 빌트인 모터의 구동 원리는 회전형 AC 모터와 같고, AC 모터와 마찬가지로 동기형과 유도형(혹은 비동기형)으로 구분된다. 동기형의 경우는 회전자가 영구자석으로 되어 있고 유도형은 회전자가 새장형 코일로 되어 있다. 동기형은 머시닝센터에, 유도형은

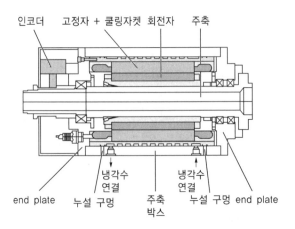

그림 2.28 빌트인 모터의 기본 구조

터닝 센터에 주로 사용된다. 빌트인 모터의 경우 고속회전 시 발생하는 열이 주축에 직접 영향을 미치기 때문에 냉각시스템과의 연결이 필수적이다.

2.5.2 주축용 베어링

주축용 베어링은 회전하는 주축을 절삭저항 등 외력에 대항해서 필요한 회전속도에서 정확하게 회전 중심위치를 유지하도록 지지하는 회전안내기구 역할을 한다. 주축 고속화를 위해서는 주축용 베어링과 윤활이 뒷받침되어야 가능하다. CNC 공작기계의 주축용 베어링 종류에는 구름 베어링(rolling bearing), 유정압 베어링(hydrostatic bearing), 공기정압 베어링(aerostatic bearing), 자기 베어링(electromagnetic bearing) 등이 있다. 작용하는 하중 지지 방향에 따라 축의 반경 방향 하중을 지지하는 래디얼(radial) 베어링, 축방향 하중을 지지하는 트러스트(thrust) 베어링, 반경 방향 하중과 축방향 하중을 동시에 지지하는 앵귤라(angular) 베어링으로 구분된다.

1) 구름 베어링

그림 2.29는 CNC 공작기계에서 가장 일반적으로 사용하는 구름 베어링의 기본 구조를 나타낸다. 외륜과 내륜 사이에 볼이나 롤러가 구름 요소로 들어가 있다. 적용하고자 하는 공작기계의 부하용량, 고속성, 정도, 강성, 가격 등 주축에 요구되는 기능에 따라 원추 롤러(tapered roller) 베어링, 원통 롤러(cylindrical roller) 베어링, 앵귤라 볼(angular ball) 베어링, 니들 롤러 (needle roller) 베어링 등이 사용된다. 저속 중절삭을 목적으로 하는 대형 공작기계의 주축에는 원추 롤러 베어링, 원통 롤러 베어링을 사용하고 머시닝 센터 등 고속 경절삭용 주축에는 앵귤라 볼 베어링을 사용하며 윤활 방법

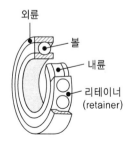

그림 2.29 주축용 구름 베어링

그림 2.30 2열 앵귤러 볼 베어링

그림 2.31 하이브리드 볼 베어링

개선이나 세라믹 볼을 사용하여 Dn[8]값 250~300만까지 고속회전이 가능하다. 그림 2.30은 고속 머시닝 센터 주축에 사용되는 2열 앵귤러 볼 베어링을 나타낸다. 그림 2.31은 저발열과 고강성을 위해 리테이너 안에 세라믹 볼을 넣은 하이브리드 볼 베어링을 나타낸다.

2) 유정압 베어링

그림 2.32는 유정압 베어링의 기본 구조를 나타낸다. 가압된 윤활유을 오리피스를 통해 베어링 원주 상에 설치되어 있는 4군데 포켓에 공급해서 축과 베어링 사이에 형성되는 수십 μm의 윤활유막의 정압에 의해 주축을 하우징 중심에 부상(floating)시켜 지지한다. 축과 베어링 사이에 유막이 들어 있기 때문에 쉽게 고정도를 얻을 수 있어 연삭기의

---

8) Dn값: 평균 주축베어링 직경(mm) × 최고 회전수(rpm)로 주축의 고속회전 특성을 나타내는 값을 말한다. Dn값이 100만 이상이면 고속주축으로 분류한다.

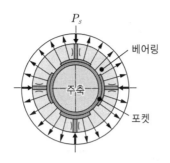

그림 2.32 유정압 베어링의 구조

(a) 단면   (b) 주축 외관

그림 2.33 유정압 베어링을 사용한 주축

숫돌 축이나 경면가공을 목적으로 하는 초정밀가공기의 주축에 많이 사용한다. 그림 2.33은 유정압 베어링을 사용하는 공작기계의 주축을 나타낸다.

3) 공기정압 베어링

그림 2.34는 공기정압 베어링의 기본구조를 나타낸다. 유정압 베어링과 같은 형태를 갖고 있다. 오리피스를 통해 베어링 원주상에 설치된 포켓에 압축공기를 넣어 축과 베어링 사이에 5~20μm정도의 공기막을 만들기 때문에 고정도를 얻기 쉽고 사용 유체가 점성이 낮은 공기이기 때문에 고속회전에 의한 발열도 작다. 회전 정도가 매우 우수하지만 강성이 약하고 부하용량이 작다. Dn값 400~500만 정도의 고속회전이 가능하기 때문에 소구경 엔드밀이나 드릴 가공용 주축에 사용가능하다. 그림 2.35는 공기정압 베어링을 사용하는 초고속 공작기계의 주축을 나타낸다.

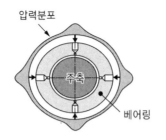

그림 2.34 공기정압 베어링 구조

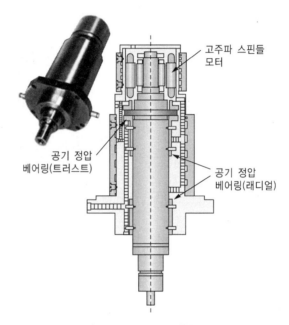

그림 2.35 공기정압 베어링을 사용한 고속주축(도시바, 초고속 밀링머신 주축)

4) 자기 베어링

그림 2.36은 공작기계에서 사용하고 있는 능동제어형 자기 베어링의 기본 구조를 나타낸다. 회전 중에 주축 중심 변위를 변위센서로 검출해서 서로 마주보는 1쌍의 자석에 걸리는 계자전류를 조절해서 자기흡인력을 제어하는 것으로 주축을 베어링 중심에 비접촉으로 지지하는 방식이다. 비접촉이기 때문에 마찰을 무시할 수 있고 초고속 회전과 진동소음을 극히 억제할 수 있다. 자기 베어링은 제어가 가능하기 때문에 강성과 감쇠특성을 제어를 통해 조절할 수 있다. 고가의 복잡한 제어 시스템과 주변장치를 필요로 하기 때문에 자기 베어링은 윤활유를 사용할 수 없는 특수 환경(고온, 고압, 진공 등)에 국한되어 사용되고 있다. 그림 2.37은 자기 베어링 사진이다.

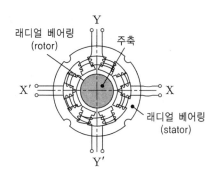

그림 2.36 자기 베어링의 구조

그림 2.37 자기 베어링 사진

표 2.2 각 주축 베어링의 특징 비교

평가항목 \ 종류	구름	유정압	공기정압	자기
고속 회전	○	△	◎	◎
회전 정도	○	◎	◎	○
수명	△	◎	◎	◎
정강성(靜剛性)	◎	◎	△	○
감쇠성	△	◎	△	△
부하용량	◎	◎	△	○
마찰손실	○	×	◎	◎
보수성	◎	△	△	○
비용	◎	△	○	×

(◎ : 매우 우수, ○ : 우수, △ : 보통, × : 열등)

표 2.2는 각 주축용 베어링의 특징을 정리 비교한 표이다. 구름 베어링은 수명과 감쇠특성이 약간 떨어지지만 이외 다른 특성은 평균적으로 우수한 것을 알 수 있다. 특히 보수성과 가격이 우수해서 가장 많이 사용하고 있다. 자기 베어링은 가격이 비싸고 감쇠성이 약간 떨어지는 등 몇 가지의 단점이 있으나 감쇠 문제는 제어기술에 의해 해결가능하고 제어신호를 이용하여 가공 상태 감시도 가능하기 때문에 주축의 지능화가 가능하다. 또한 완전 비접촉이기 때문에 주축 고속화에 있어 구름 베어링의 한계를 뛰어 넘는 것이 가능한 베어링으로서 기대되고 있다.

2.5.3 주축 구동 방식

그림 2.38은 CNC 공작기계에서 사용하는 주축 구동 방식을 나타낸다. 주축 구동 방식에는 벨트 구동(belt-driven) 방식, 직결 모터 구동(direct drive) 방식, 모터 내장 (built-in motor) 구동 방식 등 3가지 방식이 사용된다.

벨트 구동 방식은 주축모터를 주축과 가까운 위치에 설치하고 V-벨트나 타이밍 벨트를 이용하여 주축으로 토크를 전달한다. 직결이나 주축 내장 방식과 비교해서 가격이 싸고 주축모터를 주축으로부터 떨어진 위치에 설치 가능하기 때문에 모터 장착 공간에 대한 제약이 다른 방식과 비교해서 덜해서 대출력 모터를 사용하여 주축에 큰 토크와 출력을 전달하는 것이 가능하다. 단점으로는 주축과 모터를 연결하는 기계적인 부분 때문에 작동 가능한 최대속도가 제한된다. V-벨트를 사용하는 경우 회전속도가 높아지 벨트가 늘어나 헐거워져서 풀리에서 미끄러지는 슬립 현상이 발생하게 되고 이로 인해 토크 전달 성능이 떨어지게 된다. 타이밍 벨트를 사용하면 이런 슬립 문제는 해소되나 높은 회전속도에서 사용할 때 진동 문제가 발생하게 된다. 벨트 구동 방식의 경우 사용 가능한 최대 회전속도가 약 8,000~10,000rpm 정도로 제한된다. 저가의 보급형 머시닝 센터나 CNC 선반의 주축계에 주로 사용한다. 그림 2.39는 벨트 구동 방식의 주축계를 나타낸다.

직결 구동 방식은 벨트나 기어 같은 변속기구 없이 모터와 주축을 커플링을 이용해 직결한 형태이다. 커플링의 단열, 진동절연기능으로 인해 모터로부터의 진동전달, 열전달을 차단할 수 있기 때문에 고정도 공작기계에 사용되고 있다. 하지만 주축과 모터축 연결 시 높은 동심도를 낼 수 있는 커플링이 필요하기 때문에 초고속용에는 적합하지 않다. 최대 회전속도가 약 10,000~15,000rpm 정도로 제한된다. 그림 2.40은 직결

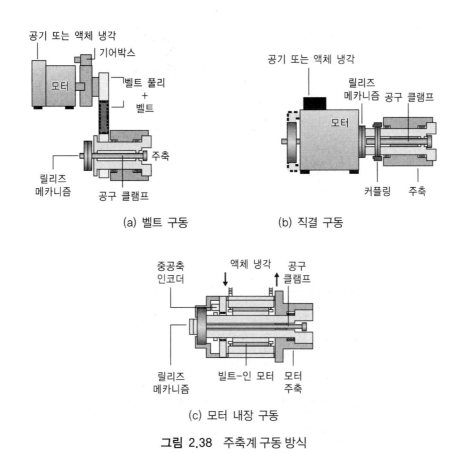

(a) 벨트 구동   (b) 직결 구동

(c) 모터 내장 구동

그림 2.38 주축계 구동 방식

구동 방식의 주축계를 나타내고, 그림 2.41은 직결 구동 방식 주축계를 사용하는 머시닝
센터를 나타낸다.

모터 내장 주축 방식은 주축에 모터를 결합시켜 주축을 모터축으로 해서 구동하기
때문에 커플링이 필요 없다. 따라서 변속기구나 커플링과 같은 기계요소가 중간에 없기
때문에 구동계의 관성질량이 작고 정강성(static stiffness)도 향상되고 주축대(spindle
head)의 소형화도 가능하다. 이 때문에 고속 공작기계에 많이 사용한다. 하지만 구조적
으로 모터가 주축을 둘러싸고 있어 모터의 열이 직접 주축에 전달되는 때문에 이를
해소하기 위해 주축 본체 및 주축대의 구조 설계에서 각종 냉각 대책이 실행되고 있다.
모터내장 주축의 경우 최대 회전속도가 약 25,000rpm 정도이다. 그림 2.42는 모터
내장 주축방식을 사용하는 고속 복합가공기의 주축계를 나타낸다. 그림 2.43은 모터
내장 주축계의 윤활 및 제어계 구성을 나타낸다.

그림 2.39 벨트 구동 방식 주축계

그림 2.40 직결 구동 방식 주축계

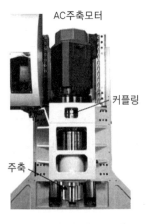

AC주축모터

커플링

주축

그림 2.41 직결 구동 주축계를 사용하는 수직형 머시닝 센터

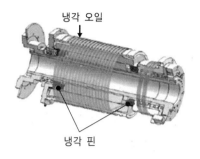

냉각 오일

냉각 핀

(a) 모터 내장 주축 구조

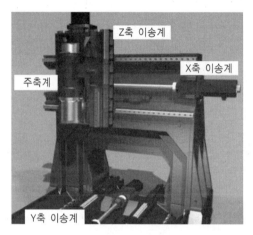

Z축 이송계

X축 이송계

주축계

Y축 이송계

(b) 주축 모터 내장 주축계를 적용한 수직형 머시닝 센터

그림 2.42 모터 내장 주축 구동계

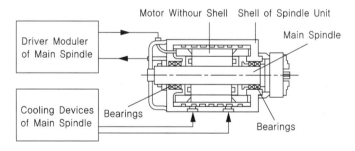

Motor Withour Shell   Shell of Spindle Unit

Main Spindle

Driver Moduler
of Main Spindle

Cooling Devices
of Main Spindle

Bearings

Bearings

그림 2.43 모터 내장 주축 구동계의 윤활 및 제어계 구성

2.6 검출기

CNC 공작기계가 NC 지령에 따라 정확하게 지령된 위치에 지령된 속도로 움직이기
위해서는 현재 테이블이나 주축의 위치 및 속도를 검출하고 NC 지령값과 비교해서
위치 및 속도제어를 해야 한다. CNC 공작기계의 위치 및 속도 검출기로는 가격이 싸고
간단히 고분해능을 낼 수 있는 회전형 증분식 인코더를 주로 사용한다. 고정도 위치
정밀도를 요구하는 초정밀 공작기계와 같이 이송 테이블의 실제 위치 검출이 필요한
경우에는 직선형 인코더(리니어 스케일)를 사용한다. 그림 2.44는 CNC 공작기계에
사용되는 회전형 및 직선형 인코더를 보여준다.

 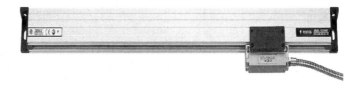

(a) 회전형(오토닉스, 한국) (b) 직선형(Haidenhein, 독일)

그림 2.44 인코더 형태

2.6.1 회전형 인코더

회전형 인코더(rotary encoder)는 회전축의 회전각 변위를 검출하는 센서이다. 회전
형 인코더는 출력 펄스 신호의 형식에 따라 상대 변위를 검출하는 증분형(incremental
type)과 절대 변위를 검출하는 절대형(absolute type)으로 구분되며, 펄스 신호 검출
방식에 따라 광학식과 자기식으로 구분된다.

그림 2.45는 광학식 증분형 인코더의 원리를 나타낸다. 광학식 인코더는 발광 소자와
수광 소자 사이에 틈새가 있고 이 미세 틈새 사이에 동심원상에 가는 홈(slit)이 뚫려
있는 도광판(원판)을 배치한 구조로 되어 있다. 모터 축에 연결되어 원판이 회전할
때마다 발광 소자에서 나온 광이 슬릿을 통과하여 수광 소자에서 검출되거나 가려서
검출되지 않는다. 즉 수광 소자의 광량 변화에 의해 출력변위에 따른 펄스 신호가 발생하

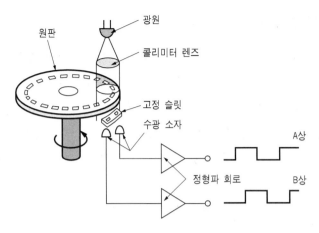

고정 슬릿
수광 소자
광원
콜리미터 렌즈
원판
A상
정형파 회로
B상

그림 2.45 광학식 증분형 인코더의 구조 및 원리

고 이 펄스 신호를 세어서 이동량을 계산한다. 방향 판별은 2개의 수광 소자로부터 출력된 펄스 A상과 B상의 위상차의 형태를 갖고 방향을 판별한다. 두 개의 수광 소자 간격을 슬릿 간격보다 1/4 피치 차이 즉 90° 위상차가 나도록 배치하면 그림 2.45처럼 A상과 B상 신호에 90°의 위상차가 생긴다. 정회전의 경우 A상이 B상보다 90° 앞선 형태가 되고, 역회전의 경우 B상이 A상보다 90° 앞선 형태로 출력되어 방향 판별이 가능하게 된다. A, B상을 만드는 슬릿과 별도로 원판 상에 1개의 슬릿을 두어 원점 검출용 신호(Z상)로 사용한다. Z상은 서보기구를 동작시키는 최초의 원점을 결정하기 위해 사용한다.

증분형 인코더는 구조가 간단하고 내삽에 의해 고분해능을 얻을 수 있고 가격이 싸다는 장점이 있는 반면 전원이 끊어지면 현재 위치에 대한 정보가 없어지는 단점을 갖고 있다. 절대형 인코더는 동심원상에 각 회전 각도를 나타내는 슬릿을 2진법 코드 형태로 만들고 놓고 비트수만큼의 발광 및 수광 소자 쌍을 이용하여 절대 위치를 검출한다. 따라서 구조가 복잡하며 가격이 비싸고 고분해능을 내기 쉽지 않은 단점을 갖고 있으나 전원이 끊어져도 정보가 없어지지 않아 전원 복귀 시 정확한 위치 검출이 가능한 것이 장점이다.

2.6.2 직선형 인코더

직선형 인코더(linear encoder)는 문자 그대로 직선 형태의 스케일을 이용하는 인코더로 공작기계나 측정기 등의 직선운동을 행하는 테이블에 부착해서 직접 펄스 신호 형태로 이동 거리를 측정한다. 나사나 기어 등 동력 전달장치를 거치지 않고 직접 변위를 검출하기 때문에 고정도 위치제어에 적합하다. 그림 2.46은 고정밀 직선형 인코더의 구조와 측정 원리를 나타낸다. 직선형 인코더는 발광다이오드(LED), 평행광을 만드는 반사

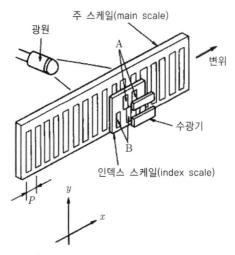

그림 2.46 고정밀 리니어 스케일의 원리

그림 2.47 리니어 인코더를 사용한 공작기계 이송 구동계

렌즈, 서로 같은 격자 간격을 갖고 있는 인덱스 스케일(index scale)과 주 스케일(main scale), 수광기로 구성되어 있다. 인덱스 스케일과 주 스케일의 상대 운동으로부터 얻어지는 수광 소자의 광 강도(light intensity) 변화를 이용하여 변위를 측정한다. 즉 이송 부분에 부착된 주 스케일이 움직이면서 고정된 인덱스 스케일과 상대운동을 일으키는데, 이때 인덱스 스케일과 주 스케일의 격자가 서로 일치하면 빛이 통과되고 일치하지 않으면 빛이 차단된다. 두 격자 사이를 통과한 빛을 수광 소자에서 받아 광 강도의 변화를 전기적 신호로 변환한다. 회전형 인코더와 마찬가지로 인덱스 스케일 상의 A와 B는 서로 90° 위상이 어긋나 있어 주 스케일의 이동 방향을 판별할 수 있다. 그림 2.47은 리니어 인코더를 장착한 대형 공작기계의 이송계를 나타낸다.

2.7 툴링 시스템 및 주변장치

2.7.1 툴링 시스템

머시닝 센터, 터닝 센터와 같이 다기능 복합 가공용 CNC 공작기계의 가공 다양성을 지원하기 위해서는 다양한 형태와 크기를 갖는 공구들을 안정적이고 빠르게 교환하기 위한 툴링 시스템(tooling system)이 필요하다. 툴링 시스템은 기계 본체와 공구를 연결하는 인터페이스 역할을 하는 요소로 가공정밀도와 가공 효율에 직접적으로 영향을 미치는 부분이기 때문에 큰 강성과 높은 정밀도를 요구한다. 공작기계를 이용해 원하는 형상을 만들기 위해서는 소재에서 불필요한 부분을 제거해야 하는데, 이는 툴링 시스템에 설치된 공구가 담당한다. 공구는 소재, 가공형상, 가공방법에 맞게 인서트와 홀더가 선택되어야 한다. 절삭공구에 대한 상세한 내용은 부록 A에 수록하였다.

1) 터닝 센터용 툴링 시스템

CNC 선반, 터닝 센터는 다각형(6각 혹은 8각형) 터릿 공구대에 바이트와 같은 선삭 공구 외에도 드릴, 보링바와 같은 회전공구 등 많은 공구를 장착할 수 있도록 되어 있다. 공구를 공구대에 한 번에 쉽게 장착할 수 있도록 체결부가 표준화되어 있다. 그림 2.48은 터닝 센터에 사용되는 툴링 시스템을 나타낸다. 터닝 센터용 툴링 시스템은 그림 2.48에서 보는 바와 같이 인서트와 생크가 일체화되어 있는 기존 선삭용 툴링

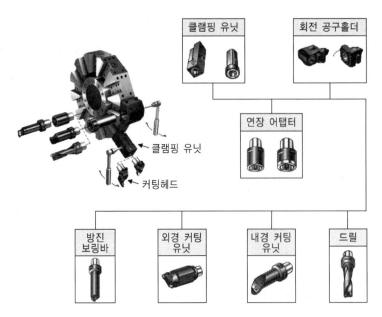

그림 2.48 터닝 센터용 툴링 시스템(Sandvik, 스웨덴)

시스템과는 다르게 인서트와 커팅헤드, 길이조절용 어댑터, 공구대에 체결되는 부위인 클램핑 유닛 등으로 구성되어 있다.

2) 머시닝 센터용 툴링 시스템

그림 2.49는 머시닝 센터용 툴링 시스템을 나타낸다. 머시닝 센터에서는 다양한 작업을 수행하기 위한 많은 공구를 사용하고 있으며, 이들 공구를 지지하고 주축에 장착하기 위한 여러 종류의 공구 고정구(tool holder)를 사용하고 있다. 공구 고정구는 그림 2.50와 같이 공구를 잡고 지지하는 척(chuck) 부분과 주축에 장착되는 생크(shank) 부분 그리고 공구 자동교환을 위한 V홈이 파져 있는 플랜지부로 구성되어 있다. 공구 파지(holding) 방식은 그림 2.51과 같이 아버(arbor)을 이용하여 파지하는 방식과 척(chuck)을 이용하여 파지하는 방식이 사용되고 있다. 특히 콜렛 척(collect chuck)과 잠금 척(lock chuck)은 정도와 강성이 비교적 우수하기 때문에 많이 사용하고 있다.

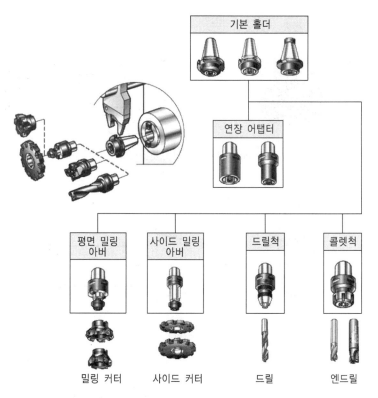

그림 2.49 머시닝 센터용 툴링 시스템(Sandvik, 스웨덴)

그림 2.50 공구 고정구

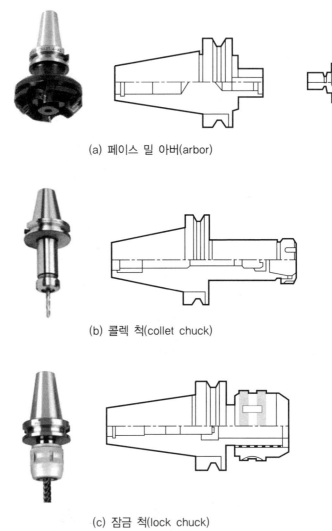

(a) 페이스 밀 아버(arbor)

(b) 콜렉 척(collet chuck)

(c) 잠금 척(lock chuck)

그림 2.51 공구 고정 방식(DINOX, 한국)

2.7.2 머시닝 센터용 자동 공구교환기

자동 공구교환기(Automatic Tool Changer: ATC)는 여러 개의 가공공정이 한 기계에서 이루어지질 수 있도록 각 공정용 공구를 한 곳에 준비해 두었다가 다음 가공에 사용될 공구를 자동 교환하는 장치이다. ATC는 많은 공구를 수납하는 장치인 매거진(Magazine)과 공구를 교환하는 체인지 암(Change arm)으로 구성되어 있으며, 회전목마형(carrousel), 돌개팔형(swing arm)이 주로 사용된다.

회전목마형(드럼형, 그림 2.52(a))은 원판 형태의 공구 저장대에 공구를 장착하여 둔 것으로, 가공이 끝나서 새 공구 교환 지령이 나오면 주축이 원판에 다가와서 사용공구를 끼워 넣은 후, 원판이 회전해서 새 공구가 주축대기 위치에 오면 주축이 새 공구를 빼내는 방식이다. 소형 머시닝 센터에 주로 사용된다.

돌개팔형(체인형, 그림 2.52(b))은 공구저장대(드럼형 또는 체인형)와 돌개팔로 이루어진다. 가공이 끝나면 공구 저장대가 회전해서 새 공구를 교환 위치에 오게 하고 돌개팔이 옛 공구와 새 공구를 빼내서 180° 회전한다. 옛 공구 자리가 교환 위치에 오면 돌개팔은 두 공구를 체인과 주축으로 끼워 넣는다. 이 방식은 좁은 공간에서도 공구를 많이 장착할 수 있기 때문에 중·대형 머시닝 센터에서 주로 사용한다. 그림 2.53은 회전형(드럼형) 자동 공구교환기와 돌개팔형(체인형) 자동 공구교환기를 나타낸다.

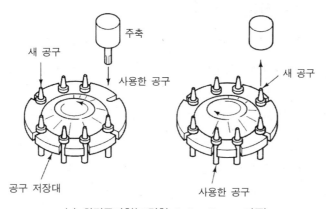

(a) 회전목마형(드럼형, Index Corp., 미국)

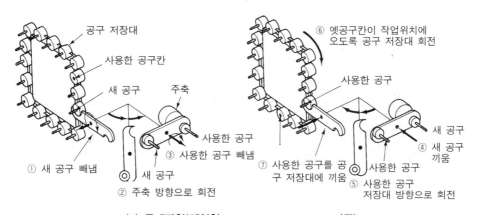

(b) 돌개팔형(체인형, Cincinnati Miracron, 미국)

그림 2.52 머시닝 센터용 자동공구교환기

(a) 드럼형   (b) 체인형

그림 2.53   자동 공구교환기

2.7.3   터닝 센터용 자동 공구교환기

CNC 선반 또는 터닝 센터의 자동 공구교환기로는 그림 2.54와 같은 터릿형이 가장 일반적이다. 터릿형은 다각형 모양의 공구대에 공구를 장착하여 두고 CNC 지령에 따라 지시된 공구가 주축 위치에 오도록 공구대가 회전한다.

공구를 주축에 바꿔 낄 필요가 없어 공구 교환속도가 빠르지만 장착 공구수가 제한되는 단점이 있다. 터닝 센터용 터릿의 경우 엔드밀이나 드릴 같은 회전 공구를 사용할 수 있도록 별도의 모터가 장착되어 있다. 그림 2.55(a)는 서보 구동기능이 있는 터닝 센터용 터릿 공구대를 나타낸다. 그림 2.55(b)는 터닝 센터에서의 주축 C축 제어와 엔드밀을 이용하여 다면 가공하는 예를 나타낸다.

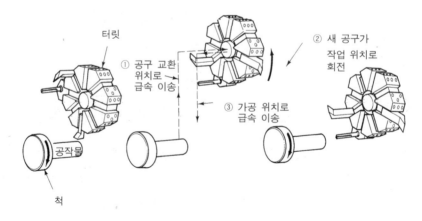

그림 2.54   터닝 센터용 자동 공구교환기

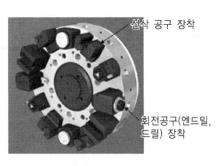

선삭 공구 장착

회전공구(엔드밀,
드릴) 장착

(a) 서보구동 터릿 공구대 외관

(b) 회전공구를 이용한 C축 제어 가공 예

그림 2.55 터닝 센터용 서보구동 터릿 공구대(현대-위아 E160A 터닝 센터)

2.7.4 자동 팔렛교환기

가공이 끝난 공작물을 풀어내고 다른 공작물을 장착 완료할 때까지 공작기계는 비가동 (idle) 상태로 있게 된다. 생산성을 높이기 위해서 노는 시간(idle time)을 줄여야 되는데 이를 해결하는 방법이 팔렛교환기이다. 이것은 팔렛에 공작물을 장착해서 작업 장소에 들여보내는 것으로, 앞 공작물 가공이 진행되는 동안 다음 공작물을 다른 팔렛에 장착해 두면 공작물 교환에 시간이 별로 소요되지 않는다. 그 결과 노는 시간 없이 공작기계가 연속적으로 가동되어 생산성이 향상되고, 팔렛을 많이 준비해 두면 휴일 장시간 무인운 전이 가능하게 된다. 그림 2.56은 2개의 팔렛을 이용한 자동 팔렛교환기(Automatic Pallet Changer, APC)를 나타낸다. APC는 가공이 끝난 팔렛 1과 가공 대기 중인 팔렛 2를 바꾸어 새로운 공작물을 공작기계 테이블 위에 올려놓는다. 이 방법은 머시닝 센터 에 많이 활용되고 있으며 장시간 무인 운전을 위해 3개 이상 팔렛이 사용되는 경우도 많다.

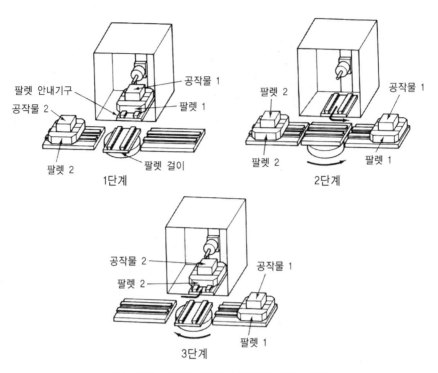

공작물 1
팔렛 안내기구
공작물 2
팔렛 1
팔렛 2
팔렛 걸이
1단계

팔렛 2
공작물 1
공작물 2
팔렛 2
팔렛 1
2단계

공작물 2
공작물 1
팔렛 2
팔렛 1
3단계

그림 2.56 팔렛교환기의 구조와 이동 형태

2.7.5 회전 테이블

수평형 머시닝 센터의 경우 주축이 수평으로 놓이고 각형 공작물이 수직으로 고정되기 때문에 4개의 면을 효과적으로 가공하기 위해서는 4개의 공작물 면을 돌려가면서 가공하기 위한 장치인 회전 테이블이 필요하다. 이 때문에 수평형 머시닝 센터에서는 회전 테이블(rotary table)이 기본 사양으로 채택되어 있으며 각도 분할이 가능한 인덱스 기능도 갖고 있다.

최근에는 인덱스 각도 분할능력이 0.001° 이상도 가능하다. 회전 테이블의 구동 정밀도는 기어의 정밀도에 의존하기 때문에 1급 이상의 고정밀 기어가 사용된다. 그림 2.57(a)는 회전 테이블의 구조를, 2.57(b)는 틸팅 기능을 가진 회전 테이블의 외관을 나타낸다.

(a) 회전 테이블의 구조(Matsumoto, 일본)

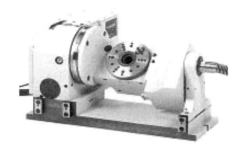

(b) 틸팅 기능을 가진 회전 테이블(Yukiwa, 일본)

그림 2.57   회전 테이블의 구조와 외관

1. CNC 공작기계에서 1축 이송계를 스케치하고, 각 구성요소의 역할에 대해 설명하시오.

2. 범용수동선반에서 기계 부품을 가공할 때 작업자의 역할은 무엇인가? 이것을 CNC 선반으로 대체한다면 작업자와 기계의 역할에 어떤 변화가 있는가?

3. 머시닝 센터를 스케치하고, 주축 모터와 이송축 서보모터의 역할과 특징을 비교 설명하라.

4. CNC 공작기계에서 볼이송 나사와 LM 가이드가 많이 사용된다. 각각의 역할과 사용 이유를 설명하라.

5. 공작기계에서 안내면의 역할은 무엇인가? CNC 공작기계에 주로 사용되는 안내면과 초정밀공작기계에 사용되는 안내면의 종류는 무엇이고, 그것을 사용하는 각각의 이유를 설명하라.

6. 공작기계에서 사용하는 회전식 증분형 인코더의 검출원리를 설명하라.

7. 공작기계 주축 구동 방식에 대해 설명하라.

3장 CNC 제어기

수동 공작기계는 작업자가 도면을 보고 이해한 뒤 자신의 손 기술(skill)과 경험에 의존해 작업을 진행하는 데 반해 CNC 공작기계는 CAM 소프트웨어를 이용해서 NC 프로그램을 작성한 뒤 NC 지령에 의해 기계를 자동적으로 움직여서 원하는 작업을 수행한다. 이렇게 NC 지령에 의해 자동적으로 기계 제어를 하면서 가공을 수행할 수 있게 하는 핵심 장치가 CNC 제어기이다. 본 장에서는 CNC 제어기의 구조 및 작동 원리를 이해하고, 공작기계를 어떻게 제어하여 NC 지령대로 움직이게 하는지에 대해서 알아보고자 한다.

3.1 개요

CNC 공작기계는 크게 주어진 NC 지령을 읽고 그 정보에 따라 기계를 제어하는 CNC 제어기와 실제 가공을 행하는 공작기계부로 구성된다. CNC 공작기계의 성능은 CNC 제어기의 성능에 크게 좌우된다. 초기 NC는 입력된 정보를 해석하고 처리하는 데 논리회로와 릴레이를 사용하였으며 이와 같은 형태의 초기 NC를 회로형(hardwired) NC라 부른다. 반면에 입력 정보 해석 및 처리를 논리회로와 릴레이 대신에 마이크로프로세서와 메모리 소자를 이용하여 처리하는 NC를 프로그램형(softwired) NC 혹은 CNC

[유튜브 참고 동영상]
Video Tutorial SINUMERIK 828D: Hardware and more(8:35)
QUASER MF400 with Siemens Control (IMTS2010) – Copyright © Siemens Industry, Inc. 2011(1:32)
Power PMAC Motion Controller Overview(3:50)
Torno cnc de ocasion Doosan Daewoo LYNX 220 MA – Vendido(1:59)

(Computerized NC)라 한다. 표 3.1은 CNC 제어기 구성방식에 따른 발달 단계를 나타낸다. 1950년대부터 1974년까지 개발된 NC는 진공관, 트랜지스터, LSI 등을 이용하는 회로형 NC 제어기들이다. 1974년 8비트 마이크로프로세서를 내장한 CNC 제어기가 최초로 개발된 이후 마이크로프로세서와 메모리 소자의 발달과 함께 NC의 소프트웨어화가 본격적으로 진행되어 현재의 CNC 제어기에까지 이르게 되었다. 파워일렉트로닉스의 발달과 CNC 제어기의 16비트 마이크로프로세서의 채택 등에 힘입어 이전까지 제어가 힘들었던 AC모터의 서보제어가 가능하게 됨에 따라 1980년대 초반에 AC 서보화를 지원하는 CNC 제어기가 개발되었다. 1990년대 들어서는 CNC 제어기에 32비트 마이크로프로세서의 사용이 보편화된 시기로 다양한 보간 기능과 주축의 서보화 등 고속 고정밀 가공을 지원하는 CNC 제어기가 출현하기에 이르렀다. 한편 1990년대 중반 이후 개인용 컴퓨터의 성능 개선과 운동제어장치(motion control unit)와 같은 CNC 주변장치의 발달에 힘입어 기존의 폐쇄 혹은 준 폐쇄 구조인 전용 CNC 제어기와는 다른 형태인 PC 기반의 개방형(PC based open architecture) CNC가 출현하였고, 이후 메카트로닉

테이프
리더

(a) FANUC 5T(1976년 개발)

(b) FANUC 6T(1979년 개발)

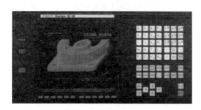

(c) FANUC 16M(1993년 개발)

(d) FANUC 30i(2003년 개발)

그림 3.1 CNC 제어기의 시대별 발전 과정(FANUC사)

스 기술 발전에 힘입어 전용 CNC 제어기의 대안으로 최근에 많이 사용되고 있다. 2000년 대 들어서는 LAN망과의 접속, Windows 기반의 컴퓨터와의 연계 기능, PROFIBUS와 같은 통신 프로토콜에 의한 내부 데이터 고속 전송, 고속 연산을 필요로 하는 첨단 서보제어 기술 적용 등 IT 및 현대제어 기술과의 접목을 통해 CNC 제어기는 고성능화, 지능화, 네트워크화로 나아가고 있다. 그림 3.1은 CNC 제어기의 발달과정을 보여주는 제어기 사진이다.

표 3.1 CNC 제어기의 구성방식에 따른 발전단계

방식	연도	구성 방식
Hard-wired NC	1954	진공관, 릴레이(relay), 아날로그(analog) 회로구성
	1959	트랜지스터(transistor) 등 개별 부품구성, 디지털(digital) 회로
	1965	IC(집적회로) 부품, 디지털 회로
	1970	LSI·MSI 사용, 미니 컴퓨터 내장
Soft-wired NC	1974	소프트와이어드(softwired) 방식 8비트 원칩 마이컴 내장
	1979	버블(bubble) 메모리 사용, VLSI, CRT 사용 일반화, AC 서보화
	1981	16비트 CPU 채택, 대화방식, 커스텀(custom)화, FA 또는 FMS 대응
	1982	디지털 서보화(digital AC servo), 급속이송속도 24 m/min
	1983	MMI(Man Machine Interface) 부착, 고속 0.1μm 제어화
	1987	32비트 CPU채택, MAP 대응, feed forward 제어, 절삭이송 고속화
	1990	32비트 보편화, RISC 탑재에 의한 연산속도의 고속화(20~30MIPS), EIA 포맷, 1mm 길이 동시 3축 연속 블록을 33m/min 이송실현
	1995	개방형 CNC 등장(IBM Pentium 133Hz 64비트 CPU, Windows 3.1)
	1998	2개 주축 동기제어, C축 윤곽제어, 원통보간, 나선보간
	2001	64비트 RISC CPU 채택, 나노 보간, NURBS 보간, 5축 제어기능
	2002	소프트웨어 기반 개방형 CNC 등장
	2004	동시 5축 제어, PC와 연결, 3차원 간섭체크, 100Mbps ethernet 통신, USB 메모리 인터페이스, 서보제어에 DSP 사용
	2008	플래시 메모리 카드, 인공지능 제어, C언어 이용 사용자 화면 제작 기능, 고속고정도 서보제어(원통가공시 2m/min이송, 진원도 1μm)

3.2 CNC 제어기 구성

그림 3.2는 CNC 공작기계의 기본 구성을 나타낸다. CNC 제어기는 입력장치를 이용하여 NC 프로그램을 읽어 들여 해독하고 서보 제어지령을 생성한 다음 이를 서보앰프로 보내 공작기계를 조작한다. CNC 제어기는 크게 입력장치, 기계 제어 유닛(machine control unit), 주축 앰프, 서보 앰프로 구성된다.

입력장치에서는 NC 데이터를 CNC 제어기 내에 미리 정해 놓은 데이터 포맷으로 변환하여 받아 들여 기계 제어 유닛 내의 버퍼에 저장한다. 입력장치로는 테이프 리더, 조작 판넬, 플래시 메모리 카드 드라이브, USB 메모리 드라이브, LAN 인터페이스 등이 주로 사용된다.

기계 제어 유닛은 CNC 제어기에서 가장 중요한 부분으로 내장된 CPU에서 입력장치로부터 받은 데이터를 해석하고 요구되는 각종 연산처리를 해서 공작기계를 움직이는 데 필요한 주축제어신호 $C(t)$(또는 $w(t)$), Z축 제어신호 $Z(t)$, X축 제어신호 $X(t)$를 생성한 후 이를 각각 주축 앰프 및 서보 앰프로 출력한다. 주축 앰프는 입력신호 $C(t)$를 이용해서 주축 기구를 지령된 각속도로 지정된 각도까지 회전시킨다. 입력신호가 $w(t)$인 경우는 지령된 각속도로 회전시킨다. 서보 앰프는 입력신호 $Z(t)$ 및 $X(t)$를 이용해서 이송계를 지령된 속도로 정해진 위치까지 움직이도록 제어한다.

그림 3.3은 CNC 제어기의 하드웨어 구성을 나타낸다. 기계 제어 유닛을 중심으로

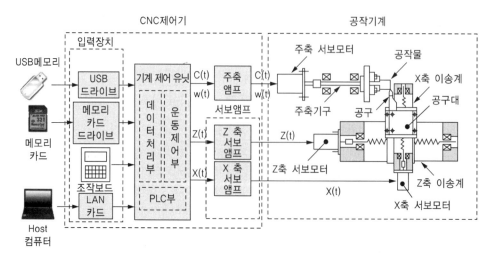

그림 3.2 CNC 공작기계의 기본 구성

MMI, I/O 모듈, 서보드라이브, 스핀들 모터 및 이송 서보모터들이 연결되어 있다.

그림 3.4는 CNC 제어기의 내·외부 접속도를 나타낸다. CNC 제어기는 컴퓨터처럼 버스(bus)를 통해 마이크로프로세서를 중심으로 메모리, 입출력 장치, 서보기구, PLC와 연결되어 있다. 최근의 CNC 제어기는 다양한 보간 기능과 고속·고정밀 가공 및 지능화

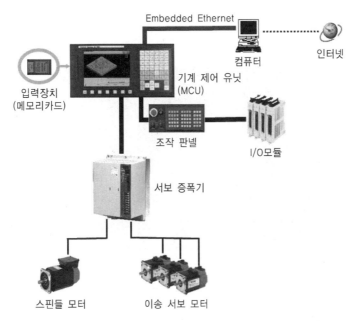

그림 3.3 CNC 제어기의 하드웨어 구성(FANUC 0i-D)

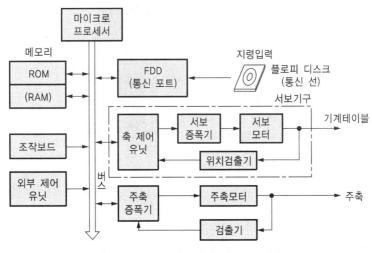

그림 3.4 CNC 제어기의 내·외부 접속도

기능 실현에 필요한 고속 실시간 처리능력 향상을 위해 1개 CPU 대신에 다중 CPU나 DSP를 채택하고 이들을 버스를 통해 연결하는 다중 프로세서를 갖는 컴퓨터 시스템과 유사한 구조를 채택하고 있다.

그림 3.5는 현재 사용되고 있는 CNC 제어기를 보인다. 화면과 키보드가 전면에 드러나 있고 공작기계 측 캐비넷 안쪽에 주기판과 PLC(PMC) 기판, 입출력 보드 등 관련 기판들이 들어 있다.

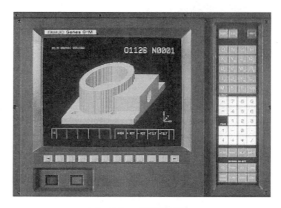

(a) CNC 제어기 외관

*MPG(Manual Pulse Generator)
*PMC(Programmable Machine Controller)

(b) CNC 제어기 내부

그림 3.5 CNC 장치의 외관(FANUC 0M, 일본)

3.3 입력장치

NC 프로그램은 MDI(Manual Data Input), 종이테이프, 시리얼(serial) 전송, 플로피 디스크, 메모리카드, USB 메모리, 이더넷(ethernet) 전송 등 다양한 매체를 이용하여 입력된다. MDI 방식은 작업자가 조작 판넬(operator panel) 상의 키보드와 디스플레이를 이용하여 NC 프로그램을 작성하고 이를 CNC 제어기 내 메모리에 기억시킨 다음 필요할 때마다 저장된 프로그램을 불러 사용하는 방식으로 간단한 형상 부품 가공에 적합하다.

종이테이프 방식은 테이프 펀치(tape punch)를 이용하여 종이테이프에 NC 프로그램을 천공하고 작성된 NC 테이프의 내용을 테이프 리더(tape reader)로 읽어 들이는 초창기 NC에서 사용한 방식으로 현재는 사용하지 않는다(그림 3.6).

시리얼 전송은 CNC 공작기계의 통신 전용 인터페이스인 RS232C를 이용하여 호스트 컴퓨터로부터 NC 프로그램을 CNC 내 메모리로 전송하는 방식이다. NC프로그램의 용량이 너무 커서 CNC 제어기 내 버퍼나 메모리의 저장 용량이 충분하지 않는 경우에 주로 사용한다(그림 3.7).

USB 메모리와 메모리 카드가 컴퓨터에서 휴대용 외장 메모리 장치로 많이 사용됨에 따라 최근에는 CNC 제어기에서도 USB 메모리, 메모리 카드를 이용하여 NC 데이터를

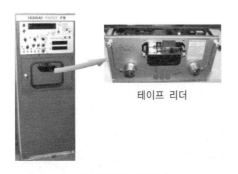

테이프 리더

(a) 테이프 리더

(b) 천공된 종이테이프

그림 3.6 종이테이프 방식

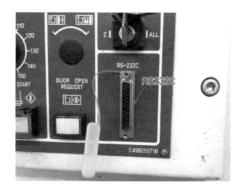

그림 3.7 시리얼 통신 방식

그림 3.8 최근의 입력장치 방식

그림 3.9 CNC 제어기의 운전 모드

읽는 방식을 지원하고 있다. 이 방식을 이용하면 NC 프로그램의 휴대성이 좋고 수정이 쉬울 뿐만 아니라 편집과 삭제가 가능하기 때문에 그 사용이 점차 늘어나고 있다(그림 3.8).

최근에는 CAM 시스템을 이용한 NC 프로그램 작성이 많이 쓰이고 있어 LAN을 이용한 NC 프로그램 전송방식을 많이 사용하고 있다. 최근의 CNC 제어기는 이더넷 통신을 표준 통신 인터페이스로 지원하고 있다(그림 3.8).

위에 열거한바와 같이, 입력장치에는 여러 방식이 있으나 CNC 제어기의 운전 모드 면에서 보면 그림 3.9와 같이 종이테이프에 기록한 데이터로 동작하는 테이프 운전모드, 메모리에 기록된 데이터로 동작하는 메모리 운전모드, 조작 보드를 이용하여 데이터를 직접 입력하는 수동 운전모드 3가지 방식으로 구분할 수 있다.

USB 메모리, 메모리카드 방식은 읽어 들이면서 바로 가공하는 테이프 운전모드 입력 장치로도 사용 가능하나, 일반적으로 NC 프로그램을 제어기 내 메모리에 전부 저장한 후 프로그램을 불러서 사용하는 메모리 운전모드용 입력장치로 사용한다. 현재는 RS232C나 이더넷을 이용한 DNC 운전이 테이프 운전모드에 해당된다.

3.4 NC 코드 전송 방법

3.4.1 NC 코드 표현 형식

마이크로컴퓨터에서 키보드로 입력되는 모든 문자를 7비트의 ASCII 코드로 변환해서 사용하는 것 같이 CNC 제어기에서는 NC 프로그램에 포함된 모든 문자를 8비트의 EIA 코드나 ISO 코드로 변환해서 사용한다. 그림 3.10은 ISO 코드와 EIA 코드로 작성된 NC 데이터 예이고 표 3.2는 ISO/EIA 코드의 일부를 나타낸다. EIA/ISO 코드는 문자값을 나타내는 7개 비트와 문자 변환 및 전송 중의 에러를 검증하기 위한 1개의 패리티 비트(parity bit)를 포함하여 8비트로 표현되며, NC 프로그램을 EIA 코드와 ISO 코드 중 어떤 방식으로 받아들일지는 CNC 제어기의 파라미터 값으로 미리 설정한다. 패리티 비트는 EIA 코드는 5번째 비트, ISO 코드는 8번째 비트를 사용하고 EIA에서는 홀수, ISO에서는 짝수로 패리티 체크를 수행한다. 예를 들어 RS232C를 이용하여 CNC 제어기로 NC 프로그램을 다운로드하는 경우, 호스트 컴퓨터에서 전송 전에 CNC 제어기에 설정된 파라미터 값에 맞게 NC 프로그램을 EIA/ISO 코드로 변환하고 패리티 비트를 추가한 다음 CNC 제어기로 전송한다. CNC 제어기에서는 NC 프로그램을 받아 메모리에 저장하기 전에 패리티 검사를 통해 프로그램이 제대로 전송되고 있는지 이상유무를 먼저 확인한다.

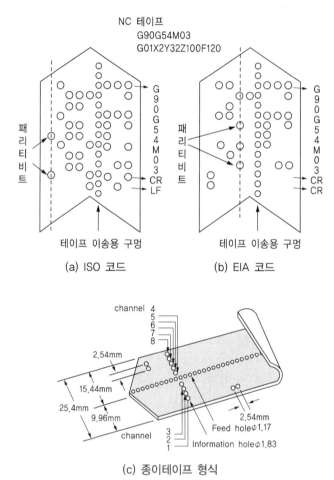

그림 3.10 NC 프로그램 형식

표 3.2 ISO/EIA 코드

Meaning	ISO			EIA		
	Character	Hexadecimal	Decimal	Character	Hexadecimal	Decimal
Numeral 0	0	30	48	0	20	32
Numeral 1	1	B1	177	1	01	1
Numeral 2	2	B2	178	2	02	2
Numeral 3	3	33	51	3	13	19
Numeral 4	4	B4	180	4	04	4
Numeral 5	5	35	53	5	15	21
Numeral 6	6	36	54	6	16	22
Numeral 7	7	B7	183	7	07	7
Numeral 8	8	B8	184	8	08	8
Numeral 9	9	39	57	9	19	25
Address A	A	41	65	a	61	97
Address B	B	42	66	b	62	98
Address C	C	C3	195	c	73	115
Address D	D	44	68	d	64	100
Address E	E	C5	197	e	75	117
Address F	F	C6	198	f	76	118
Address G	G	47	71	g	67	103
Address H	H	48	72	h	68	104
Address I	I	C9	201	i	79	121
Address J	J	CA	202	j	51	81
Address K	K	4B	75	k	52	82
Address L	L	CC	204	l	33	67
Address M	M	4D	77	m	54	84

3.4.2 데이터 전송용 표준 인터페이스

CNC 제어기에서 NC 데이터 전송을 위해 제공되는 표준 인터페이스로는 비동기 직렬 (serial) 전송인 RS-232C 인터페이스와 LAN 방식인 이더넷 인터페이스가 있다.

1) RS-232C 인터페이스

RS-232C는 컴퓨터와 모뎀(modem) 사이를 연결할 때의 전기적 인터페이스 규격 (protocol)을 말한다. 그림 3.11은 컴퓨터와 CNC 공작기계 사이의 RS232C 전송의 개념 도이다. 대부분의 컴퓨터와 CNC 공작기계에 RS-232C 인터페이스가 표준으로 장착되어 있기 때문에 이들 인터페이스 사이를 케이블로 연결하고 RS-232C 통신 규격에 따라 양방향으로 데이터를 전송할 수 있다. 즉 NC 데이터를 컴퓨터로부터 CNC 제어기로 전송하거나 CNC 제어기의 내부 파라미터 값들을 컴퓨터로도 보낼 수 있다.

RS232C 전송 방식에는 동기식(synchronous)과 비동기식(asynchronous) 두 가지가 있는데, CNC 제어기에서는 비동기 전송 방식을 사용한다.

그림 3.12는 비동기 방식의 시리얼 전송 시 데이터 형식을 나타낸다. 비동기식은 스타트 비트(start bit), 데이터, 패리티 비트, 스톱 비트(stop bit) 순으로 구성되며, 그림 3.12와 같이 스타트 비트 "H"에서 동기를 취해서 스톱 비트 "L" 2개까지가 1개

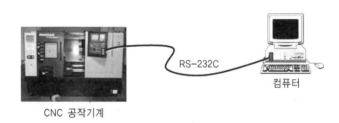

CNC 공작기계

그림 3.11 컴퓨터와 CNC 공작기계간 RS-232C 전송

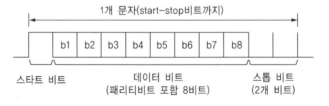

그림 3.12 비동기 방식의 데이터 형식

문자이다. 전송속도는 초당 전송 비트수(bit/sec; bps)인 보레이트(baud rate)로 나타낸다. 전송속도는 최대 20000bps까지 지정할 수 있지만 일반적으로는 110, 150, 300, 600, 1200, 2400, 4800, 9600bps 중에서 선택하고 전송에 앞서 선택된 보레이트를 송신측과 수신측에 미리 설정해 놓는다. 일반적인 CNC 제어기에서는 그림 3.12처럼 전송속도 4800bps, 짝수 패리티, 7개 데이터 비트, 2개 스톱 비트가 주로 사용된다. 그림 3.13은 RS-232C의 표준 커넥터 외관과 핀 배열을 나타내고, 표 3.3은 RS-232C 각 신호선을 나타낸다.

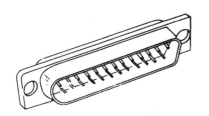

(a) 외관   (b) 핀번호

그림 3.13 RS-232C 표준 커넥터와 핀 배열

표 3.3 RS-232C 신호선

핀 번호	신 호 명	기 능
1	FG(Frame Ground)	기기용 접지
2	TXD(Transmitted Data)	송신 데이터
3	RXD(Received Data)	수신 데이터
4	RTS(Request To Send)	송신 요구
5	CTS(Clear To Send)	송신 허가
6	DSR(Data Send Ready)	데이터 Set 준비
7	SG(Signal Ground)	신호용 접지
8	CD(Carrier Detect)	캐리어 수신 상태 검출
20	DTR(Data Terminal Ready)	단말기 준비 상태

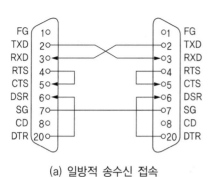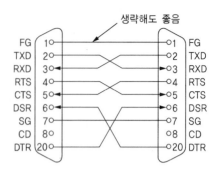

(a) 일방적 송수신 접속 　　　　(b) 가장 일반적인 접속(핸드 쉐이크 방식)

그림 3.14 RS-232C 접속 방식

그림 3.14는 컴퓨터와 CNC 제어기간에 데이터 전송을 하고자 할 때 송수신측 접속 방식을 나타낸다. 그림 3.14(a)는 가장 간단한 접속 방식으로 송수신측에서 각자 RTS=CTS, DSR=DTR로 연결하고, 양측간에는 TXD와 RXD 그리고 접지 3개 선만 서로 연결한다. 이 방식의 경우 송수신측 사이에 데이터 전송 상태 확인 없이 송신측에서 일방적으로 보내기 때문에 전송속도를 높이면 정확하게 데이터 수신이 안 되는 문제가 발생할 수 있다. 그림 3.14(b)는 가장 많이 사용하는 핸드 쉐이크(hand shake) 접속 방식으로 송신측 RTS와 수신측 CTS를 연결하고, 송신측 DSR와 수신측 DTR를 연결한다. CNC 제어기에서 일반적으로 사용하는 방식이다. RS-232C는 가격이 싸고 전송 프로그램 작성도 쉬우나, 전송속도가 늦고 전송선 길이가 15m를 넘으면 전기적 잡음의 영향을 받아 신호 감도가 떨어지는 단점을 갖고 있다.

2) 이더넷(Ethernet) 인터페이스

이더넷은 1980년에 미국 제록스사와 인텔이 공동으로 개발한 버스 기반의 (bus-based) LAN 전송 방식이다. 그림 3.15는 LAN을 이용한 DNC 시스템을 나타낸다. LAN을 이용하여 CNC 제어기들이 하나의 통신선에 다 연결되며, 각 CNC 제어기에 LAN 연결에 필요한 이더넷 네트워크 인터페이스 카드(Network Interface Card)가 내장되어 있다.

이더넷은 다수의 컴퓨터와 CNC 제어기들이 1개의 LAN 통신선을 공동으로 사용하기 때문에 여러 장치에서 동시에 데이터를 통신선에 올리면 충돌이 일어날 수 있다. 이런 충돌을 회피하기 위해 이더넷에서는 CSMA/CD(Carrier Sense Multiple Access with

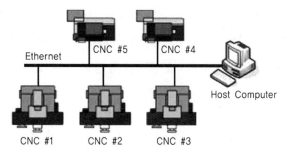

그림 3.15 이더넷으로 연결된 DNC 시스템

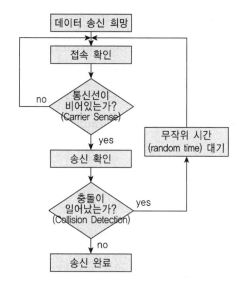

그림 3.16 CSMA/CD 전송방식 흐름도

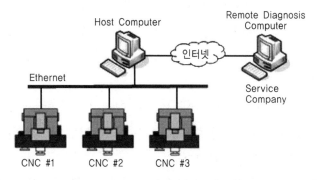

그림 3.17 인터넷을 이용한 CNC 공작기계 원격 진단

Collision Detection) 방식을 사용한다. CSMA/CD 방식은 그림 3.16처럼 통신선에 데이터를 올리기 전에 통신선의 통신 상태를 확인하고 통신선이 비면 송신을 시작한다. 이때 다른 장치에서도 동시에 데이터를 보내면 통신선 안에서 충돌이 일어나게 되는데, 이런 경우 양쪽 연결기기 모두 송신을 멈추고 무작위 시간만큼 대기한 뒤 재송신을 시도한다.

이더넷은 전송속도가 100Mbps 정도로 RS232C 시리얼 전송보다 훨씬 빠르다. CNC 제어기에 이더넷이 표준 인터페이스로 채택됨에 따라 CNC 제어기와 컴퓨터를 연결하여 NC 프로그램 전송뿐 아니라 실시간 작업 상태 감시도 가능하다. 나아가서 공장의 네트워크에 CNC 제어기를 접속하여 사무실과 가공 현장을 연결하면 생산지시나 실적 데이터로 공장 전체를 관리하는 생산 관리 시스템(Manufacturing Execution System:MES) 구축이 가능하다. 또 인터넷 접속을 통해 공작기계에 문제가 생겼을 시 CNC 공작기계 제작업체에서 기계 상태를 원격 진단하는 것도 가능하다. 그림 3.17은 인터넷을 이용하여 CNC 공작기계의 원격 진단(remote diagnosis)을 실행하는 구성도이다.

3.5 기계 제어 유닛

기계 제어 유닛(Machine Control Unit: MCU)은 사람의 뇌에 해당하는 CNC 제어기에서 가장 중요한 부분으로, 데이터 처리부(Data Processing Unit: DPU), 운동 제어부(Control Loop Unit: CLU) 및 PLC로 구성되어 있다. 그림 3.18은 기계 제어 유닛의 블록선도를 나타낸다.

데이터 처리부(DPU)는 입력장치로부터 받은 NC 지령을 해석하여 각 절삭부분에 대한 절삭경로와 절삭속도를 구하고, 공구 보정 및 좌표변환을 행한 다음 공구경로와 공구속도를 계산하여 운동제어부로 보내는 부분으로 CNC 제어기의 특징인 각종 보정 절차를 여기에서 행한다.

운동 제어부(CLU)는 데이터 처리부에서 구한 보정된 공구경로와 공구속도 데이터를 이용해서 공작기계 제어에 필요한 주축 및 이송 축 제어신호를 생성하는 부분으로 기계 제어 유닛에서 가장 중요한 부분이다.

PLC부는 CNC와 공작기계 사이의 입출력 인터페이스를 담당하는 부분으로, 주축회전, 공구교환, 기계 조작 판넬 제어 등 CNC 공작기계의 순차제어(sequence control)

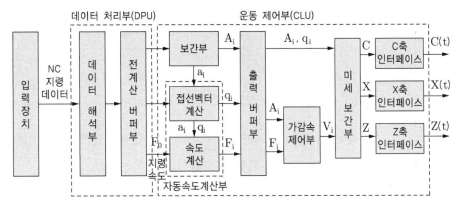

그림 3.18 기계 제어 유닛의 블록선도

를 담당한다.

3.5.1 데이터 처리부

데이터 해석부(interpreter)에서는 입력장치로부터 NC 프로그램을 한 블록씩 읽고 해석하며, NC 지령에 포함된 위치, 속도, 공구보정 데이터로부터 좌표 계산과 각종 보정처리를 행하고 공구경로와 그것에 대응하는 공구속도 F_0를 구한 후, 이를 전계산 버퍼부(pre-calculation buffer)에 저장한다. 전계산 버퍼부는 데이터 해석부에서 구한 공구경로와 공구속도 데이터를 일시적으로 저장하고, 이후 진행되는 운동제어부 내의 각 프로세스 도중에 데이터가 끊어지지 않도록 공급하는 역할을 한다.

3.5.2 운동 제어부

보간부(interpolator)에서는 전계산 버퍼부로부터 받은 공구경로 데이터를 이용해서 프로그램에서 지정한 보간 연산을 수행하고 공구경로상의 각 보간점 $P_i(i = 0, 1, \cdots, n)$에서의 위치벡터 A_i를 구한 다음 이를 출력 버퍼부(output buffer)에 저장한다. 또 동시에 각 점들 사이의 미소선분벡터 $a_i(i = 0, 1, \cdots, n-1)$를 계산해서 이를 자동 속도계산부로 보낸다.

자동 속도계산부에서는 미소선분벡터 데이터로부터 각 보간점 P_i에서의 단위접선벡터 q_i를 구하고 식 (3.1), (3.2)를 이용하여 각 보간점 P_i에서의 허용속도 f_i를 구한 후, f_i와 NC로부터의 지령속도 F_0를 비교해서 작은 쪽 값 F_i를 출력 버퍼부로 보낸다(그림 3.19).

$$f_i = \sqrt{\frac{L_i \alpha}{q_i - q_{i+1}}} \tag{3.1}$$

L_i: a_i의 절대값, a_i: 미소선분벡터, q_i: 단위접선벡터

α: 허용최대 가속도(모터 용량에서 결정되는 값)

$$F_i = \min(f_i, F_0) \tag{3.2}$$

출력 버퍼부는 앞에서 구한 미소선분벡터 및 각 보간점 사이의 속도정보를 누적해 놓고, 가감속 제어부(acceleration/deceleration control unit)로 저장된 정보를 차례대로 보낸다. 출력 버퍼부 이전 처리 프로세스는 메인 프로세서에서 행하며 버퍼 메모리의 빈 여유상황에 따라서 연산 처리를 하기 때문에 비교적 느린 주기로 연산을 수행한다. 하지만 출력 버퍼부 이후 프로세스에서는 운동 궤적 정도 향상과 고속이송을 실행하기 위해 데이터 연산처리를 고속으로 행할 필요가 있다. 이 때문에 전용 마이크로프로세서를 두고 빠른 속도로 데이터 실시간 연산 처리를 수행하도록 하고 있다.

출력 버퍼 메모리에 저장된 지령대로 기계를 이송할 경우 시작하는 부분과 정지하는 부분에서 과도한 가속도 변화로 인해 큰 진동과 충격이 기계에 가해지게 된다. 이러한 기계 이송 시작과 정지시에 과도한 진동을 피하고 부드러운 이송을 얻기 위해 가감속

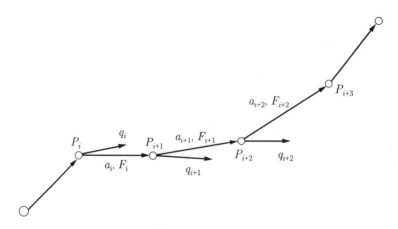

그림 3.19 속도 계산 프로세스

제어부는 지령된 위치·속도, 기계의 현재 위치·속도, 오버라이드 등 각 조건을 판단해서 적절하게 가감속된 보간 속도 V_i를 출력한다. 위치 정보는 직접 미세 보간부로 입력하고 보간된 속도만 가감속한다.

앞의 보간부는 하나의 마이크로프로세서를 데이터 읽기, 데이터 해석, 보간 계산과 공용하기 때문에 샘플링 주기를 짧게 하는 데 한계가 있다. 이 때문에 이송속도가 아주 빠른 경우 보간 간격이 조밀하지 않아 궤적 정도가 저하된다. 미세 보간부(fine interpolator)는 이런 문제를 해결할 목적으로 사용하는 보간 기능이다. 앞단의 보간부와 비교해서 샘플링주기를 충분히 작게 하고 별도의 독립된 마이크로프로세서를 사용하기 때문에 고속연산을 통해 고정도의 부드러운 이송 지령을 서보장치로 보낸다.

3.5.3 PLC부

PLC(Programmable Logic Controller)부는 CNC 제어기와 공작기계 사이에 정보의 상호 전달을 담당하는 부분으로 공구교환, 절삭유 on/off, 주축회전, 기계 조작판넬 제어와 같은 공작기계 순차제어를 실행한다. CNC 제어기에서는 PLC를 PMC (Programmable Machine Controller)로 부른다. 공작기계 제조회사에서 PLC에 내장된 EPROM 또는 PROM에 기계 시동 및 정지, 공구교환, 절삭유 ON/OFF 등 기계 순차제어를 위한 프로그램을 전용 언어를 이용하여 미리 작성해 기억시켜 놓는다. 운전 중 PLC 입력 접점으로 입력 지령신호가 들어오면 PLC 안에 내장된 CPU에서 이를 해독한 뒤 해당 순차제어 프로그램을 불러서 연산처리하고 그 결과를 PLC 출력접점을 통해 공작기계나 CNC 쪽으로 내보낸다.

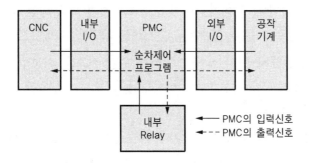

그림 3.20 PLC(PMC)부의 기본 구성

그림 3.20은 PLC의 기본 구성을 나타낸다. PLC로 들어오는 입력 신호에는 CNC에서의 입력신호(M기능, T기능 등)와 기계에서의 입력신호(cycle start 버튼, feed hold버튼 등)가 있다. PLC로부터 나가는 출력 신호에는 CNC로 출력하는 신호(cycle start 지령, feed hold 지령신호 등)와 기계로 출력하는 신호(주축정지, 절삭유 on/off 등) 등이 있다. PLC에서 행하는 순차제어 기능을 정리하면 다음과 같다.

- 주축모터 on/off 제어, 절삭류 on/off 제어: M코드 지령
- 주축모터 각속도 지령: S코드 지령
- 교환공구 번호 지정: T코드 지령
- 운동제어부 이상상태 감시
- 기계 조작 판넬 입력 조작: 운전모드(테이프 운전, 메모리 운전, 수동 운전) 전환조작, cycle start 버튼 조작, 주축 및 이송축 오버라이드 등

그 외에도 기계 운전에 필요한 부분적인 순차제어나 화면 표시용 신호의 상호전달 등 기계와 CNC 제어기 사이의 정보전달을 행하는 매체로서 다양한 역할을 수행한다.

3.6 이송 서보 기구

CNC 공작기계에서는 공구 궤적을 정밀하게 제어하기 위해서는 고정도 이송축 제어계를 필요로 한다. 그림 3.21은 CNC 공작기계 이송 축 제어계의 기본 구성을 나타낸다. 먼저 CNC에서 이송 지령을 내고 서보앰프는 지령대로 모터를 구동하기 위해 전류를 증폭하여 모터에 공급한다. 모터가 지령속도로 회전하면 모터 회전 방향과 속도에 맞춰서 볼나사가 회전하여 테이블을 좌 또는 우로 이동시킨다. 그리고 CNC는 인코더로부터 위치 및 속도를 검출해서 위치 및 속도제어를 위한 신호로 서보 앰프로 피드백한다. CNC 제어기는 검출된 피드백 신호와 지령 신호를 비교해서 같아질 때까지 서보 모터에 구동신호를 내보낸다.

그림 3.21(b)에서 보는 바와 같이 CNC 공작기계에 사용되는 서보 제어계는 위치 제어루프, 속도 제어루프, 전류 제어루프로 구성되어 있다. 전류 제어루프가 가장 안쪽에 있고, 중간에 속도 제어루프, 가장 바깥측에 위치 제어루프가 위치한다. 이와 같이 전류

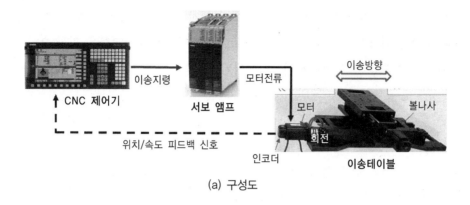

(a) 구성도

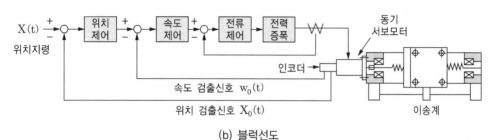

(b) 블럭선도

그림 3.21 CNC 공작기계 이송축 제어계 구성

제어루프, 속도 제어루프, 위치 제어루프가 서로 종속적(cascade)으로 연결된 제어 시스템의 경우, 안정성을 확보하기 위해서는 안쪽에 위치한 제어루프의 안정성이 먼저 확보된 상태에서 바깥쪽 제어루프 순으로 안정성이 확보되어야 한다. 따라서 내측 루프가 외측 루프보다 빠른 응답성을 갖도록 각 제어루프의 게인 조정(gain tuning)을 해야 한다. 또 각 제어루프의 게인 값이 낮으면 서보강성이 작아져서 형상오차가 커지기 때문에 서보강성을 크게 하기 위해서는 위치 루프 게인, 속도 루프 게인, 전류 제어 루프 게인 값을 서보계의 안정성을 해치지 않는 범위에서 가능한 크게 하는 것이 좋다.

3.7 주축 서보 기구

이송축 제어에서는 위치 및 속도 제어가 동시에 요구되나 주축 제어에서는 가공 내용에 따라 위치 제어(각도 제어)와 속도 제어(각속도 제어)를 선택해서 사용한다. 예를 들어 드릴 가공이나 밀링 가공의 경우 주축은 속도 제어(각속도 제어)를 행하고, 가공하는 나사의 리드를 파라미터로 하는 Z축과 주축의 회전각 동기제어에 의한 탭핑 가공이나 X, Y축과 주축 회전각(C축)을 보간 제어하는 나선 가공 및 공구교환을 위한 오리엔테이션의 경우는 위치 제어(각도 제어)가 선택된다.

그림 3.22는 CNC 공작기계의 주축 제어계의 기본 구성을 나타낸다. 주축 제어계의 가장 큰 특징은 벡터 제어(vector control) 방식의 서보드라이브로 유도형 서보모터를 제어하는 것이다.

먼저 속도 제어의 경우 인코더로부터 피드백 받은 위치 신호 $C_0(t)$를 미분해서 구한 속도 피드백 신호 $\omega_0(t)$와 CNC 장치로부터 지령된 속도 제어 지령 신호 $w(t)$를 비교해서 속도편차를 구하고, 속도 제어회로를 거쳐 서보드라이브로 주게 되면 벡터 제어 방식의 서보드라이브가 주축모터를 요구한 속도로 회전시킨다. 속도 제어회로에는 비례적분(PI)제어 알고리즘을 사용한다.

위치 제어의 경우는 인코더로부터 피드백 받은 위치 신호 $C_0(t)$와 CNC 장치로부터 위치 제어 지령 신호 $C(t)$를 비교해서 편차를 구한다. 그런 다음 편차 신호를 비례 알고리즘을 갖는 위치제어 회로에서 증폭한 후, 속도 제어회로로 보내어 주축을 요구 위치까지 회전시킨다.

위치 제어 및 속도 제어의 전환신호는 PLC(Programmable Logic Controller)부로부터 주축 서보 구동기로 전달된다.

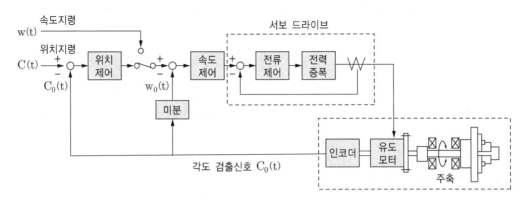

그림 3.22 주축제어계의 구성

3.8 개방형 CNC

3.8.1 개요

1990년대 들어 개인용 컴퓨터와 메카트로닉스 기술의 급속한 발달로 인해 CNC 공작기계에 사용되던 패쇄적인 하드웨어 구조를 기반으로 하는 전용 CNC 제어기를 개인용 컴퓨터와 NC 관련 장치 및 소프트웨어를 이용한 개방적 구조(open architecture)를 갖는 제어기로 대체하고자 하는 시도가 유럽, 미국을 중심으로 활발히 논의되었고, 그 결과로 1990년대 중반에 개인용 컴퓨터를 플랫폼으로 하는 개방형 CNC가 출현하게 되었다. 실제로 마이크로프로세서를 사용하는 개인용 컴퓨터와 CNC 제어기는 실시간 처리 기능과 NC제어 부분을 제외한 내부 정보처리 구조는 거의 동일하다. '개방형'이란 말은 시스템의 구성요소를 모듈화하고 각 모듈간의 인터페이스를 표준화함으로써 서로 다른 회사가 제공하는 구성 요소로도 자유롭게 조합해서 전체 시스템을 쉽게 구축할 수 있도록 하는 것을 의미한다. 따라서 개방형 CNC란 사용자가 컴퓨터를 기반으로 하고 여기에 여러 회사에서 나온 상품화된 제어기 구성부품 및 소프트웨어 중에서 필요한 것을 구매해서 설치하여 자신의 사용 목적에 맞게 조합해서 만든 CNC를 일컫는다. 개방형 CNC와 PCNC(Personal Computerized Numerical Controller)라는 용어를 혼용하고 있는데, PCNC란 PC 기술과 NC 기술을 결합한 것으로 개인용 컴퓨터 플랫폼 기반에 제어용 NC 하드웨어와 제어용 소프트웨어를 통합한 개방형 CNC를 뜻한다. PCNC는 개인용 컴퓨터에서 사용하는 Windows와 같은 운영체계(operating system)를 사용한다. 기존의 전용 CNC 대신에 PCNC를 사용하면 PC용으로 개발된 CAD/CAM 소프트웨어와 같은 다양한 응용 소프트웨어를 사용할 수 있으며, 컴퓨터의 네트워크 기능을 이용하면 FMS, CIM 등 자동생산시스템 구축도 가능하다.

3.8.2 배경

CNC 공작기계는 기계기술과 전자기술이 융합된 메카트로닉스 기술을 기반으로 한다. 하지만 메카트로닉스 기술이 출현하기 이전, 1970년대 CNC 공작기계 개발 초기에는 기계 제조업체에게 전자기술은 접근하기 힘든 부분이었다. 이 때문에 CNC 공작기계 개발 초기부터 기계업체가 공작기계를 만들고 전자기술이 강한 전문기업이 CNC 제어기를 만들어 공작기계와 CNC 제어기를 결합하는 분업 개발방식이 정착되었다. 이러한 기계업체와 전자업체의 분업으로 인해 기계업체는 CNC 제어기 내용 자체는 신경 쓰지 않고 NC 제조업체로부터 구매해서 쓰는 개발형태가 확립되고 이후 기계업체와 전자업체의 기술개발에 힘입어 지속적으로 발전해 올 수 있었다. 그러나 CNC 제어기가 폐쇄적인 하드웨어 기반으로 되어 있어서 기계업체는 CNC 제어기 내부를 모르고, 그 결과 공작기계를 만드는 업체에서는 CNC 제조회사의 도움 없인 경쟁사와 차별화되는 독자적인 기능을 갖춘 CNC 공작기계를 만드는 것이 불가능하게 되었다. 이 점이 기계업체에서 늘 갖고 있던 불만이었다. 이런 상황이 90년대 중반 개인용 컴퓨터와 CNC 제어 관련 메카트로닉스 제품의 발전에 힘입어 전용 CNC 제어기에 대한 불만이 기계업체로부터 나오게 되었다. 공작기계 제조업체의 불만사항을 정리하면 다음과 같다.

- PC는 개방 구조(open architecture)를 갖고 있는 데 반해 CNC는 개방화되어 있지 않다.
- 개방화 되어 있지 않기 때문에 생산설비의 개량이 힘들어 생산효율을 높일 수 없다.
- CNC 제어기에 신형 CPU의 도입이 늦다.
- 세계 여러 회사에서 생산하는 모터, 서보 구동기 등 고정도이고 싼 가격의 CNC 제어기 주변기기나 제어보드 등을 사용할 수 없다.
- 개인용 컴퓨터용으로 나온 여러 응용 소프트웨어를 활용할 수 없다.
- 무인화, 공정관리를 진행시키기 위해 필요한 인터넷과 같은 자유로운 네트워크 활용이 힘들다.
- 사용자 인터페이스가 빈약하다.

이런 문제를 해결하기 위한 방안으로 제안된 것이 개방형 CNC(또는 PCNC)이다. 현재는 공작기계 업체뿐만 아니라 기계를 제어하고자 하는 사람이면 누구나 개방형 플랫폼(PC 하드웨어, 윈도우 OS, 네트워크)과 개방형 인터페이스 위에 전 세계의 소프트웨어 업체 및 제어보드 업체가 제공하는 풍부한 PC용 제품을 사용하여 사용자가 원하는 기능을 구현하는 CNC 제어기를 제작할 수 있는 환경이 조성되어 있다.

3.8.3 개방형 CNC의 구성

그림 3.23은 개방형 CNC를 이용한 이송축 제어계를 나타낸다. 이송 제어계는 크게 컴퓨터, 운동제어기, 서보드라이브, 서보모터, 피드백 센서 및 이송 테이블로 구성된다. 운동제어기(다른 말로 'NC 보드'라고도 함)는 컴퓨터와 서보드라이브 등과 같은 외부 장치를 연결하는 중개(interface) 역할을 하는 가장 중요한 요소이다. 운동제어기는 컴퓨터로부터의 제어지령 신호와 센서로부터 피드백 된 신호를 받아 필요한 논리 및 수치 연산을 수행하고 서보드라이브로 제어신호를 내 보내는 역할을 한다. 일반적으로 개방형 CNC에서 컴퓨터는 화면 표시, 조작 판넬 입력 등 사용자 인터페이스(Man Machine Interface: MMI)를 담당하고 운동제어기가 CNC 장치의 핵심인 NCK/PLC(Numerical Control Kernel/Programmable Logic Control) 기능을 담당한다.

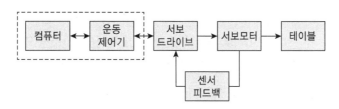

그림 3.23 개방형 CNC에서의 이송축 제어계 구성

3.8.4 개방형 CNC의 형태

개방형 CNC는 운동제어기의 구조에 따라 그림 3.24와 같이 3가지 형태로 분류할 수 있다.

1) 컴퓨터 표준 버스 기반 개방형 CNC

운동제어기가 개방형 구조로 되어 있고 컴퓨터와 독립적이다. ISA 인터페이스, PCI 인터페이스, VME 인터페이스, RS232 인터페이스와 같은 서로 다른 여러 버스에 의해서 컴퓨터와 결합될 수 있다. DSP나 마이크로프로세서를 CPU로 사용하고 있으며 CPU상에서 운동계획, 고속 실시간 보간, 서보필터제어, 서보구동, 외부 I/O와의 표준 범용 인터페이스와 같은 여러 다양한 기능을 수행한다. 또 C언어 운동함수와 Window DLL 동적링크와 같은 강력한 운동제어 소프트웨어 라이브러리를 이용하여 사용자가 Windows 운영

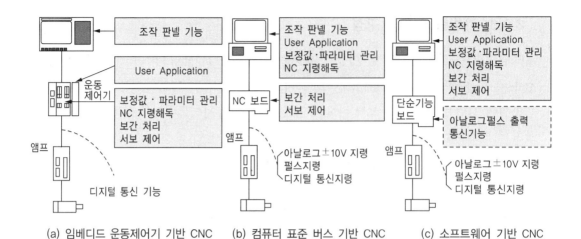

(a) 임베디드 운동제어기 기반 CNC (b) 컴퓨터 표준 버스 기반 CNC (c) 소프트웨어 기반 CNC

그림 3.24 개방형 CNC 형태

체계상에서 자신에게 맞는 응용 소프트웨어와 사용자 자신의 요구에 맞는 다양한 제어 시스템을 개발할 수 있다. 이 방식을 사용하는 대표적인 시스템으로는 Delta Tau Systems사의 PMAC 초기 시리즈를 들 수 있다. 그 외에도 미쯔비시 전기의 Meldas Magic, NI사의 NI 시리즈, Galil Motion Control사의 DMC 시리즈 등이 있다. 그림 3.25는 컴퓨터 표준버스 기반 개방형 CNC의 기본 구성을 나타내며 컴퓨터와 운동제어기가 마스터 슬레브(master-slave) 제어 구조로 되어 있다. 컴퓨터의 버스에 운동제어기를 연결한 상태에서 실시간 처리를 요하는 서보제어는 운동제어기에서 수행하고 화면표시와 같은 MMI 업무와 NC 지령 해독, 공구 보정량 및 파라미터 관리 업무는 컴퓨터에서 수행한다. 이 방식의 가장 큰 장점은 정보 처리를 위한 컴퓨터의 능력과 운동궤적 제어를 위한 운동제어기의 능력을 결합한 구조에 있으며 상용화된 개방형 CNC의 가장 일반적인 형태로 생산자동화 장비에 많이 사용되고 있다.

그림 3.26은 Delta Tau사의 운동제어기의 외관과 이를 이용해서 만든 CNC의 기능

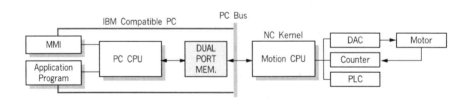

그림 3.25 컴퓨터 표준버스 기반 개방형 CNC 장치(PMAC 운동제어보드 이용)

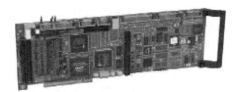

(a) PMAC 보드의 외관(4축 용)

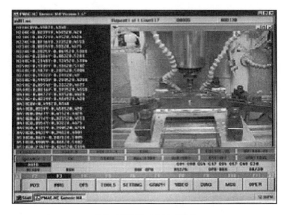

(b) 사용자 구성 화면

그림 3.26 Delta Tau의 PMAC 보드와 사용자 구성 화면

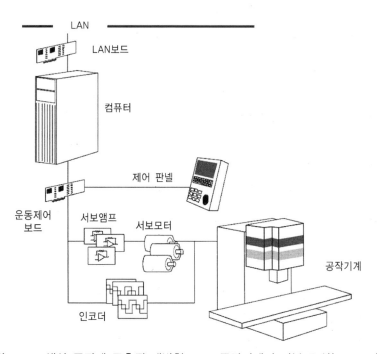

그림 3.27 생산 공장에 구축된 개방형 CNC 공작기계의 기본 구성(NIST, 미국)

화면을 나타낸다. 그림 3.27은 Delta Tau사의 PMAC 운동제어보드를 이용하여 개방형 CNC 공작기계를 구성한 예를 나타낸다. 호스트 컴퓨터는 운동제어기 업체에서 제공하는 PCNC용 소프트웨어를 이용하여 화면 표시나 조작 판넬 관리와 같은 사용자 인터페이스를 만들고, 축 이송에 영향을 미치는 공구 오프셋과 같은 데이터 및 운동제어기로 NC 데이터를 전송하기 위한 내부 버퍼를 관리한다. 운동제어기와 컴퓨터 사이의 데이터 전송은 그림 3.25와 같이 듀얼 포트 RAM 기구(dual ported RAM mechanism)를 이용한다. 운동제어기는 좌표계 궤적 계획(trajectory planning), 축 궤적보간, 서보계산, 모든 PLC 관련 일들을 수행한다.

2) 소프트웨어 기반 개방형 CNC

소프트웨어 기반 개방형 CNC(software based open CNC)는 컴퓨터 표준 버스기반 CNC보다 유연성(flexibility)이 높다. 컴퓨터 버스기반 CNC에서 펌웨어로 처리하던 NCK/PLC 기능을 소프트웨어로 처리한다.

그림 3.28은 소프트웨어 기반 개방형 CNC 장치의 구성을 나타낸다. 소프트웨어 기반 개방형 CNC 장치의 경우 하나의 CPU상에서 NCK, PLC, MMI 기능을 각각의 소프트웨어 모듈로 처리하고, 운동제어기는 단지 컴퓨터, 서보드라이브, 외부 I/O와 연결하는 표준 범용 인터페이스 역할만 한다. 본 방식의 큰 특징은 하나의 CPU 위에서 두 개의 운영체계가 운영되는 것이다. 실시간 제어를 요하는 운동제어의 경우에는 실시간처리를 지원하는 RTOS(Real Time OS) 환경에서 수행을 하고 실시간을 요하지 않는 MMI 등은 컴퓨터의 기존 운영에 설치된 운영체계에서 수행하는 형태이다. MMI를 동일한 CPU상에서 같이 처리하기 때문에 제어실행부와 CPU 자원의 적절한 배분이 필요하다. 하지만 사용자가 생각하는 대로 자유롭게 기계 제어를 할 수 있기 때문에 64비트 CPU 채택 등 컴퓨터의 고성능화와 함께 그 사용이 늘어나고 있다. 대표적인 상용제품으로는 (주)터보테크의 IX 시리즈, (주)오쿠마의 OSP-P 시리즈 등이 있다. 그림 3.29는 (주)터보테크의 소프트웨어 기반 개방형 CNC인 IX 시리즈의 시스템 구성도를 나타낸다. 컴퓨터에 설치된 Main CNC 모듈(MMI, NCK, PLC)이 2개의 운영체계 위에서 운영되고 그 외에도 사용자가 작성한 프로그램, 상업용 소프트웨어도 설치된다. 그림 3.30은 소프트웨어 기반 개방형 CNC의 MMI 구성 예이다.

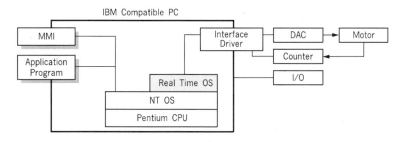

그림 3.28 소프트웨어 기반 개방형 CNC의 구조

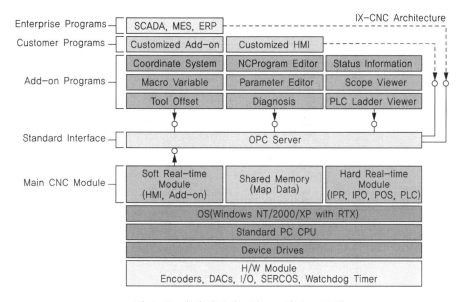

그림 3.29 (주)터보테크의 IX-시리즈 구성

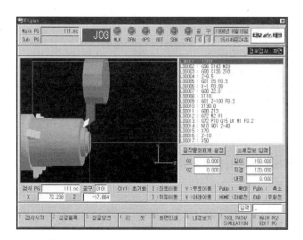

그림 3.30 소프트웨어 기반 개방형 CNC의 MMI 구성 예(터보테크)

3) 임베디드 운동제어기 기반 개방형 CNC

임베디드 운동제어기(embedded motion controller) 기반 개방형 CNC는 컴퓨터가 내장된 운동제어기로 운동제어기만으로 독립적으로 운영할 수 있다. 운동제어기가 컴퓨터 버스를 통해 컴퓨터와 통신을 할 수 있어 임베디드 운동제어기는 본질적으로는 표준 버스 기반 운동 제어기의 변종이다. 표준 버스 기반 개방형 CNC와의 차이는 운동제어기의 처리능력에 있다. 즉 표준버스 기반 CNC에서는 컴퓨터에서 수행되던 NC 해독,

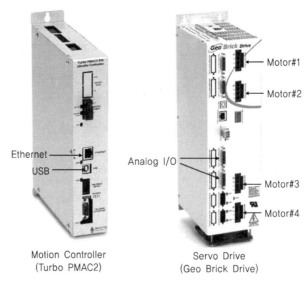

Motion Controller
(Turbo PMAC2)

Servo Drive
(Geo Brick Drive)

(a) Turbo PMAC(Delta Tau사)

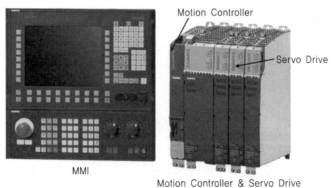

MMI

Motion Controller & Servo Drive

(b) SINUMERIK 840D sl(Siemens)

그림 3.31   임베디드 운동제어기 기반 개방형 CNC 종류

공구보정량 및 파라미터 관리 업무 등을 임베디드 운동제어기 기반 개방형 CNC에서는 운동제어기에서 그 업무를 담당하고 컴퓨터는 MMI업무만 담당한다. 산업용 이더넷, RS485, SERCOS (Serial Real Time Communication System), Profibus와 같은 필드 통신 인터페이스를 통해 호스트 컴퓨터 및 제어 판넬과 연결되며 그 외에도 플로피 디스크나 하드 디스크를 제공한다. 최근에는 버스 기반 제어기 방식은 거의 사용하지 않고 대부분 고속 데이터 통신을 이용하는 임베디드 운동제어기 방식을 사용하고 있다. 대표적인 상용제품으로 UPAMC, Turbo-PMAC 등 Delta Tau사의 최근 PMAC 제품들과 Siemens사의 SINUMERK 840D sl을 들 수 있다. 그림 3.31은 대표적인 임베디드 운동제어기 기반 개방형 CNC 장치들이다.

3.8.5 개방형 CNC 구성 사례

여기서 PCNC용 운동제어기로 기계자동화에 많이 사용하는 미국 Delta Tau Systems 사의 Turbo PMAC 보드를 이용하여 PCNC를 제작한 사례를 소개하고자 한다.

1) Turbo PMAC 소개

PMAC(Programmable Multi-Axis Controller)은 Delta Tau사에서 개발한 다축·다채널 개방형 운동제어기로 산업용 컴퓨터를 기반으로 한다. 서브 μm급 정밀도를 요구하는 곳에서부터 수백 kW급대 출력을 필요로 하는 곳까지 광범위하게 응용할 수 있다. PMAC의 주요 특징을 정리하면 다음과 같다.

- 동시 8축 제어 가능.
- 고성능 DSP인 Motorola DSP56002를 CPU로 사용.
- 보드상에 메모리를 갖고 있어 단독형(stand alone) 제어기로 운영할 수 있으며, 버스나 시리얼 포트를 통해 호스트 컴퓨터에서 PMAC 보드를 지령하는 형태로도 쓸 수 있음.
- 32개의 PLC 프로그램과 8개의 운동제어 프로그램을 운영할 수 있음.
- 다양한 버스 형식, 축수, 하드웨어 특징을 갖고 있는 시스템에도 이용할 수 있음.

그림 3.32는 PMAC 제어기의 외관 및 구성도를 나타낸다. PMAC 제어기는 컴퓨터처럼 내부 버스를 통해 CPU와 메모리, Gate Array Chip이 연결되어 정보처리를 수행한다. 보드상에 메모리(on-board memory)를 갖고 있기 때문에 PMAC 제어기를 단독형 제어기로도 활용할 수 있으며, 버스나 통신포트를 통해 호스트 컴퓨터와 연결하여 운동제어 보드로도 활용할 수 있다. PMAC 제어기는 궤적 프로파일 생성, 피드백 신호처리, 디지털 서보필터, 운동제어 프로그램 수행, PLC 프로그램 수행 및 PC와의 통신 기능을 담당한다. Gate Array Chip은 DSP와 모터 신호를 연결하는 커스텀화된 칩(custom made chip)으로 각 칩마다 4개의 하드웨어 채널을 제공한다.

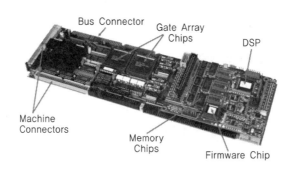

(a) PMAC 보드

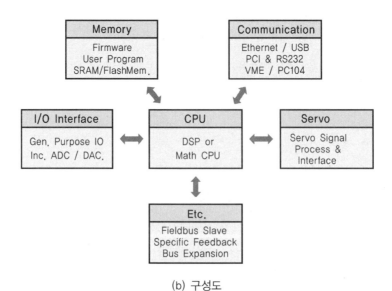

(b) 구성도

그림 3.32 PMAC 보드의 외관 및 구성도

2) PMAC 제어기를 이용한 축 이송 시스템 구성

그림 3.33은 PMAC 제어기를 이용하여 XY 테이블을 구동하는 시스템 구성도를 나타낸다. 컴퓨터상에서 Delta tau사에서 제공하는 PMAC 운영 및 설치를 위한 전용 개발 도구인 PEWIN을 이용하여 이동궤적을 생성하고 컴퓨터 내에서 해독한 뒤 이더넷 (Ethernet)을 이용하여 위치지령값을 PMAC 제어기로 보낸다. PMAC 제어기에서는 컴퓨터로부터 받은 위치지령과 모터 인코더로부터 현재 위치값을 받아 위치 및 속도 제어를 행한다. PMAC에서의 서보제어 알고리즘은 일반적으로 많이 사용하는 PID 알고 리즘을 사용한다. 제어 시스템 설계시 우수한 동적 특성과 최소 추종오차를 얻기 위해서 는 PID 제어 게인의 적절한 설정이 중요하며, 일반적으로 스텝 응답이나 사인파 응답을 통해 PID 제어를 사전에 조정한다.

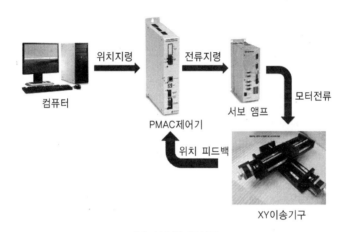

(a) 시스템 구성도

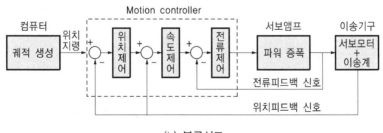

(b) 블록선도

그림 3.33 PMAC 기반 이송제어 시스템

3) 운동제어 사례

① 가감속 시간 설정

이송제어 전에 부드러운 이송을 위한 가감속 프로파일 및 가감속시간 선정을 먼저
수행한다. TA값이 TS값의 2배 이상이 되도록 설정한다.

TA(Ix20) : Programmable Acceleration Time

정수값 지정(units: msec)

TS(Ix21) : Programmable S-curve Time

정수값 지정(units: msec)

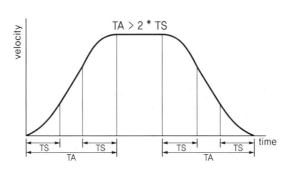

그림 3.34 가감속 곡선

② 직선 이송

- 볼나사 피치 : 10 mm

- 인코더 펄스수 : 1,000 pulses/rev(cts/rev)

- 1 BLU : 10 μm/pulse

- 이송속도 : 50 mm/sec(5000 counts/sec)

- 이송거리 : 현재 위치 (0,0)에서 X축으로 100 mm 이동(10000 counts)

```
**************** set-up and Definitions ****************

CLOSE          ; Make sure all buffers are closed
END GAT        ; stop data gathering
DEL GAT        ; Erase any defined gather buffer
&1             ; Coordinate System 1
#1->X          ; Assign motor 1 to the X-axis - 1 program unit
               ; of X is 1 encoder count of motor #1


***************** Motion Program Text *****************

OPEN PROG 1    ; open buffer for program entry, Program #1
CLEAR          ; Erase existing contents of buffer
LINEAR         ; Blend linear interpolation move mode
ABS            ; Absolute mode - moves specified by position
TA500          ; Set 1/2 sec (500 msec) acceleration time
TS0            ; Set no S-curve acceleration time
X10000         ; Move X-axis to position 10000
CMD"ENDG"      ; Send On-line command to stop data gathering
CLOSE          ; Close buffer - end of program
```

G코드 : G90 G01 X100.F50.0

(a) 운동제어 프로그램

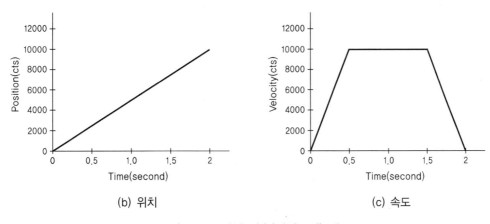

(b) 위치   (c) 속도

그림 3.35 직선 이송(직선보간) 예

③ 원호 이송

예] XY축 테이블을 이송하여 현재 위치에서 시계방향으로 반지름이 10mm인 반원이 이동하는 프로그램을 작성하라.

General setup and definitions for circular interpolation:

(1) End point definition mode : ABS(**G90**), INC(**G91**)

(2) Circle direction : CIRCLE 1(**G02**), CIRCLE 2(**G03**)

(3) Circle commands :
  - X{Data} Y{Data} I{Data} J{Data}
  - X{Data} Y{Data} R{Data}

```
NORMAL K-1    ; XY plane(G17)
INC           ; Incremental End Point definition
CIRCLE 1      ; Clockwise circle
X20 Y0 I10 J0 ; Arc move
```

G코드 : G17 G91 X20.0 Y0.0 I10 J0

(a) 원호 이송 프로그램

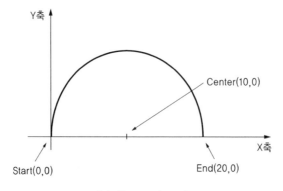

(b) 원호 보간 곡선

그림 3.36 원호 보간 예

3장 연습문제

1. CNC 제어기의 기본 구성에 대해 설명하라.

2. CNC 제어기의 입력매체의 종류 및 각각의 특징에 대해 설명하라.

3. NC 프로그램 저장방식에 대해 설명하라.

4. 기계 제어 유닛(MCU)의 구성과 각각의 역할에 대해 설명하라.

5. 서보제어부와 시퀀스제어부가 하는 역할에 대해 설명하라.

6. 어떤 CNC 제어기 규격서에 표기되어 있는 아래 항목에 대해 설명하라.
   1) 제어축 수
   2) 동시제어축 수
   3) 프로그램 기억용량 20m(40m 선택사양)

7. 개방형 CNC에서 운동제어기(motion controller)의 역할에 대해 설명하라.

8. 소프트웨어 기반 개방형 CNC의 특징에 대해 설명하라.

4장 이송축 제어

4.1 이송축 제어계 구성

CNC 공작기계에서는 이송 구동계의 운동 정밀도가 제품에 그대로 전사되기 때문에 고품위 제품 생산을 위해서는 NC 지령에 따라 이송축의 위치 및 속도를 정밀하게 제어하는 고속·고정도 이송축 제어계를 필요로 한다.

4.1.1 이송축 서보제어계

CNC 공작기계의 이송축 서보제어계는 그림 4.1과 같이 3개의 폐루프(closed loop)를 갖고 있는 폐루프 제어계로 되어 있다. 가장 바깥쪽부터 위치 루프, 속도 루프, 전류 루프 순이며 안쪽 루프로 갈수록 빠른 응답성을 요구한다. 이송축의 속도 및 움직임이 위치제어계에 의해 결정되므로 고속·고정도 가공을 위해서는 위치제어의 응답성을 높이는 것이 중요하다. 일반적으로 위치제어까지는 CNC 제어기의 MCU에서 담당하고 속도 제어 이후부터는 서보 드라이브에서 담당한다. 하지만 최근에는 마이크로프로세서의 성능 향상에 힘입어 전류 제어를 포함한 전체 제어 루프를 CNC 제어기가 담당하는 소프트웨어 서보(software servo)도 사용되고 있다.

서보제어기의 각 구성부의 기능 및 역할을 정리하면 다음과 같다.

....

[유튜브 참고 동영상]

OneCNC 4 Axis Simultaneous machining M66(3:20)

4-axis simultaneous milling of turbine blade on FANUC Robodrill D14SiA with DDR260iB torque motor(0:41)

high speed precision milling 5 axis cnc Breton Ultrix impeller(3:01)

5Axis Machine Cutting HELMET / DAISHIN SEIKI CORPORATION(2:32)

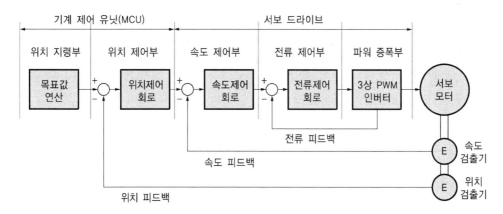

그림 4.1 이송축 서보제어계 구성

1) 위치지령부

제어 주기마다 위치지령신호를 생성한다. 위치지령신호는 보간기의 종류에 따라 성능
이 다르다. 그림 4.2는 가속-정속-감속의 속도 패턴일 때 이동량을 나타낸다.

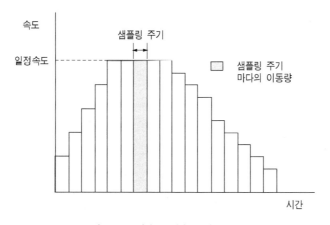

그림 4.2 가속-정속-감속 지령

2) 위치제어부

위치지령신호를 적분한 목표 값과 위치 센서의 검출 신호에서 얻은 현재 값의 편차를
구하고, 이 편차를 위치제어기를 거쳐 속도지령으로 속도제어부로 출력한다. 목표위치
와 현재위치의 차가 큰 경우에는 빠른 속도로 움직이도록 지령을 내고 작은 경우에는

천천히 움직이도록 지령을 출력한다. 편차량이 영(zero)이 되면, 즉 목표 위치에 도달하면 모터는 정지한다. 위치제어기에는 비례(P) 제어 알고리즘을 사용한다. 최근에는 위치 오차를 줄이기 위해 비례·적분·미분(PID) 제어, 피드포워드 제어(feedforward control), 퍼지 제어(fuzzy control) 등 다양한 제어 알고리즘이 위치제어에 사용되고 있다.

3) 속도제어부

속도제어부에서는 모터속도가 속도지령신호를 정확히 따르도록 제어한다. 출력된 속도지령은 실제 모터속도신호와 비교해서 속도 편차가 생기면 토크를 변화시켜 모터속도를 조정할 수 있도록 전류지령을 출력한다. 속도제어기는 속도편차와 전류지령 신호 사이의 관계를 정하는 것으로 속도오프셋을 제거하기 위해 비례·적분(PI) 제어나 PID 제어를 일반적으로 사용한다.

4) 전류제어부

속도제어부로부터 출력된 전류지령 값을 실제 모터에 공급되는 전류 값과 비교해서 편차가 있는 경우에는 전압을 조정해서 전류 편차가 영(zero)이 되도록 제어한다. 전류제어부는 파워증폭부의 불감대 요소를 제거하고 선형성을 좋게 해서 안정성을 높인다. 또 모터에 흐르는 최대 전류를 억제할 수 있어 모터나 파워증폭부를 과전류로부터 보호하는 기능도 한다.

5) 파워증폭부

외부전력을 이용해서 모터구동용 에너지를 공급한다. 전류제어부로부터 출력된 전압지령은 전압조정회로인 파워 트랜지스터 브리지로 공급되고 PWM(Pulse Width Modulation) 회로에 의해 필요한 전압으로 조정되어 인버터에 인가된다.

4.1.2 제어 방식에 따른 이송 제어계 분류

이송축 제어 방식을 테이블의 위치 및 속도를 검출하는 센서 위치에 따라 분류하면 다음의 4가지 방식으로 나눌 수 있다.

1) 개루프 제어방식

그림 4.3(a)처럼 위치검출용 센서가 없고 서보모터 대신 스테핑모터를 사용한다. 개루프(open loop) 방식은 구조가 간단하고 제어가 쉽지만 오차가 생기면 보정이 불가능한 문제점을 갖고 있다. 스테핑 모터의 출력 토크가 작기 때문에 큰 절삭 토크가 필요한 CNC 공작기계에는 적합하지 않으며, 외력이 별로 걸리지 않는 사무자동화기기(프린터, 플로터 등)에 주로 사용된다.

2) 반폐루프 제어방식

그림 4.3(b)처럼 위치검출용 센서를 서보모터의 축에 연결해서 사용한다. 반폐루프(semi-closed loop) 방식은 개루프 방식과 완전 폐루프 방식의 중간 형태이다. 기계계의 특성이 제어계에 직접 영향을 주지 않으므로 쉽게 안정된 성능을 얻을 수 있고, 회전형 증분식 인코더와 같은 비교적 저가의 센서로 위치검출이 가능하다. 모터 축 끝의 속도와 위치를 제어하므로 제어계 설계가 단순해서 대부분의 CNC 공작기계와 로봇 등에 적용되고 있다. 하지만 이송나사와 테이블이 제어루프 밖에 있고 백래시와 테이블 및 축 방향 베어링의 탄성변형 등이 제어계 밖에 있기 때문에 이들의 정도를 높이지 않으면 운동정도가 떨어진다. 이를 해소하기 위해 반폐루프 방식의 경우 CNC 제어기에서 일정 이송량마다 오차 보정을 행하거나 백래시를 없애기 위해 볼나사에 예압을 거는 등 여러 방법들이 사용되고 있다.

3) 폐루프 제어방식

그림 4.3(c)처럼 위치검출용 센서를 테이블에 붙이는 방식이다. 폐루프(closed loop) 방식은 테이블에 부착된 리니어 스케일(linear scale)로부터 테이블의 위치를 직접 검출하기 때문에 백래시, 볼나사부의 비틀림 등에 의해 생기는 오차의 영향을 받지 않으므로 고정도 위치결정이 가능한 이상적인 방식이다. 하지만 위치 피드백루프 내에 백래시, 볼나사의 비틀림 등의 비선형요소를 포함한 상태로 피드백 제어계의 게인을 높이면 진동이 쉽게 발생하기 때문에 제어 게인을 함부로 높일 수 없어 생각하는 만큼의 개선은 기대하기 어렵다. 따라서 일반적인 용도에는 사용하지 않고 반폐루프 방식으로 성능을 낼 수 없는 초정밀 CNC 공작기계나 대형기계에 적용한다.

4) 하이브리드 루프 제어방식

그림 4.3(d)처럼 반폐루프 방식과 폐루프 방식을 복합해서 사용하는 방식이다. 폐루프 방식에서 위치피드백루프에서의 백래시, 나사 비틀림과 같은 비선형요소로 인해 응답성이 나빠지는 경우 이를 개선하기 위해 사용한다. 기계계가 포함되지 않는 반폐루프의 위치 게인은 높여서 응답성을 향상시키고 리니어 스케일에서 피드백하는 폐루프의 위치 게인은 정밀도 향상을 위한 오차 보정용으로 사용하기 때문에 게인 값이 작아도 충분하다.

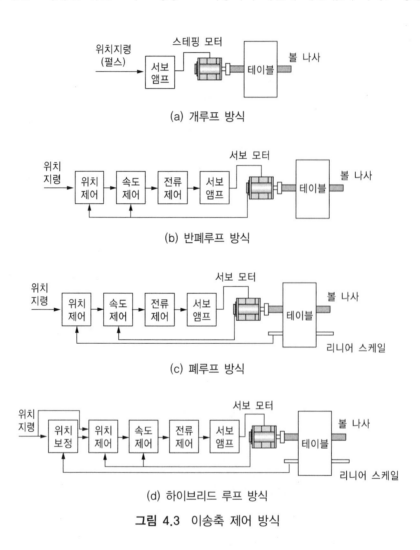

(a) 개루프 방식

(b) 반폐루프 방식

(c) 폐루프 방식

(d) 하이브리드 루프 방식

그림 4.3 이송축 제어 방식

4.2 다축 동시제어

4.2.1 PTP 운동과 CP 운동

그림 4.4는 밀링기계에서 주로 행해지는 두 가지 작업을 나타낸다. 그림 4.4(a)는 구멍가공이고, 그림 4.4(b)는 연속 홈가공이다. 여기서 XY 테이블의 움직임을 살펴보면, 구멍가공의 경우 한 군데 구멍을 가공하고 다른 데로 옮겨갈 때 X, Y 축이 동시에 움직이지 않고 따로 움직여서 목적지에 도달한다. 이것이 점대점(PTP : Point-To- Point) 운동인데 정해진 경로를 따라갈 필요 없이 목적 위치에 도달하면 되므로 X 또는 Y 축을 번갈아 제어하는 방식인 1축 제어로 쉽게 실현할 수 있다. 드릴링, 보링, 리밍 등에 이용된다.

반면 연속 홈가공의 경우, 정해진 경로를 따라서 가공을 해야 하므로 X, Y 축이 동시에 움직여서 주어진 형상을 따라 가도록 제어되어야 한다. 이것이 연속경로(CP : Continuous Path) 운동인데 X, Y 축을 연동해서 제어하는 방식인 2축 동시제어(simultaneous control)로 실현할 수 있다. 만약 형상이 3차원 공간상에 있다면 X, Y, Z 3축에 대해서 3축 동시제어를 해야 한다. 선반, 밀링, 레이저 절단기 등의 형상가공에 이용된다.

그림 4.5는 1, 2, 2½, 3, 5축 동시제어가 필요한 제품의 예이다. 2½축은 평면 2축이 동시제어 되고 평면 수직축은 독립적으로 제어되는 경우를 말한다. 제품형상이 복잡할수록 동시제어축의 수를 더 늘려야 하는데, 동시제어축이 늘어날수록 기계가 복잡해지고 축 서보제어가 어려워진다. 유선형이 없는 대부분의 기계부품은 2½축 동시제어 기능만 있는 CNC 공작기계에서 가공이 가능하다. 제어대상 축은 직선 3축(X, Y, Z)과 회전 3축 (A, B, C)이다.

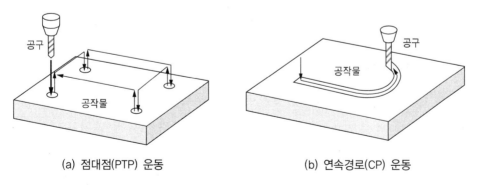

(a) 점대점(PTP) 운동   (b) 연속경로(CP) 운동

그림 4.4 드릴링과 연속 홈가공

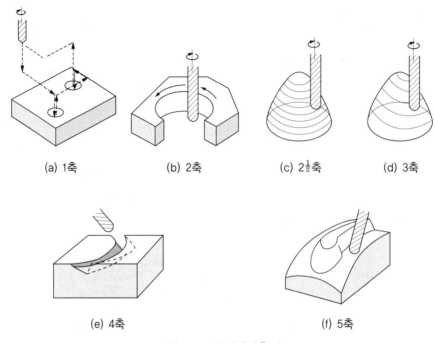

(a) 1축   (b) 2축   (c) 2½축   (d) 3축

(e) 4축   (f) 5축

그림 4.5 동시제어축 수

4.2.2 보간기(interpolator)

동시제어에서 각 축의 지령을 어떻게 만들어 낼 것인가? 이것을 하는 요소가 보간기이고, 다축 동시제어의 핵심이다. 보간기는 연속경로를 따라가는 데 필요한 각 축의 이동량을 시시각각 계산해서 해당 지령을 각 축에 내보낸다. 연속경로 형태는 직선, 원호, 나선(helical)[9], 자유곡선 등 다양하게 있지만 기계부품을 주로 가공하는 대부분의 CNC 제어기는 직선과 원호보간 기능만 구비하고 있다. 항공기 부품이나 금형처럼 자유곡선이 있는 경우는 자유곡선을 직선과 원호로 근사시켜 가공할 수 있다.

4.2.3 지령 방식

지령을 펄스로 내는지 데이터로 내는지에 따라 펄스지령(reference pulse)방식과 데이터지령(reference word)방식이 있다. 전자는 스테핑 모터에, 후자는 서보모터에

---

9) 나선보간은 2축 원호보간과 1축 직선보간을 결합한 것으로 대형 내경 나사를 밀링할 때 주로 사용된다.

주로 사용된다. 여기서는 데이터지령 방식에 대해 설명하고, 펄스지령 방식은 부록 B에 싣는다.

4.3 직선 보간기

4.3.1 원리

그림 4.6에서 보는 것처럼 XY 평면에서 직선 $\overline{P_s P_e}$ 경로를 이동하는 경우에 X,Y 각 축의 지령 값이 어떻게 계산되는지 알아본다. 시작점(P_s)은 직전 NC 지령의 종점으로 공구의 현 위치이고, 끝점(P_e)과 이송속도(V)는 CNC 프로그램에서 NC 코드(G01 X<u>Xe</u> Y<u>Ye</u> F<u>V</u>;)로 주어진다.

P_i에 위치하고 있다면 직선보간기는 다음 샘플링 시간(T_s)동안 이동해야 할 양 ($\Delta L = \overline{P_i P_{i+1}}$)을 계산하고, 이것을 X, Y축 성분으로 분해하여 각 축의 지령 값으로 내보낸다. T_s는 CNC 내부적으로 정해져 있는데, 실제 모터를 제어하는 시간 주기이다. 각 축의 샘플링 이동거리(Δx, Δy)는 각 축의 이송속도에 샘플링 시간을 곱하여 다음과 같이 구할 수 있다.

$$L = \sqrt{(x_e - x_s)^2 + (y_e - y_s)^2}$$

$$V_x = V\cos\theta = V\frac{x_e - x_s}{L}, \quad V_y = V\sin\theta = V\frac{y_e - y_s}{L}$$

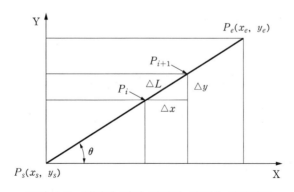

그림 4.6 정해진 직선 궤적과 샘플링 이동거리

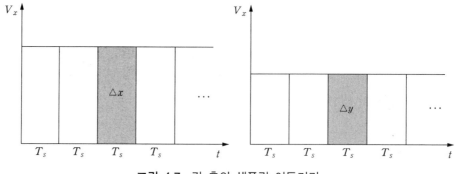

그림 4.7 각 축의 샘플링 이동거리

$$\Delta x = V_x T_s = \Delta L \; \frac{x_e - x_s}{L}, \;\; \Delta y = V_y T_s = \Delta L \frac{y_e - y_s}{L}$$

이것을 그림으로 표현하면 그림 4.7처럼 X,Y 각 축의 속도−시간 선도에서 빗금 친 부분이 각 축의 샘플링 이동거리이다.

4.3.2 직선보간의 사례

아래에 주어진 XY축 이송계에 대해서 샘플링 이동거리를 구해본다.

① 시방

볼나사 피치 : 10(mm), 인코더 펄스 수 : 10,000(pulse/rev),

1 BLU $=1\mu m$, 이송속도(F) : 5,000(mm/min)

두 점 위치 : $P_s(0,0)$, $P_e(24,10)$, 샘플링 시간(T_s) : 8(msec)

② 각 축 샘플링 이동거리 계산

샘플링 이동거리:

$$\triangle L = V T_s = 5{,}000(\text{mm/min}) \times 8\,(msec)$$

$$= \frac{5{,}000}{60} \times 8 \times 10^{-3} \approx 0.667(\text{mm})$$

각 축의 샘플링 이동거리:

$$L = \sqrt{24^2 + 10^2} = 26(\text{mm})$$

$$\Delta x = \Delta L \frac{x_e - x_s}{L} = 0.667 \cdot \frac{24}{26} \approx 0.616(\text{mm}) = 616 \ \text{BLU}$$

$$\Delta y = \Delta L \frac{y_e - y_s}{L} = 0.667 \cdot \frac{10}{26} \approx 0.257(\text{mm}) = 257 \ \text{BLU}$$

각 축의 총 이동거리를 BLU 로 환산하면 X 축은 24,000 BLU, Y 축은 10,000 BLU 이므로 필요한 총 샘플링 횟수(제어 횟수)는 39회가 된다.

$$24,000 = 38 \times 616 + 592, \quad 10,000 = 38 \times 257 + 234$$

그러나 이 경우 마지막 샘플링에서 X 축에 592, Y 축에 234 BLU 를 지령하게 되어 그림 4.8(a)처럼 마지막에 속도의 균일성이 떨어진다. 이것을 해결하기 위해 그림 4.8(b) 와 같이 가능하면 균일하게 되도록 앞쪽으로 조금씩 분산시켜 처리를 하면 끝까지 속도의 균일성이 유지되어 좋다.

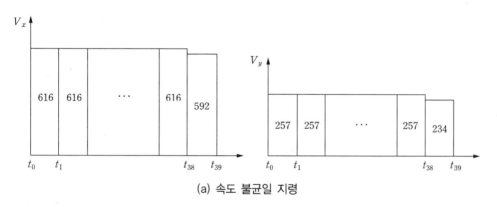

(a) 속도 불균일 지령

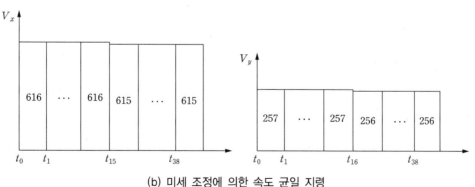

(b) 미세 조정에 의한 속도 균일 지령

그림 4.8 직선보간의 지령 생성

4.3.3 가감속 제어

앞에서 설명한 보간 방식으로 지령을 내리면 시작점과 끝점에서 무한대의 가감속이
발생한다. 이것은 이송축에 큰 충격을 주게 되어 이송축의 수명을 단축하게 된다. 이것을
방지하기 위해 완만한 가감속 제어가 필요하다. 그림 4.9는 실제 많이 적용되는 직선형,
지수형, 포물선형 가감속 형태를 보인다.

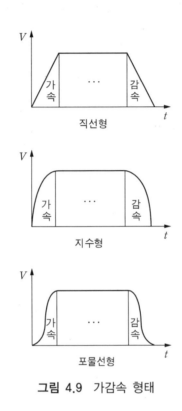

그림 4.9 가감속 형태

4.4 원호보간기

4.4.1 원리

원호는 어느 정도 오차 범위 내에서 직선으로 근사할 수 있다. 그림 4.10은 원호
$P_i P_{i+1}$을 직선 $\overline{P_i P_{i+1}}$로 근사한 것을 나타낸다.

$\theta_{i+1} = \theta_i + \alpha, \ A = \cos\alpha, \ B = \sin\alpha$이면

$$\cos\theta_{i+1} = A\cos\theta_i - B\sin\theta_i, \quad \sin\theta_{i+1} = A\sin\theta_i + B\cos\theta_i$$

직선 $\overline{P_i P_{i+1}}$에서 $P_{i+1}(X_{i+1}, Y_{i+1})$의 좌표값은 식(4.1)처럼 표현된다.

$$X_{i+1} = R_i\cos\theta_{i+1} = AX_i - BY_i$$

$$Y_{i+1} = R_i\sin\theta_{i+1} = AY_i + BX_i \tag{4.1}$$

점 P_i에서 원주 속도 V는 원주에 접선이지만 근사각 α가 작으면 근사직선 $\overline{P_i P_{i+1}}$ 상에 있다고 볼 수 있다.

원호는 기울기가 다른 수많은 근사직선으로 되어 있으므로 원호를 보간한다는 것은 원호의 근사직선들을 연속 직선보간하는 것과 같다. 원호보간은 다음과 같은 과정으로 이루어진다.

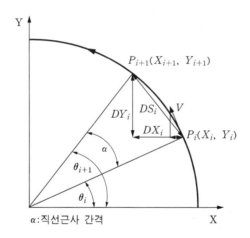

그림 4.10 원호의 직선 근사

4.4.2 원호보간의 계산절차

① α 선택 (1개 원호에 한번만 지정된다.)

② 식(4.2)에 의해 근사직선의 X,Y 증분량(DX_i, DY_i)을 계산한다.

$$DX_i = X_{i+1} - X_i = (A-1)X_i - BY_i \tag{4.2}$$

$$DY_i = Y_{i+1} - Y_i = (A-1)Y_i + BX_i$$

③ 근사직선의 X, Y축 속도를 구한다.

$$V_{x_i} = V \frac{DX_i}{DS_i}, \quad V_{y_i} = V \frac{DY_i}{DS_i}, \quad DS_i = \sqrt{DX_i^2 + DY_i^2}$$

α 가 작기 때문에 근사직선 길이 $\overline{DS} \approx R\alpha$ (원호길이) 이므로

$$V_{x_i} = KDX_i, \quad V_{y_i} = KDY_i, \quad K = \frac{V}{(R \cdot \alpha)} \tag{4.3}$$

K는 1개 원호에 한 번만 계산하면 된다. X, Y축 지령값은 근사직선의 X, Y축 길이에 비례한다.
④ 각 축 속도에 샘플링 시간을 곱하여 X, Y축 지령값을 구하고, 제어루프(control loop)에 입력한다.
⑤ 근사직선 보간이 완료되면 (근사직선의 끝은 인코더 검출값으로 확인) 다음 근사직선에 대해서 위의 과정을 반복한다.

이때 근사직선이 많을수록 정밀도는 높아지지만 계산 시간이 많이 걸린다. 따라서 최적 근사직선수는 허용오차를 만족하는 최소의 근사직선수이다. α 결정과 A, B의 근사를 어떻게 하느냐에 따라 여러 가지 보간 방법이 있을 수 있다. 이와 관련된 내용은 부록 C에 싣는다.

4.5 자유곡선의 직선 또는 원호근사

부드러운 형상곡선은 단순히 직선, 원과 같은 함수로 표현되지 않는다. 이런 부품을 가공하기 위한 지령은 자유곡선(free curve)을 직선이나 원으로 근사해서 직선 또는 원호의 조합으로 생성할 수 있다.
그림 4.11은 5개점(P0, P1, P2, P3, P4)을 지나는 자유곡선을 직선과 원호로 근사한 모습을 나타낸다. 직선근사는 5개점을 경계점으로 하는 4개 분절(segment)을 4개 직선으로 근사하고, 원호근사는 $P_0 P_1 P_2$, $P_2 P_3 P_4$의 2개 분절을 2개 원호로 근사한 것이다. 원호근사가 직선근사보다 오차도 적고, 분절수도 적으며 부드러운 연결이 됨을 알 수 있다. 실곡선과 근사선과의 허용오차가 작아지면 근사오차를 그 이하로 만들어야 하므로

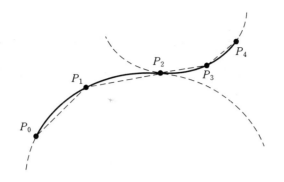

그림 4.11 자유곡선의 직선 및 원호근사

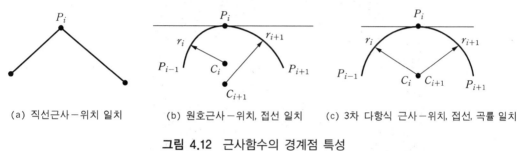

(a) 직선근사 – 위치 일치   (b) 원호근사 – 위치, 접선 일치   (c) 3차 다항식 근사 – 위치, 접선, 곡률 일치

그림 4.12 근사함수의 경계점 특성

분절수를 더 늘려야 한다.

직선이나 원호근사에서는 그림 4.12(a), (b)처럼 두 근사함수의 경계점에서 충분히 부드러운 연결이 되지 않는다. 이런 문제를 해결하기 위해서는 3차 다항식[10](cubic polynomials, 3차 스플라인 함수라고도 함)이나 NURBS(Nonuniform Rational B-Spline) 근사를 하면 경계점에서 세 가지 연속조건-위치의 일치, 접선의 일치, 곡률의 일치-을 만족시킬 수 있어 부드러운 연결이 된다. 이에 관한 자세한 내용은 부록 D에 싣는다.

4.6 5축 가공기와 공구자세 제어

그림 4.13은 $2\frac{1}{2}$축 밀링머신에서 X, Z축 평면 윤곽가공과 Y축 단계이송을 하여 가공한

---

10) 3차 다항식으로 근사하면 경계점에서 세 가지 연속조건(위치, 접선, 곡률의 일치)을 만족시킬 수 있어 부드러운 연결이 된다.

얼굴 가공샘플이다. Y축 단계이송으로 불연속면이 생기는데 얼굴의 경사가 클수록 불연속 정도가 심해짐을 알 수 있다. 이것은 공구의 자세를 가공면에 대하여 적절하게 조절하지 못했기 때문에 생기는 문제이다. 이를 해결하기 위해서는 공구자세까지 동시제어할 수 있는 가공기계가 필요하다.

공구가 공간의 연속경로를 따라 가려면 직선 3축(X, Y, Z)을 동시 제어해야 하고, 경로상의 한점에서 공구자세까지 자유자재로 하려면 회전 3축(A, B, C) 중 2축을 동시제어해야 한다. 직선 3축과 회전 2축이 동시 제어되는 가공기가 5축 동시제어 가공기이다.

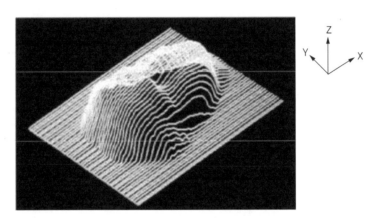

그림 4.13 얼굴의 $2\frac{1}{2}$축 가공샘플

4.6.1 5축 동시제어의 원리

그림 4.14는 5축 가공에서 공구자세의 모습이다. 공구가 회전할 때 공구 중심 끝점 Q에서 선속도는 0이므로 가공이 안 된다. 따라서 중심축에서 떨어진 공구 날 위의 P점이 공작물에 닿도록 공구 중심점(C)과 공구자세 벡터($\hat{t}$)가 제어되어야 한다.

$$\hat{t} = i\hat{i} + j\hat{j} + k\hat{k}$$

$$\text{CL 데이터} : \overrightarrow{OC} = \overrightarrow{OP} - \vec{r}$$

$\vec{r}$은 P점에서 법선벡터 방향이고, 크기는 공구반경 값과 같다.

$$\text{가공점} : \overrightarrow{OP} = x_0\hat{i} + y_0\hat{j} + z_0\hat{k}$$

P점과 P점에서 법선벡터가 주어지면 C점을 알 수 있고 또한 $\hat{t}$도 알 수 있다.

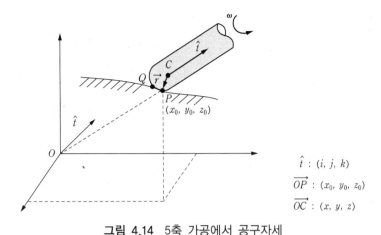

$\hat{t}$: (i, j, k)

$\overrightarrow{OP}$: (x_0, y_0, z_0)

$\overrightarrow{OC}$: (x, y, z)

그림 4.14 5축 가공에서 공구자세

$i^2 + j^2 + k^2 = 1$이므로 공구자세 벡터에서 2개 변수만 독립이다.

따라서 x, y, z 3개와 i, j, k 중 2개, 모두 5개 변수를 가지고 5축을 동시에 제어하면 어느 가공점에서라도 면의 경사에 맞게 공구를 접촉시킬 수 있어, 자유곡면을 효과적으로 가공할 수 있다. 이것이 5축 동시제어의 원리이다.

4.6.2 5축 가공기의 장점

5축 가공기는 다음과 같은 부수적인 장점을 가지고 있다.

① 한 번의 척킹으로 다면가공이 가능하고 가공물 착탈이 필요 없으므로 가공 정밀도가 향상되고 특수 치구가 필요 없어서 치구가 절감된다(그림 4.15(a)).

② 경사가 일정한 면(ruled surface)의 가공이 쉬워 가공시간이 단축되고 가공면 거칠기가 향상된다(그림 4.15(b)).

③ 짧은 공구로 리브(rib)와 같이 깊은 가공이 가능하다(그림 4.15(c)).

4.6.3 가공 사례

그림 4.16은 5축 가공의 사례를 나타낸다. 자유곡면(free surface) 형상의 터빈 블레이드, 임펠러, 금형 등을 가공할 때 필요하다.

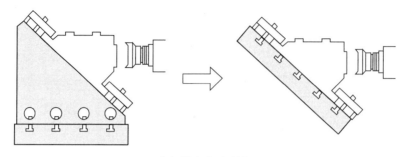

(a) 척킹의 편리성

볼 엔드밀 　　　　테이퍼 엔드밀 　　　　표준 엔드밀

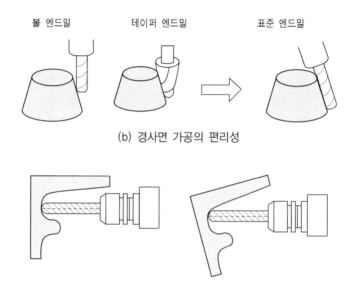

(b) 경사면 가공의 편리성

(c) 리브 가공의 편리성

그림 4.15 5축 가공의 장점

(a) 임펠러 　　　　　　(b) 스파이럴 베벨기어

그림 4.16 5축 가공 예

4.6.4 5축 가공기의 종류

2축 회전축을 공작물 측에 둘 건지 공구 측에 둘 건지에 따라 가공기 구조가 다르다. 공작물의 크기에 따라 결정할 수 있는데 대개 아래의 3가지로 분류된다.

1) 틸팅 테이블형(tilting table type)

회전(C축) 및 틸팅(A축) 테이블로 구성되어 기계구조가 간단하다. 공작물이 수직면에 고정될 수 있어 소형 공작물 가공에 적합하다. 그림 4.17(b)는 틸팅 테이블의 실제 예를 보인다.

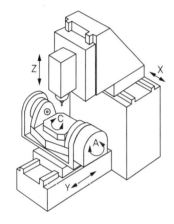
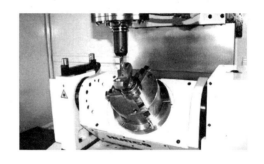

(a) 구조   (b) 틸팅 테이블

그림 4.17 틸팅 테이블형 5축 가공기

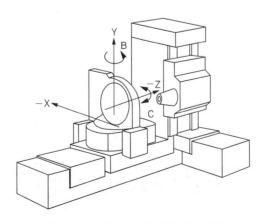

그림 4.18 2회전 테이블형 5축 가공기

2) 2회전 테이블형(two rotary table type)

그림 4.18처럼 두 개의 회전 테이블을 갖는 구조이다. 수평 테이블에서 공작물을 쉽게 장·탈착할 수 있으므로 중형 공작물에 적합하다. 경사진 구멍가공도 가능하다.

3) 문형

그림 4.19(a)처럼 두개 기둥(double column) 사이에 다리(bridge)로 폐쇄형 구조를 만들고 갠트리(gantry)형 공구대를 부착한 구조이다. 공작물이 대형이고 무거울 때 공작물은 그대로 두고, 공구대에 공구를 달아 공구를 이동시키고 2축 공구 자세를 제어한다. 그림 4.19(b)은 2축 자세제어가 가능한 주축이다. 그림 4.20은 실제품 예를 나타낸다.

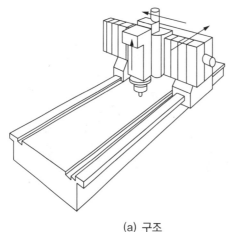

(a) 구조   (b) 2축 주축 공구대

그림 4.19 문형 5축 가공기

그림 4.20 문형 5축 머시닝 센터

4장 연습문제

1. 다음 용어를 간단히 설명하라.

   1) PTP 제어   2) CP 제어   3) 보간기(interpolator)

2. 원호를 직선근사할 때 근사각(α)과 정밀도(공차 t)와의 관계식을 구하라.

3. 2축 동시제어와 3축 동시제어 NC 공작기계의 차이를 설명하라.

4 선박용 스크루를 가공하기 위한 CNC 공작기계를 설명하라.

5. 틸팅 테이블형 5축 가공기의 축을 설명하라.

6. 대부분 CNC 공작기계의 이송축 제어회로는 반폐루프(semi-closed loop) 방식이다.

   1) 반폐루프 이송축 구동계를 스케치히고, 그 이유를 설명하라.

   2) 정밀도 측면에서 반폐루프 방식의 문제점은 무엇이고, 그 해결책은 무엇인지 설명하라.

5장 CNC 공작기계의 정밀도

5.1 부품의 공차(tolerance)와 정밀도(precision)

기계부품의 정밀도는 공차로 표현한다. 그림 5.1은 기계부품으로 많이 사용되는 축과 구멍의 도면인데, 축길이 공차는 양단이 각각 0.02 전체로 0.05이고 구멍 공차는 ±0.005 이다. 절대정밀도에서 구멍(±5μm)이 축길이(20~50μm)보다 훨씬 정밀하고 상대정밀도에서 구멍($\pm\dfrac{0.005}{70}=0.007\%$)이 축길이($\dfrac{0.05}{95}=0.05$, $\dfrac{0.02}{25}=0.08\%$)보다 훨씬 정밀한 것을 알 수 있다.

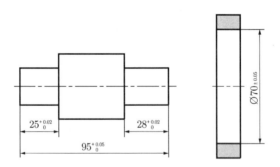

그림 5.1 축과 구멍의 정밀도 표현 사례

[유튜브 참고 동영상]
PM 30MV Z axis ballscrew backlash(0:49)
Mach 3 Backlash Compensation(9:52)

5.2 공작기계의 이송 정밀도

공작기계는 이송축으로 공구와 공작물을 적절한 위치로 이동시키면서 설계된 치수의 부품을 생산하므로 이송축의 정밀도가 부품의 정밀도를 좌우한다고 볼 수 있다. 공작기계는 자신의 정밀도를 뛰어넘는 제품을 만들어 낼 수 없기 때문에 부품의 정밀도보다 한 단계 높은 정밀도를 갖추어야 한다. 따라서 더 정밀한 부품일수록 더 정밀한 공작기계가 필요하고, 필요이상으로 공차를 작게 하는 것은 생산비 증가를 초래하므로 바람직하지 않다.

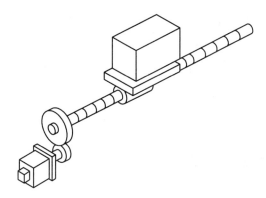

그림 5.2 1축 이송계 구조

5.2.1 이론 이송정밀도

CNC 공작기계의 정밀도란 무엇이며 어떻게 결정되는가? CNC 공작기계의 정밀도는 지령을 넣어서 제어할 수 있는 길이 단위(BLU: Basic Length Unit)를 말하며, 공작기계 본체에 변형이 없고 그림 5.2의 이송계를 구성하고 있는 모든 요소-모터, 감속기, 볼나사, 위치센서-가 완벽하다고 가정했을 때 이들 요소의 규격에 의해 결정된다.

1 BLU의 이론적 크기는 위치센서의 분해능(resolution), 이송나사의 피치, 감속기의 비에 의해 정해진다. 위치센서가 인코더이고, 인코더의 1회전 펄스수 Np, 감속비 1/n, 볼나사 피치 P, 인코더의 펄스를 그대로 되먹임(feedback) 한다면 1 BLU는 인코더 1펄스에 상응하는 직선 이동량이다. 즉,

$$1 \text{ BLU} = \frac{1}{N_p}(\text{rev}) \times \frac{1}{n} \times \text{P}(\text{mm/rev}) = \frac{P}{N_p \cdot n}(\text{mm})$$

예를 들어, Np = 1,000, n = 2.5, P = 5 라면 1 BLU = 2 μm 이다. 만약 인코더의 펄스를 M 체배하면 1 BLU는 1/M로 작아져서 더 정밀해진다. 1 BLU는 프로그램 입력 단위를 나타내는데, 범용 CNC 공작기계의 경우 1/1,000 mm(=1μm)가 많고 정밀기계일 때는 1/10,000 mm이 많다.

5.2.2 실제 이송정밀도

공작기계 본체, 공구대, 이송계는 완벽하지 않고 제작과 조립과정에서 오차를 포함하고 있을 뿐 아니라 가공작업중에 생기는 절삭력, 온도, 마찰력의 영향으로 각종 기계오차가 누적된다. 따라서 CNC 공작기계의 최종 정밀도는 ±(1 BLU+기계오차)이다. 보통 공작기계의 시방서에 표시된 '반복 정밀도(repeatability)'가 해당 기계의 정밀도를 나타낸다. 반복정밀도는 어떤 위치에서 다른 한 위치로 반복해서 몇 번 이동했을 때 생기는 위치오차의 표준편차로 표현된다.

5.3 이송계의 오차와 피드백 보상

5.3.1 이송계의 요소 오차

CNC 공작기계 이송계는 가공 제품의 형상을 따라 가도록 제어되기 때문에 이송계의 정밀도가 제품의 형상 정밀도를 결정하는 가장 중요한 인자이다. 그림 5.3과 같은 이송계에서 오차요인을 구성요소 별로 정리하면 표 5.1과 같다. 오차에는 각 요소의 형상오차, 외력이나 열에 의한 변형, 기어나 나사 구동에 필요한 백래시 등이 있다. 이 모든 오차가 이송계의 운동경로에 그대로 반영되면 제품의 형상 정밀도가 크게 나빠지기 때문에 CNC 공작기계에서는 위치센서의 피드백 제어를 채용해서 오차를 줄이고 있다.

표 5.1 CNC 공작기계의 오차 요인

구성요소	서보 구동부	감속기	볼나사-테이블	테이블-공작물-공구
오차	Δ_0: 증폭기, 센서오차	Δ_1: 기어 백래시, 피치오차, 비틀림	Δ_2: 비틀림 Δ_3: 나사 백래시, 피치오차 Δ_4: 이송계 열변형	Δ_5: 기계본체/응력 변형 Δ_6: 공구 마멸 Δ_7: 진동

5.3.2 피드백 제어를 이용한 오차보상

그림 5.3은 피드백 제어계를 나타낸다. 피드백 요소(B)가 제어계 요소(A)의 상태변화를 어떻게 보상하는지 살펴보자.

θ_i, θ_0 사이의 전달함수는 $\dfrac{\theta_0}{\theta_i} = \dfrac{A}{1+AB}$ 이다.

만약 $A = 100{,}000$, $B = \dfrac{1}{1000}$ 이라면, $\dfrac{\theta_0}{\theta_i} = \dfrac{100000}{1+100} \fallingdotseq 990$

그런데 A의 특성이 변하여 A = 50,000으로 작아졌다면,

$$\frac{\theta_0}{\theta_i} = \frac{50000}{1+50} \fallingdotseq 980$$

즉, A 값이 반(50%)으로 크게 바뀌더라도 피드백에 의해 출력은 990 → 980으로 조금만 변하며 1% 이내로 안정적이다.

피드백이 없다면(B=0) 출력은 50% 변하여 변동폭이 크다. 피드백이 없으면 오차가 결과에 그대로 드러나지만 피드백이 있으면 제어회로 게인에 의해 크게 줄어드는 것을 알 수 있다.

그림 5.4는 이송계에서 오차의 발생위치와 함께 위치센서의 부착 가능위치(a, b, c, d)를 보이고, 표 5.2는 센서의 부착 위치에 따라 각 요소별 오차의 보상 여부와 최종 합성오차를 나타낸다.

위치센서를 테이블에 붙인 폐루프(closed loop) 방식(d)이 이송계의 모든 오차를 보상할 수 있어 정밀도 측면에서 유리하지만 비싼 장행정의 센서가 필요할 뿐 아니라 테이블 진동 때문에 제어 안정성이 나빠지는 단점이 있어 실용적이지 못하고 초정밀 기계에만 적용된다.

반면 반폐루프(semi-closed loop) 식(a,b,c)은 일부 오차가 제어회로 바깥에 놓여 보상이 안되는 단점이 있지만 인코더와 같이 비교적 저가의 센서로 위치검출이 가능하다는 장점이 있다. 이중에서 모터에 인코더를 부착한 방식(a)은 기계계의 특성이 제어계에 직접 영향을 주지 않아 제어성능이 쉽게 안정되고, 적용대상이 다르더라도 모터축 끝의 속도와 위치만 제어하므로 제어계 설계가 단순하여 대부분의 자동화 장비에 적용되고 있다. 단점은 이송나사와 테이블이 제어 루프 밖에 있기 때문에 피치오차, 백래시, 열변형, 기계변형 등의 오차가 보정되지 않고 가공오차로 나타난다는 것이다. 그러나 이런 경우는 오차량을 미리 측정해서 지령에 오차보정을 하는 방법으로 오차를 줄일 수 있다.

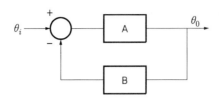

그림 5.3 피드백 제어계

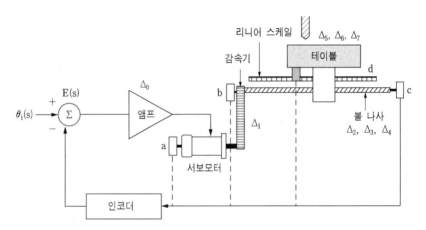

그림 5.4 이송계에서 오차 발생 위치와 센서 부착위치

표 5.2 위치센서 부착 위치에 따른 오차보정

위치오차 (E)	a $\dfrac{\Delta_0}{K_p}+\sum\limits_{i=1}^{7}\Delta_i$	b $\dfrac{\Delta_0+\Delta_1}{K_p}+\sum\limits_{i=2}^{7}\Delta_i$	c $\dfrac{\sum\limits_{i=0}^{3}\Delta_i}{K_p}+\sum\limits_{i=4}^{7}\Delta_i$	d $\dfrac{\sum\limits_{i=0}^{5}\Delta_i}{K_p}+\Delta_6+\Delta_7$
Δ_0	○	○	○	○
Δ_1	×	○	○	○
Δ_2	×	×	○	○
Δ_3	×	×	○	○
Δ_4	×	×	×	○
Δ_5	×	×	×	○
Δ_6	×	×	×	×
Δ_7	×	×	×	×

(Kp≫1 이라고 가정, ○ : 보정가능, × : 보정불가능, Δ_6, Δ_7은 제품오차에 그대로 반영됨)

5.4 백래시 오차와 보정

5.4.1 백래시(backlash) 오차

그림 5.5처럼 기어나 나사를 이용한 전동기구에는 운동 방향이 바뀔 때, 구동축의 회전에도 불구하고 종동축이 정지해 있는 아주 짧은 구간이 존재한다. 이것을 백래시라 한다. 범용 이송나사의 경우 0.1~0.3mm, 볼 나사의 경우 0.005mm 정도이다. 그림

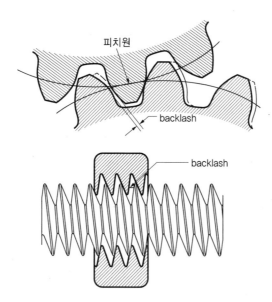

그림 5.5 기어전동과 나사전동에서 백래시

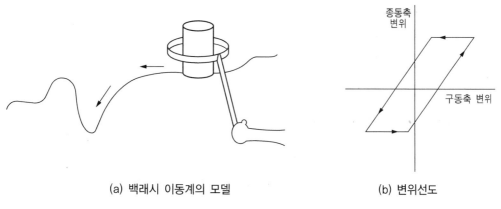

(a) 백래시 이동계의 모델   (b) 변위선도

그림 5.6 백래시 모델

5.6은 백래시가 있는 전동기구를 링과 원통사이의 틈으로 모델링한 것인데, 물체를 궤적에 따라 움직이려 할 때 링과 원통 사이의 틈이 클수록 제어하기 어렵다. 그것은 운동방향이 바뀔 때 마다 틈 만큼 링이 움직여서 원통에 닿아야 비로소 원통을 움직일 수 있기 때문이다. 이 틈이 백래시에 해당한다. 정밀한 기계에는 $5\mu m$ 정도의 백래시라도 치명적이기 때문에 이를 줄이기 위한 방법이 필요하다.

5.4.2 예압을 이용한 백래시 제거

그림 5.7처럼 볼나사와 조립한 두 개 너트에 예압(압축 또는 인장)을 걸어두면, 구동축의 회전 방향이 바뀔 때 상대방 너트 쪽의 볼베어링이 동력을 즉시 전달하므로 백래시를 거의 0으로 줄일 수 있다. 미끄럼 나사에서는 틈을 0으로 하면 회전이 아주 힘들지만, 볼나사에서는 틈을 음으로 해도 쉽게 회전할 수 있다. 아울러 예압을 가함으로써 축방향 탄성변형도 줄일 수 있는 효과가 있다. 즉, 예압은 백래시를 제거함과 동시에 강성을 높여준다. 그러나 예압이 너무 크면 마찰이 커져서 수명에서 불리하다. 적절한 예압 크기는 이송나사 축 방향 최대 부하의 ⅓ 정도이다.

1) 이중 너트 방식

인장예압 방식은 두 개의 너트 사이에 기준보다 두꺼운 스페이서를 조립하여 인장을 가하는 방식이고(그림 5.7(a)), 압축예압 방식은 기준보다 얇은 스페이서(spacer)를 조립하여 압축을 가하는 방식이다(그림 5.7(b)).

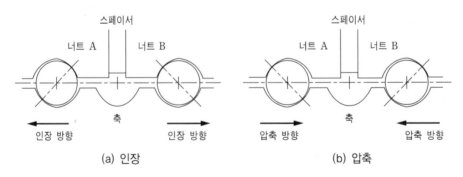

그림 5.7 이중 너트 예압 방식

2) 단 너트 방식

과직경 볼 예압은 볼 구면의 공간에 기준보다 직경이 큰 볼을 삽입하여 볼이 너트 구면과 축의 구면에 4면 구속되도록 예압을 주는 방식이다(그림 5.8(a)). 복합 예압은 너트의 중간위치에 나사리드를 기준리드보다 약간 크게 하여 마치 이중너트에서 더 큰 스페이서를 끼운 것처럼 하는 예압 방식이다(그림 5.8(b)).

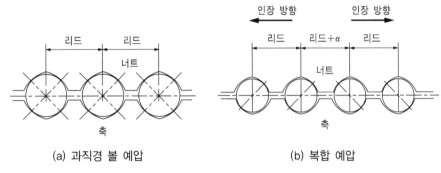

(a) 과직경 볼 예압   (b) 복합 예압

그림 5.8 단 너트 예압 방식

3) 정압 예압 방식

두 개의 너트 사이에 스프링을 삽입하여 일정량의 예압을 주는 방식으로 토크의 변동을 적게할 수 있는 장점이 있다.(그림 5.9)

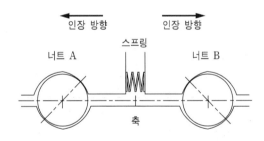

그림 5.9 정압 예압 방식

5.4.3 프로그램 이용 백래시 보정

1) 일 방향 접근(unidirectional approach)

어느 위치로 이동할 때 방향전환이 없으면 백래시가 포함되지 않으므로 한 방향에서만 접근시키는 방법이다. PTP 제어에서만 사용할 수 있어 용도가 제한적이다.

2) 지령 보정

기계 운동의 방향이 반대로 바뀔 때 지령 값을 주기에 앞서 백래시에 상당하는 보정값만큼 더 주는 방법이다. 예압 방식으로 완전히 제거되지 않을 때 많이 사용되는 방법이다.

5.5 리드오차와 보정

5.5.1 볼나사의 리드오차

볼나사의 피치는 나사산의 간격이고, 리드(lead)는 1회전당 직선 이동거리를 말하는데, 리드=피치×줄 수로 된다. 따라서 1줄 나사이면 리드와 피치는 같다. 볼나사의 리드는 나사부 전체에 걸쳐 일정하지 않고 생산과정에서 생긴 약간의 오차를 포함하고 있다.

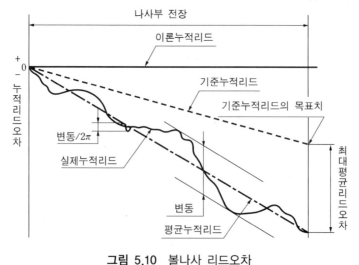

그림 5.10 볼나사 리드오차

리드 오차는 볼나사의 회전에 따라 실제 이동한 거리와 이론적 이동량(공칭 리드)의 차이인데, 그림 5.10은 전형적인 리드오차를 보인다. 리드오차의 특징은 다음과 같다.

① 누적 평균 리드가 길이에 비례해서 음(−)으로 커지는데, 이것은 실제 작업할 때 발생하는 열변형을 고려한 것이다. 강재의 열팽창계수가 10×10^{-6}/℃정도이므로 1,000mm 볼나사이면 1℃에 10μm의 열변형 오차가 생긴다.

② 리드 변동량은 위치에 따라 다르므로 볼나사가 피드백 제어계에 들어있지 않으면 위치마다 보정값을 달리하는 리드오차 보정이 필요하다.

나사 등급에 따른 누적 리드오차의 규격은 표 5.3과 같다.

표 5.3 누적 리드오차 ΔP(μm)

볼 나사	등급 Class	나사부 길이 L(mm)에 대한 누적 리드오차 ΔP (μm)						
		300	600	900	1200	1500	2000	3000
초정밀급	5	5	8	11	13	15	18	25
	10	10	16	21	24	29	35	50
정밀급	25	25	50	75	100	125	167	250
	50	50	100	150	200	250	333	500
	100	100	200	300	400	500	666	1000
	200	200	400	600	800	1000	1333	2000

5.5.2 리드오차 보정

그림 5.11은 리드오차를 보정하는 과정을 나타낸다. CNC 공작기계를 조립한 뒤 공작기계를 공운전하여 열변형시키면 리드 음(−) 기울기가 해소된다. 그 후 (a)각 축의 실제 이동량을 레이저 간섭계로 측정하고 (b)이상궤적과 실궤적의 차이로 리드 오차를 구하고 (c)오차가 1 BLU를 넘어설 때마다 + 또는 − 보정 펄스를 소프트웨어적으로 또는 회로적으로 보정하면 (d)보정 후 오차는 전 행정에서 ±1 BLU보다 작아진다.

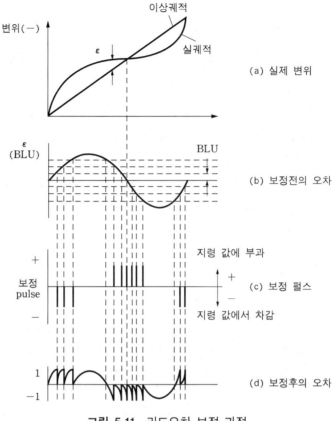

변위(ー)

이상궤적

실궤적

(a) 실제 변위

ε

ε
(BLU)

BLU

(b) 보정전의 오차

지령 값에 부과

+
보정
pulse

+

(c) 보정 펄스

−

−

지령 값에서 차감

1

−1

(d) 보정후의 오차

그림 5.11 리드오차 보정 과정

5.6 기계구조와 정밀도

공작기계 본체의 변형으로 인한 정밀도 저하를 막기 위해서 기계구조의 강성을 높여야
한다. 개방형 구조의 공작기계중에서 그림 5.12(a)와 같은 수직형 구조는 절삭력 F_H,
F_V 가 기둥(column), 오버암(overarm), 헤드 및 스핀들 모두에 변형을 유발해서 베드기
준에 대한 전체 변형량이 커진다. 반면, 그림 5.12(b)와 같은 수평형 구조는 오버암이
없어 그만큼 변형량이 적어진다. 따라서 수직형보다는 수평형 머시닝 센터가 강성이
강하여 대형 공작물의 중절삭에 적합하다.

폐쇄형 구조의 공작기계중에서 그림 5.13(a)와 같은 문형 구조는 두 기둥이 양쪽에서
오버암을 지탱하고 폐쇄 구조로 되어 있어 오버암의 강성을 훨씬 높여준다. 헤드 및
스핀들이 F_H에 대해 외팔보 구조로 되어 있어, 변형이 여전히 발생한다. 그림 5.13(b)와

같은 병렬형(parallel) 스핀들 지지 구조는 여러 개의 링크로 힘 작용점을 지탱하고 있어, 강성면에서 기존의 공작기계 구조를 훨씬 능가한다. 그러나 병렬 링크의 기하학적 정합성을 고려해서 제어하기 복잡하다.

강성측면에서는 개방형 보다는 폐쇄형 구조가 유리하다. 고강성 구조의 공작기계는 고정밀이 요구되는 곳이나 변형이 크게 될 우려가 있는 대형 공작물 가공에 주로 사용된다.

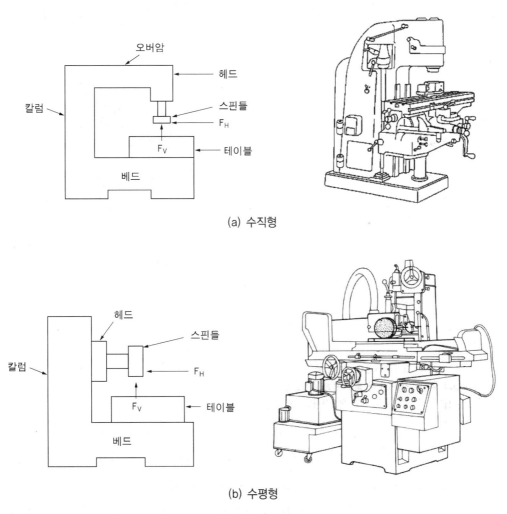

(a) 수직형

(b) 수평형

그림 5.12 개방 구조형 공작기계

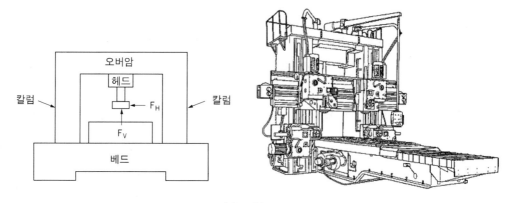

(a) 문형 구조

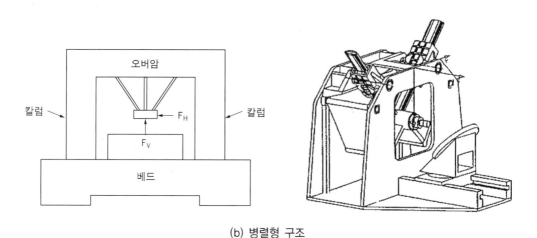

(b) 병렬형 구조

그림 5.13 폐쇄 구조형 공작기계

5.7 주축의 회전 정밀도

공작기계의 주축은 완벽하게 정중앙에 있지 않고 미세한 양만큼 오차 – 주축 편심 (runout) – 를 가지고 있다. 주축 편심에는 정지상태의 정지편심(static runout)과 회전상태의 회전편심(dynamic runout)이 있으며, 주축 회전 정밀도를 결정한다. 정지 편심은 그림 5.14의 경사편심과 반경(offset)편심이 혼합된 것인데, 부품치수 불량과 베어링 마멸, 조립 불량이 그 원인이다. 회전편심은 축 질량의 불균형, 주축모터 공진 등이 복합적으로 작용하여 발생된다.

그림 5.15는 어떤 선반의 주축 회전 오차를 기록한 것인데 회전속도가 높을 때 회전 위치에 따라 흔들림 폭이 크게 변함을 알 수 있다. 주축의 회전 정밀도가 좋을수록 주축의 흔들림이 적어 베어링이나 공구 수명이 늘어나고, 제품의 면이 깨끗해지고 정밀 도도 좋아진다.

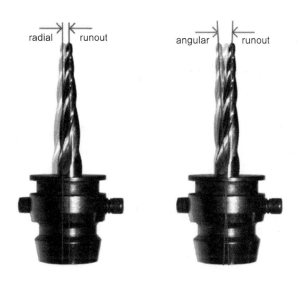

그림 5.14 가공 중 편심(run out) 상태(Think & Tinker, Ltd)

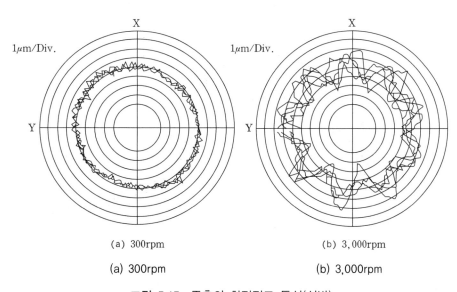

(a) 300rpm   (b) 3,000rpm

그림 5.15 주축의 회전정도 특성(선반)

5.8 구동 열원에 의한 오차

공작기계에서 가공 중에 주축과 이송계의 반복적인 운동으로 인하여 발열이 일어나며 이것이 본체, 회전계, 이송계에 열변형을 일으키고 결국 가공 정밀도를 저하시키게 된다. 발열의 원인이 되는 주된 부품으로는 주축 베어링, 볼나사 베어링, 안내면, 절삭열,

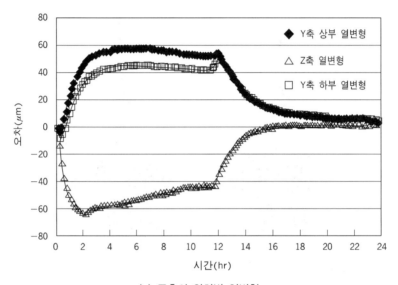

(a) 주축의 위치별 열변형

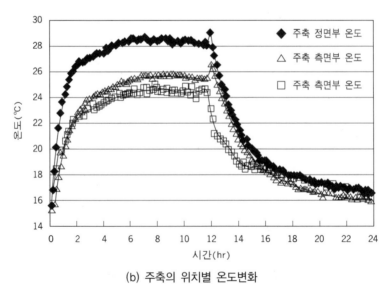

(b) 주축의 위치별 온도변화

그림 5.16 주축의 열변형 특성

각종 모터가 있다. 전체 공작기계 열변형의 70% 이상을 차지하여 가공 정밀도에 가장 크게 영향을 미치는 열변형의 위치는 주축계이며 구조물은 상대적으로 영향이 적은 편이다.

그림 5.16은 공작기계의 구동 열원에 의한 주축 열변형 특성을 나타낸다. 주축 최대회전수의 75% 속도에서 12시간 운전하고 12시간 자연 냉각한 결과이다. 온도변화와 열변형이 높은 상관관계가 있음을 알 수 있으며, 온도의 경우 운전시작 6시간 후 일정값에 도달하지만 열변형의 경우에는 4시간 후에 일정값에 도달한다.

이 특성은 공작기계의 구조, 재료특성, 운전조건 등에 따라 달라지기 때문에 정밀가공이 필요한 경우 이러한 열변형 특성을 반영해서 작업하여야 한다. 열변형 대책으로는 열변형을 최소화할 수 있는 구조의 공작기계를 설계하는 방법, 열원을 차단하거나 억제하는 방법, 열변형을 예측/보상하는 방법이 왔다.

5.9 서보계 오차

앞에서는 CNC 공작기계의 하드웨어 구성요소에 오차가 발생해서 제품의 정밀도에 어떤 영향을 미치는지 그리고 그 영향을 줄이기 위한 방법에 대해서 설명했다. 여기서는 CNC의 이송축 서보 제어계가 제어 특성 때문에 제어경로에 오차를 발생해서 결국 제품형상의 정밀도에 미치는 영향을 설명한다. 이런 오차를 하드웨어적 오차와 구분해서 서보계 오차라고 한다.

5.9.1 이송축의 위치제어 루프

1) 블록도

그림 5.17은 CNC 이송축 서보계의 위치제어 루프를 블록도로 나타낸다. 일반적으로 속도제어 루프 전달함수(G_v)는 2차계로 모델링될 수 있다. 부하 변동 등 외란의 영향은 속도 루프에서 보상되기 때문에 위치루프에서는 고려하지 않아도 된다.

그림 5.17에서 w_n은 속도루프의 고유주파수, ζ는 감쇠계수, β는 외란토크 계수 ($\beta = \dfrac{T_L}{J \cdot w_n \cdot v_{ref}}$), J는 모터와 전동부의 관성 모멘트, T_L은 외란 토크이다.

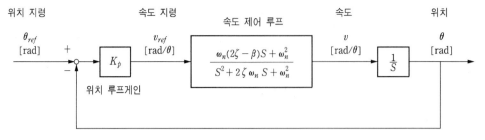

그림 5.17 위치제어 루프

2) 응답 특성

그림 5.18은 위치루프 게인 K_p의 크기에 따라 속도의 스텝(step) 응답특성을 보인다. 속도루프에서 오버슈트를 발생시키지 않으려면 $K_p \leq 0.15 w_n$이어야 한다.

만약 $\zeta = 1$, $\beta = 1$, $w_n = 100$ (오버슈트 없는 조건) 이라면,

$$G_v = \frac{100S + 10^4}{S^2 + 200S + 10^4} = \frac{100}{S + 100} \fallingdotseq 1 \quad (\text{시상수} \ \tau_v = \frac{1}{100} \sec)$$

이때, 위치제어 루프는 그림 5.19처럼 1차 지연계로 근사시킬 수 있다.

$$\theta = \frac{K_p}{K_p + S} \cdot \theta_{ref}$$

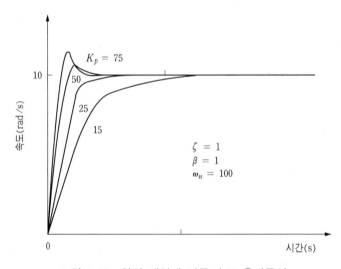

그림 5.18 위치 게인에 따른 속도 응답특성

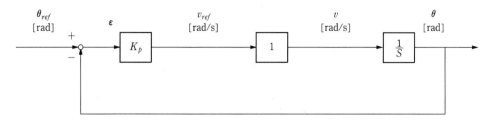

그림 5.19 1차 지연계로 단순화된 위치제어 루프

5.9.2 궤적오차

궤적오차(path error)는 연속경로를 제어할 때 목표 궤적을 벗어나는 오차이다. X, Y 축의 위치제어계를 단순화하여 1차계로 나타내면 식 (5.1)과 같이 나타낼 수 있다.

$$X(S) = \frac{K_{px}}{S + K_{px}} \cdot X_{ref}(S), \quad Y(S) = \frac{K_{py}}{S + K_{py}} \cdot Y_{ref}(S) \tag{5.1}$$

1) 직선 운동

위치 지령이 $x_{ref}(t) = V_x \cdot t$, $y_{ref}(t) = V_y \cdot t$ 이므로 라플라스 변환하면

$$X_{ref}(S) = \frac{V_x}{S^2}, \, Y_{ref}(S) = \frac{V_y}{S^2}$$

이다.

이것을 식 (5.1)에 대입하여 역라플라스 변환하면 식 (5.2)의 결과를 얻는다.

$$x(t) = V_x \cdot t - \frac{V_x}{K_{px}} \cdot (1 - e^{-K_{px}t})$$

$$y(t) = V_y \cdot t - \frac{V_y}{K_{py}} \cdot (1 - e^{-K_{py} \cdot t}) \tag{5.2}$$

예를 들어, $V_x = V_y = 1(\text{mm/s})$일 때, $K_{px} = K_{py} = 10$이면 그림 5.20에 보이듯이 지령 궤적을 따라가고, $K_{px} = 10, K_{py} = 20$이면 Y축으로 약간 쏠린 궤적 m을 따라 가게 되어 궤적오차가 발생한다.

이렇게 위치 게인이 어긋나면 궤적오차가 발생하는데 궤적오차는 그림 5.21처럼

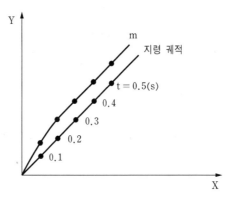

그림 5.20   2축 직선운동

실제 위치 $P(x, y)$에서 지령 궤적까지 최단 거리(D)로 나타낸다. 지령 궤적은 $V_y \cdot X - V_x \cdot Y = 0$이다.

궤적오차 $D = \dfrac{|V_y \cdot x - V_x \cdot y|}{\sqrt{V_x^2 + V_y^2}}$ 에 식 (5.2)를 대입하여 정리하면

$$D = \frac{\dfrac{V_x \cdot V_y}{K_{px} \cdot K_{py}} \cdot \left| K_{px}(1 - e^{-K_{py}t}) - K_{py}(1 - e^{-K_{px}t}) \right|}{\sqrt{V_x^2 + V_y^2}}$$

$t \to \infty$ 이면 $D = \dfrac{V_x \cdot V_y}{K_{px} \cdot K_{py} \sqrt{V_x^2 + V_y^2}} \cdot |K_{px} - K_{py}|$이다.

X, Y가 지령 궤적 상에 있을 조건, 즉 D=0일 조건은 $K_{px} = K_{py}$이다.

최대 궤적오차의 발생조건: 최대 이송속도와 최대 게인 어긋남(mismatch)

즉, $V_x = V_y = V_{\max},$

$$K_{px} = K + \Delta K, \ \ K_{py} = K - \Delta K \ (\text{또는} K_{px} = K - \Delta K, \ K_{py} = K + \Delta K)$$

결국, $D_{\max} \leq \dfrac{V_{\max}}{\sqrt{2}} \cdot \dfrac{2 \Delta K}{K^2} \leq E_t$, $\dfrac{\Delta K}{K} \leq \dfrac{K \cdot E_t}{\sqrt{2} \cdot V_{\max}}$

여기서 K는 평균 게인, ΔK는 평균으로부터 최대편차, E_t는 허용오차이다.

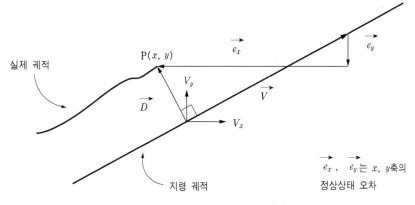

실제 궤적

P(x, y)

$\vec{e_x}$

$\vec{e_y}$

V_y

$\vec{D}$

$\vec{V}$

V_x

지령 궤적

$\vec{e_x}$, $\vec{e_y}$ 는 x, y축의
정상상태 오차

그림 5.21 직선운동의 궤적오차 해석

2) 원 운동

원호 궤적을 움직일 때는 게인 어긋남이 없어도 그림 5.22처럼 반경오차가 발생한다.
반경 R, 원주 속도 $V = Rw$, $K_{px} = K_{py} = K_p$이라면,
위치제어계의 지령은 $x_{ref}(t) = R \cdot \sin wt$, $y_{ref}(t) = R \cdot \cos wt$이다.
정상상태 주파수 응답은

$$x(t) = M \cdot R \cdot \sin(wt + \varphi_0), \ y(t) = M \cdot R \cdot \cos(wt + \varphi_0)$$

$$M = \frac{1}{\sqrt{1 + \left(\frac{w}{K_p}\right)^2}}, \ \varphi_0 = -\tan^{-1}(K_p/w)$$

$$x^2 + y^2 = \left(\frac{R}{\sqrt{1 + (\frac{V}{R \cdot K_p})^2}}\right)^2 = R'^2$$

반경오차: $\Delta R = R - R' = R\left(1 - \dfrac{1}{\sqrt{1 + \left(\dfrac{V}{R \cdot K_p}\right)^2}}\right) \fallingdotseq \dfrac{V^2}{2R \cdot K_p^2}$ [11]

---

11) $\dfrac{V}{R \cdot K_p} \ll 1$ 라고 가정할 수 있으므로 $\dfrac{1}{\sqrt{1 + (\dfrac{V}{R \cdot K_p})^2}} \approx 1 - \dfrac{1}{2} \cdot (\dfrac{V}{R \cdot K_p})^2$

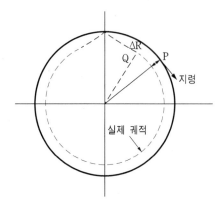

그림 5.22 원운동의 반경오차

따라서 V가 클수록, R이 작을수록, K_p가 작을수록 반경오차 ΔR은 커진다. ΔR을 줄이려면 이송속도를 낮추든가, K_p 값이 큰 서보 증폭기를 사용한다. 만약 2축 게인이 다르면 타원형상의 궤적이 될 것이다.

5.9.3 모서리 오차

X, Y 각 축의 위치루프 게인이 동일하여 궤적오차가 0이 되더라도 그림 5.23처럼 운동 방향이 바뀌면 변경지점에서 모서리 오차(corner error)가 생긴다.

지령경로를 A → O → B, 변경지점 O의 시점을 $t=0$라 두면, 위치지령은 다음과 같다.

$$t < 0 : x_{ref}(t) = V \cdot t, \ y_{ref}(t) = 0$$

$$t \geq 0 : x_{ref}(t) = 0, \ y_{ref}(t) = V \cdot t$$

위치지령을 라플라스 변환하여 식(5.1)에 대입하여 구한 결과는 다음과 같다.

$$x(t) = \frac{V}{K_P} \cdot e^{-K_P t}$$

$$y(t) = \frac{V}{K_P}[K_P \cdot t - (1 - e^{-K_P t})] \ (t \geq 0)$$

모서리 오차 : $r(t) = \sqrt{x^2(t) + y^2(t)} = \frac{V}{K_p} \sqrt{e^{-2K_p t} + (K_p t - 1 + e^{-K_p t})^2}$

$$r_{\min} \approx \frac{V}{2K_p}$$

모서리 오차는 이송속도 클수록, 위치루프 게인이 작을수록 커진다. 또 모서리 각도가 작을수록 오차가 커진다(그림 5.24).

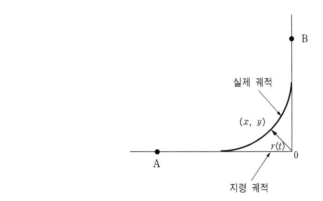

그림 5.23 모서리 오차

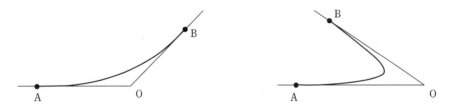

그림 5.24 각도에 따른 모서리 오차

1. 아래 용어를 간단히 설명하라.

　1) BLU

　2) 백래시

　3) 리드 오차

　5) 주축 편심

2. 부품공차와 기계 정밀도의 관계에 대해 설명하라.

3. CNC 공작기계에서 축구동을 위한 서보기구를 반폐루프 계로 하여 스케치하고, 또 볼나사(ball screw)의 피치 6mm, 기어감속비 ⅓, BLU(Basic Length Unit) =1μm라면 1펄스당 모터의 회전각도는 몇 도인가?

4. 백래시(backlash)가 이송정밀도에 미치는 영향과 그 해결책을 설명하라.

5. 볼나사의 리드오차 보정 방법을 설명하라.

6. 서보제어계에서 궤적오차의 원인을 설명하라.

7. 서보제어계에서 모서리 오차를 줄일 수 있는 방법을 설명하라.

8. 병렬형 구조의 공작기계가 갖는 장점과 응용 분야를 설명하라.

6장 CNC 프로그램의 기초

6.1 CNC 프로그래밍

　CNC 공작기계는 NC 코드와 수치데이터로 구성된 NC 프로그램에 의해 자동적으로 조작된다. 따라서 NC 공작기계를 조작하려면 부품 도면을 NC 프로그램으로 표현하는 새로운 작업이 필요하게 되는데 이 작업을 프로그래밍이라 한다. 즉, NC 기계 상에서 수행되는 '가공단계의 순서를 계획하고 문서화하는 것'을 말한다.

　이를 위한 절차로는

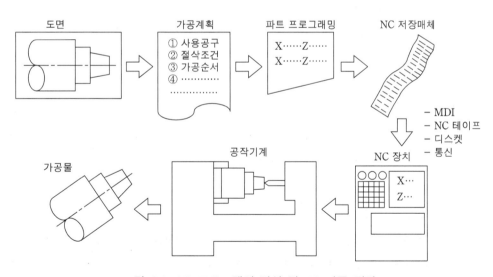

그림 6.1 NC 프로그램의 작성 및 NC 가공 절차

[유튜브 참고 동영상]
G-Code Lesson 1 What is G-Code?(5:26)

① 설계된 도면의 해독
② NC 가공을 위한 가공계획 작성
③ NC 지령어를 이용한 파트 프로그램(part program) 작성

순서로 진행되며 작성된 파트프로그램을 종이테이프나 디스켓 등에 담아 NC장치에 입력한다. 파트프로그램을 종이테이프에 펀칭하여 컨트롤러에 부착된 테이프 리더를 통하여 NC 장치에 입력하는 방법은 NC 공작기계가 CNC화됨에 따라 거의 사용하지 않고 있다.

현재는 NC 프로그램을 디스켓나 USB에 담아 입력하거나, RS232C나 LAN과 같은 통신선을 이용하여 입력하는 방법이 주로 사용되고 있다. 간단한 경우는 작업자가 직접 NC 장치에 프로그램을 입력해 사용하기도 한다.

NC 프로그래밍 방법으로는 다음과 같은 것이 있다.

① 수동 프로그래밍
공구의 위치, 부품도면의 좌표값 등을 사람이 하나하나 계산하여 프로그램하는 방법으로 필요한 데이터의 계산이 어렵고, 시간이 많이 걸리는 불편한 단점이 있으나, 비교적 간단한 가공 도면이나 다양한 고정 사이클이 개발된 CNC 선반에 주로 사용된다.

② 자동 프로그래밍
공구 이동 경로를 일일이 계산하고 G코드를 이용하여 프로그램을 작성해야 하는 수동프로그램의 어려움을 해소하기 위해 G코드 대신에 사용자가 알기 쉬운 자연언어에 가까운 명령어로 프로그래밍하는 방법이다.

③ CAM 프로그래밍
대화형 아이콘방식의 그래픽사용자 인터페이스(GUI)를 이용하여 형상 데이터와 가공 공정 정보를 입력하면 자동적으로 NC 프로그램을 생성하는 프로그래밍 방법이다. 내장된 시뮬레이션 기능을 이용하여 공구 경로, 간섭 발생 여부 등 검증을 통해 NC코드의 이상 유무를 사전에 확인이 가능하다.

6.2 NC 프로그램의 구성

하나의 NC 프로그램은 복수의 블록(blocks)으로 구성되며, 한 개의 블록은 몇 개의 워드(word)로 구성된다.

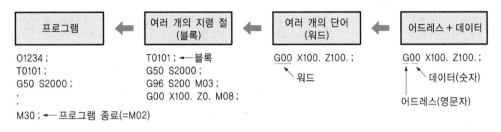

프로그램		여러 개의 지령 절 (블록)		여러 개의 단어 (워드)		어드레스 + 데이터

O1234 ;
T0101 ;
G50 S2000 ;
:
M30 ; ←— 프로그램 종료(=M02)

T0101 ; ←—블록
G50 S2000 ;
G96 S200 M03 ;
G00 X100. Z0. M08 ;

G00 X100. Z100. ;
↘ 워드

G00 X100. Z100. ;
↗ 데이터(숫자)
어드레스(영문자)

그림 6.2 NC 프로그램의 구성

6.2.1 워드(Word)

NC 블록을 구성하는 기본 단위로 어드레스(address)와 수치 데이터로 구성된다. 어드레스는 영문 대문자 (A-Z) 중 1개를 사용하며, 각각의 어드레스는 고유 기능을 가진다(표 6.1).

NC 워드 | X | 456.694 |

어드레스   데이터

6.2.2 블록(Block)

NC 프로그램의 최소 지령 단위로 한 개의 블록은 EOB(End of Block)을 나타내는 「;」로 끝나며 한 블록에 사용되는 최대 문자 수는 무제한이다. CNC 제어기에서는 NC프로그램을 블록 단위로 해독한 뒤 명령을 수행한다.

예] NC 블록 : G00 X123.078 Y-70.205 M03 S1500 ;

6.2.3 어드레스(Address)

1) 프로그램 번호(O)

파트 프로그램을 저장하거나 호출할 때 각각의 프로그램을 구별하기 위한 것으로, 프로그램 선두에 서로 다른 프로그램 번호를 붙여 마치 컴퓨터 파일명처럼 사용된다.

프로그램 번호는 영문 「O」다음에 4자리 숫자(1~9999) 범위 내에서 임의로 정할 수 있다. 앞의 0은 생략할 수 있다.

예] O9034

표 6.1 NC 어드레스의 기능

기 능	주 소			의 미	지령 범위
프로그램 번호	O			프로그램 번호	1~9999
블록번호	N			블록번호	1~9999
준비기능	G			이동형태(직선, 원호보간 등)	0~99
좌 표 값	X	Y	Z	절대방식의 이동위치	±0.001 ~±99999.999 (mm)
	U	V	W	증분방식의 이동위치	
	A	B	C	회전축의 이동위치	
	I	J	K	원호중심의 각축성분	
	R			원호반경, 구석 R, 모서리 R	
이송속도	F			회전당 이송속도(㎜/rev)	0.01~500
				분당 이송속도(㎜/min)	1~1500
				나사의 리드(㎜)	0.001~500
주축속도	S			주축 속도	0~9999
공구번호	T			공구 및 공구보정 번호	0~99
보조기능	M			기계 ON/OFF 제어	0~99
일시정지	P, U, X			이송을 잠시 정지	0~99999.999 (sec)
공구보정 번호	D/H			공구반경/길이, 보정값 저장번호	0~64
프로그램 번호	P			보조 프로그램 호출번호	1~999
호출 블록번호	P, Q			고정 사이클의 호출블록번호	
반복회수	L			보조 프로그램의 반복 실행회수	

2) 블록 번호(Block Number : N)

블록을 호출하거나 검색할 때 해당 블록을 지정하기 위한 것으로 블록의 첫머리에 어드레스 「N」과 함께 임의의 4자리 숫자(1~9999)를 붙일 수 있다.

블록 번호는 기계의 움직임과는 무관하므로 생략할 수도 있으나 복합 반복 사이클 (G70-G73)을 이용할 때는 반드시 사용하여야 한다.

예] N0010 G92 X0. Y0. Z0.;

　　　 G90 G00 Z250. T11 M05;

3) 준비기능(preparatory function : G)

공구나 테이블의 이동형태를 지정(표 6.2, 6.3, 6.4)하고, G와 함께 2자리 숫자(0~99) 를 부여한다. 1회 유효 지령(one-shot G code)과 연속 유효 지령(modal G code)으로 구분된다.

종 류	그 룹	의 미
1회 유효 지령	00그룹	지령된 블록에서만 해당 G 코드가 유효
연속 유효 지령	00그룹 이외	지령된 블록을 넘어서도 같은 그룹의 다른 G 코드가 나타날 때까지 해당 G 코드가 계속 유효

표 6.2 밀링·선반 공통 G 코드(FANUC 0 시리즈 기준)

지 령	그 룹	기 능
G00(■)		급속이송
G01	01	직선보간
G02		원호보간(시계 방향)
G03		원호보간(반시계 방향)
G04	00	일시 이송정지(dwell)
G20	06	인치(inch) 단위
G21		미터(metric) 단위
G27		원점복귀 체크
G28	00	원점복귀
G30		제2의 원점 복귀
G31		스킵(skip)
G52		로컬(Local) 좌표계 설정
G53	00	기계좌표계 설정
G65		매크로(Macro) 호출
G66	13	매크로 모달(Macro Modal) 호출
G67		매크로 모달 호출 취소
G96	02	주속 일정제어
G97(■)		주속 일정제어 취소/회전수 지정

표 6.3 선반용 G 코드(FANUC 0 시리즈 기준)

지 령	그 룹	기 능
G32 G34	01	리드가 일정한 나사(constant lead) 절삭 리드가 균일하게 증가하는 나사(increasing lead) 절삭
G40(■) G41 G42	07	공구 날 반경 보정 취소 공구 날 반경 보정(왼쪽) 공구 날 반경 보정(오른쪽)
G50	00	좌표계 설정/주축 최고 회전수 지정
G70 G71 G72 G73 G74 G75 G76	00	정삭 사이클 내외경 황삭 사이클 단면 황삭 사이클 폐루프 절삭 사이클 단면 peck 드릴링 사이클 내·외경 peck 드릴링 사이클 복합형 나사 절삭 사이클
G80 G83 G84 G85 G87 G88 G89	10	드릴용 고정 사이클 취소 정면 드릴링 사이클 정면 태핑 사이클 정면 보링 사이클 측면 드릴링 사이클 측면 태핑 사이클 측면 보링 사이클
G90 G92 G94	01	내·외경 선삭 사이클 나사 절삭 사이클 단면 선삭 사이클
G98 G99(■)	05	분당 이송속도 주축 회전당 이송속도

(■ 기호가 달린 G 코드는 전원 투입 때 자연설정(default) 코드)

표 6.4 밀링용 G 코드(FANUC 0 시리즈 기준)

지 령	그 룹	기 능
G17(■) G18 G19	02	XY 평면지정 ZX 평면지정 YZ 평면지정
G40(■) G41 G42	07	공구 반경 보정 취소 공구 반경 보정(왼쪽) 공구 반경 보정(오른쪽)
G43 G44 G49(■)	08	공구길이 (＋)방향 보정 공구길이 (－)방향 보정 공구길이 보정 취소
G73 G74 G76 G80(■) G81 G82 G83 G84 G85 G86 G87 G88 G89	09	고속 peck 드릴링 사이클 카운터 태핑 사이클 정밀 보링 사이클 고정 사이클 취소 드릴 사이클, 스폿 보링(spot boring) 드릴 사이클, 카운터 보링 peck 드릴 사이클 태핑 사이클 보링 사이클 보링 사이클 back 보링 사이클 보링 사이클 보링 사이클
G90(■) G91	03	절대(absolute) 지령 입력 증분(incremental) 지령 입력
G92	00	공작물 좌표계 설정
G94(■) G95	05	분당 이송속도(mm/min 또는 inch/min) 주축 회전당 이송속도(mm/rev 또는 inch/rev)
G98(■) G99	10*	초기점 복귀 R점 복귀

(■ 기호가 달린 G 코드는 전원 투입 때 자연설정(default) 코드, * 고정 사이클 지령 때)

4) 좌표값(X, Y, Z ···)

공구의 목표 이동위치를 표시하며, 영문 X, Y, Z 등과 최대 8행의 수치로 표시한다.

5) 이송속도(Feedrate : F)

절삭 시 공구나 테이블의 이송속도를 지정하며, 선반에서는 회전당 이송(mm/rev), 밀링에서는 분당 이송(mm/min) 단위를 주로 사용한다.

예] 밀링 : G94......F150......

　　　 선반 : G99......F0.25......

6) 주축속도(Spindle : Speed)

주축의 회전수나 속도를 어드레스 S 다음에 숫자로 표시한다. G50, G96, G97 코드로 다양한 주축속도 제어모드를 지령한다.

7) 공구번호(Tool : T)

공구 교환 또는 공구 보정을 위한 공구 번호를 지정하고, 어드레스 「T」 다음에 4자리 숫자로 표시한다.(공구 선택 번호(1~99), 공구 보정 번호(1~99), T□□○○ - □□ : 공구번호, ○○ : 보정번호)

예] T02 04

　　02는 공구번호 2번 선택에 의하여 공구대가 회전

　　04는 공구보정 기억장치의 4번에 2번 공구의 기준 공구에 대한 위치 보정량을 입력

공구보정 번호를 00으로 지령하면 공구보정은 취소된다.

8) 보조기능(Miscellaneous function : M)

공구나 테이블의 이송제어와 관계없는 기계 작동-CNC 장치 운전, 주축 회전·정지, 절삭유 공급·정지, 자동 공구교환 등 PLC에 의해 ON/OFF 제어 되는 작동-의 동작 여부를 제어하며, 어드레스 「M」에 2자리 숫자를 조합하여 표시한다.(표 6.5) 기계의 기능이 추가됨에 따라 M 지령의 번호는 바뀔 수 있다.

표 6.5 M 코드

지 령	기 능
M00	프로그램 정지
M01	선택적 프로그램 정지
M02	프로그램 종료
M30	프로그램 종료하고 시작위치로 복귀
M03	주축 정회전(시계 방향)
M04	주축 역회전(반시계 방향)
M05	주축 정지
M06	자동 공구교환
M08	절삭유 ON
M09	절삭유 OFF
M19	주축 오리엔테이션
M22	APC 도어 열림
M23	APC 도어 닫힘
M24	칩 컨베이어 기동
M25	칩 컨베이어 정지
M68	주축 공구 클램프
M69	주축 공구 언클램프
M76	챔퍼링 ON(나사절삭 사이클에서 사용)
M77	챔퍼링 OFF(나사절삭 사이클에서 사용)
M98	보조 프로그램 호출
M99	보조 프로그램 종료

예] O1000;   : 프로그램 번호

　　 N010 _____   : 블록 번호

　　 N020 _____ M03   : 주축 정회전(시계방향)

　　　　　　⋮　　　　　　　⋮

　　　　　　⋮　　　　　　　⋮

　　 N080 _____ M05   : 주축 정지

　　 N090 _____ M02   : 프로그램 종료

6.3 공작기계의 좌표계

6.3.1 좌표계 설정

CNC가공에서는 일반적으로 3개의 좌표계를 사용한다.

① 기계 좌표계(machine coordinate system)

② 절대(공작물) 좌표계(absolute (work) coordinate system)

③ 상대(증분) 좌표계(relative coordinate system)

　CNC 공작기계는 각 이송축의 끝단 쪽에 기계 고유점을 갖고 있는데, 이 점을 기계원점 (reference point)이라 한다. 기계 좌표계는 기계 원점에서 현재 공구위치까지를 나타내는 좌표값을 말한다. CNC 기계에서 사용하는 파라미터 값이나 설정치 모두 이 좌표값을 기준으로 설정하는 데, 그 이유는 시스템 내의 모든 연산이 이 좌표 값을 참조하여 이루어지기 때문이다. 기계 좌표계 설정은 전원 투입후 기계원점으로 복귀시키면 완료된다.

　절대 좌표계는 공작물 좌표계 또는 프로그램 좌표계라고도 부른다. 절대 좌표계는 작업자가 프로그래밍 편의상 임의로 정한 공작물의 기준점을 프로그램 원점으로 설정하는 좌표계이다. 이 좌표계는 G92(밀링), G50(선반)을 이용하여 설정 가능하며, 밀링에서는 G54~G59를 이용해서 6개의 공작물 좌표계까지 미리 설정하는 것도 가능하다. 프로그램 원점은 도면에 ⊕로 표시한다.

　상대 좌표계는 현재 공구 위치를 기준점으로 하는 좌표계로 다음 목적지까지 이동량을 지령으로 표시하기 때문에 프로그래밍이 상대적으로 쉽다.

6.3.2 좌표값 지령 방식

1) 좌표값 입력 단위 지정(G20, G21)

NC프로그램 작성시에 먼저 위치지령에 관한 수치 데이터의 단위를 지정한 다음 프로그램을 작성해야 한다. G20, G21은 좌표값을 쓰기 전에 단독으로 정의되어야 하며 도중에 바뀔 수 없다. G20일 때는 0.001 inch, G21일 때는 0.001mm 단위로 설정된다.

2) 절대 지령, 증분 지령, 혼합 지령

① 절대 지령

공작물 좌표계 원점에서 공구가 이동하고자 하는 위치까지의 거리를 좌표값으로 지령하는 방식으로 어드레스로 X, Y, Z를 사용한다. 밀링에서는 G90 코드가 절대 (absolute) 지령을 나타내지만, 선반에서는 별도의 G코드를 사용하지 않고 어드레스 X, Z로 입력된 좌표값이 절대 지령을 나타낸다.

예] 선반 : X100. Z50.;

밀링 : G90 X50. Y100. Z-40.;

② 증분 지령

공구의 현재위치에서 이동하고자 하는 위치까지의 증분 거리를 좌표 값으로 지령하는 방식이다. 밀링에서는 G91 코드를 이용하여 증분(incremental) 지령을 나타내고, 선반에서는 어드레스 U, W를 이용하여 증분값을 지령한다.

예] 선반 : U20. W-40.;

밀링 : G91 X 20. Y 10. Z 5.;

③ 혼합 지령

절대 지령과 증분 지령을 혼합하여 사용하는 방식이다. 이 방식은 밀링에서는 사용하지 않고 선반에서 주로 사용한다.

예] X50. W-40.;

예] 좌표 지령 예

공구를 A점에서 B점으로 급속
이동하는 경우
(절대 지령) G00 X50. Z0.;
(증분 지령) G00 U-150. W-100.;
(혼합 지령) G00 X50. W-100.;

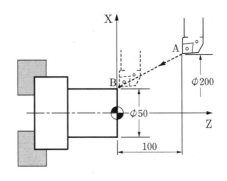

(a) 선반

공구를 A점에서 B점으로 급속
이동하는 경우
(절대 지령) G90 G00 X50. Y30.;
(증분 지령) G91 G00 X40. Y20.;

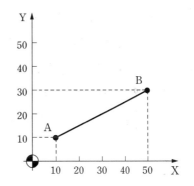

(b) 밀링

그림 6.3 좌표 지령 예

3) 반경 지령과 직경 지령

선반에서 X축 좌표값을 지령하는 방식에는 반경 지령 방식과 직경 지령 방식이 사용된
다. 선반 가공의 경우 공작물의 형상이 보통 원통 형상이고 중심축에 대해 서로 대칭이기
때문에, X축 방향으로 1mm 절입해 가공하면 실제 공작물의 직경은 절입량의 2배인
2mm 만큼 감소한다.

이런 이유로 선반에서는 X축 좌표값을 지령하는 방법으로 직경 지령 방식을 많이
사용하며 반경 지령 방법과 직경 지령 방법의 선택은 파라미터로 설정한다. 직경값으로
지령한 경우, 공구는 지령한 값의 반만큼 이동하게 된다.

반경 지령 방식
　　A점 : X20. Z0.;
　　B점 : X30. Z-60.;
직경 지령 방식
　　A점 : X40. Z0.;
　　B점 : X60. Z-60.;

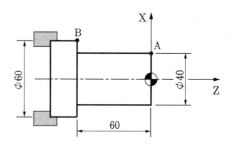

그림 6.4 선반 X좌표 지령

6.3.3 원점복귀(Reference Point Return)(G28)

공구를 현재 위치에서 기계원점으로 복귀시키는 것을 원점 복귀라 한다. 기계원점은 기계조작의 기준이 되는 점으로서, 공작기계 제조회사에서 기계내부의 임의의 점을 지정하여 파라미터로 설정하며, 설정된 파라미터는 변경되지 않는다. 기계에 전원을 투입했을 때나 비상정지 스위치를 눌렀을 경우 올바른 기계 좌표계 설정을 위해 반드시 한 번은 기계원점 복귀를 해야만 한다.

선반　　　　G28 X(U)____ Z(W)____ ;

밀링　　G90
　　G91　　G28 X___ Y___ Z___ ;

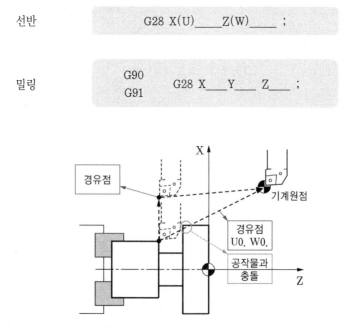

그림 6.5 원점 복귀 때 경유점 역할(G28 X20.;)

G28 코드 뒤 위치 값 X(U), Z(W)은 원점 복귀 도중에 거쳐야 할 경유점의 위치를 나타내며, 원점에 도달되면 CNC 제어기 조작반의 원점복귀 램프가 점등한다. 경유점 지정은 원점 복귀 때 공구와 공작물이 충돌할 가능성이 있는 경우, 이를 회피할 목적으로 사용된다. G28 U0. W0.; 로 지령하면 경유점이 없이 바로 원점으로 복귀하게 된다. 제2원점이 설정되어 있는 경우, 제2원점 복귀지령은 G30이고 지령형식은 G28과 같다.

6.3.4 이송속도(Feedrate : F)

공구를 이송하는 속도로 F 다음의 수치로 표시한다. 지정방법으로는 분당 이송속도 (G94)와 회전당 이송속도(G99)가 있다.

1) 밀링

G94는 공구 이송속도를 1분당 이동한 거리로 지령하는 방식으로 밀링에서 초기설정되고(default), G95는 주축 회전당 이송 지령이다.

예] F150 : 이송속도 150 mm/min, G95 F0.1 : 이송속도 0.1 mm/rev

2) 선반

G99는 공구 이송속도를 주축 1회전당 이동한 거리로 지령하는 방식으로 선반 가공에서 초기설정되고, G98은 분당 이송 지령이다.

예] F0.15 : 이송속도 0.15 mm/rev, G98 F150. : 이송속도 150 mm/min

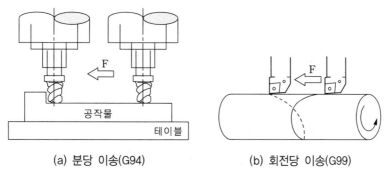

(a) 분당 이송(G94)   (b) 회전당 이송(G99)

그림 6.6 이송속도 지령방식(초기설정)

6.4 윤곽 가공

6.4.1 급속이송(G00)

급속이송(G00)은 공구를 현재 위치에서 X(U), Y(V), Z(W) 값으로 표시된 좌표값까지 급속 이송한다. 각 축이 독립적으로 이동하지만, 45° 대각선 이동이 가능한 곳은 대각선으로 먼저 이동하고 나서 이동량이 남아 있는 축으로 이동한다. G00는 가공 중에 사용할 수 없고 아래 경우에 사용한다.

① 공구가 공작물을 가공하기 위해 가능한 빨리 공작물에 접근할 때
② 1차 가공 후 다음 가공을 위해 공구가 이동할 때
③ 가공이 끝나고 공구를 교환하기 위해 시작점으로 되돌아갈 때
④ 가공이 완전히 종료되어 초기위치로 이동할 때

1) 선반에서 급속이송

$$G00 \quad X(U)\_\_\_ \quad Z(W)\_\_\_ \quad ;$$

X(U)_ Z(W)_ : 이동종점의 X축, Z축의 절대(증분)좌표

예] A점에서 B점으로 급속이송

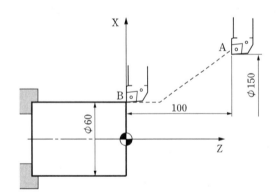

G00 X60. Z0. ; 절대 지령
G00 U-90. W-100. ; 증분 지령
G00 X60. W-100. ; 혼합 지령
G00 U-90. Z0. ; 혼합 지령

그림 6.7 선반에서 급속이송

2) 밀링에서 급속이송

G90(G91) G00 X___ Y___ Z___ ; 절대(증분) 지령

X__ Y__ Z__ : 이동종점의 X축, Y축, Z축 좌표
예] 급속이송 $P_0 \rightarrow P_1 \rightarrow P_2 \rightarrow P_3$

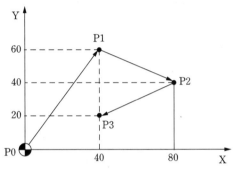

(절대 지령)
G90 G00 X40. Y60.;($P_0 \rightarrow P_1$)
X80. Y40.;($P_1 \rightarrow P_2$)
X40. Y20.;($P_2 \rightarrow P_3$)

(증분 지령)
G91 G00 X40. Y60.;($P_0 \rightarrow P_1$)
X40. Y-20.;($P_1 \rightarrow P_2$)
X-40. Y-20.;($P_2 \rightarrow P_3$)

그림 6.8 밀링에서 급속이송

6.4.2 직선보간(G01)

실제 가공을 하는 이송 지령으로 이송속도 F로 현재의 위치에서 지령한 위치로 직선
이동하면서 가공하는 기능이다.

1) 선반에서 직선보간

G01 X(U)__Z(W)__F__ ;

F__ : 이송속도

예] A점에서 B점으로 절삭 이송

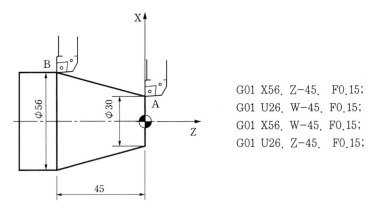

G01 X56. Z-45. F0.15;
G01 U26. W-45. F0.15;
G01 X56. W-45. F0.15;
G01 U26. Z-45. F0.15;

그림 6.9 선반의 직선보간

2) 밀링에서 직선보간

> G01 G90(G91) X_Y_Z_F_ ;

F__ : 이송속도

예] 절삭 이송 $P_1 \rightarrow P_2 \rightarrow P_3 \rightarrow P_4 \rightarrow P_5$

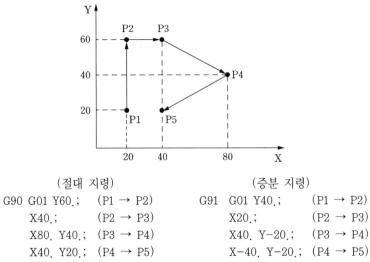

(절대 지령)		(증분 지령)	
G90 G01 Y60.;	(P1 → P2)	G91 G01 Y40.;	(P1 → P2)
X40.;	(P2 → P3)	X20.;	(P2 → P3)
X80. Y40.;	(P3 → P4)	X40. Y-20.;	(P3 → P4)
X40. Y20.;	(P4 → P5)	X-40. Y-20.;	(P4 → P5)

그림 6.10 밀링의 직선보간

6.4.3 원호보간(G02, G03)

공구가 현재의 위치에서 지령한 위치까지 이송속도 F로 반경 R의 원호를 가공하는 것이다. 이송방향이 시계방향(CW: clockwise)이면 G02, 반시계방향(CCW)이면 G03이다. 지령방식은 원호를 어떻게 정의하느냐에 따라 R 지령과 I,J,K 지령 두가지가 있다.

1) 선반 원호보간

```
G02(03) X(U)__Z(W)__R__F__ ; (R 지령)
               I__K__F__ ; (I, K 지령)
```

G02   ; 시계방향(CW)

G03   ; 반시계방향(CCW)

X, Y   ; 원호 가공끝점의 X, Z축 좌표값

U, W   ; 원호 가공끝점의 X, Z축 증분좌표값

R   ; 원호의 반경

I, K   ; 시작점에서 원호 중심까지의 X, Z축 거리(X는 반경값)

R 지령의 경우, 원호의 각도가 180° 이상인 경우 R 지령의 원호반경에 (−) 부호를 붙인다.

2) 밀링 원호보간

```
G02(03)G90(91) X__Y__Z__R__F__ ; (R 지령)
                 I__J__K__F__ ; (I, J, K 지령)
```

G02   ; 시계방향(CW)

G03   ; 반시계방향(CCW)

X, Y, Z   ; 원호 가공끝점의 X, Y, Z축 좌표값

R   ; 원호의 반경

I, J, K ; 시작점에서 원호 중심까지의 X, Y, Z축 거리

R 지령의 경우, 원호의 각도가 180° 이상인 경우 R 지령의 원호반경에 (−) 부호를 붙인다.

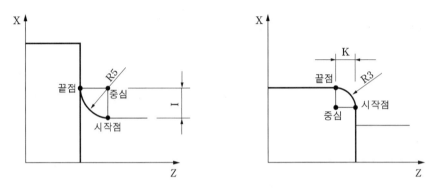

그림 6.11 선반의 원호보간(I ,K 또는 R 표현)

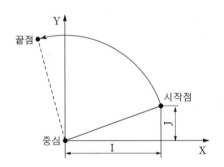

그림 6.12 밀링의 원호보간(I, J 또는 R 표현)

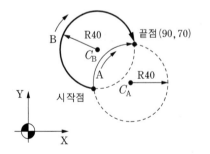

원호 A(원호의 각도가 180° 이하)
G02 X90. Y70. R40. F120;

원호 B(원호의 각도가 180° 이상)
G02 X90. Y70. R−40. F120;

그림 6.13 ±R 지정 원호보간

그림 6.13과 같이 시작점과 끝점이 같고, 같은 방향으로, 같은 크기의 반경인 원호를 그릴 때 A, B 두개의 공구 경로가 생길 수 있는데, 원호의 각도가 180° 이상인 경우 R지령의 원호 반경에 (−)부호를 붙인다.

3) 선반 원호보간

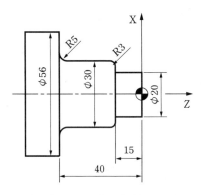

그림 6.14 선반의 원호보간

① R3 가공 프로그램(CCW) (시작점: X24. Z−15. , 끝점 : X30. Z−18.)

    G03 X30. Z−18. R3. F0.15 ; (R 지령)

    G03 X30. Z−18. K−3. F0.15 ; (I, K 지령)

② R5 가공 프로그램(CW) (시작점: X30. Z−35. , 끝점 : X40. Z−40.)

    G02 X40. Z−40. R5. F0.15 ;

    G02 X40. Z−40. I 5. F0.15 ;

4) 밀링 원호보간

① R 지령 방식

    G01 G90 Y20. F100;

    G03 X57. Y25. R5.;

    G02 X47. Y35. R10.;

    G03 X17. R15.;

G02 X7. Y25. R-10.; (180° 초과)

G01 X0.;

② I, J 지령 방식

G01 G90 Y20. F100;

G03 X57. Y25. I-5.;

G02 X47. Y35. J10.;

G03 X17. I-15.;

G02 X7. Y25. J-10.;

G01 X0.;

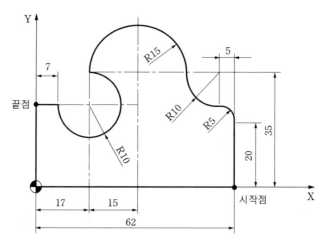

그림 6.15 밀링의 원호보간

6.4.4 모따기와 코너 R 가공

직각으로 교차하는 두 면 사이에 추가 지령없이 G01 지령에 모따기 크기에 해당하는
I, K 값을 추가하여 모따기 가공을 하든가 원호 R값을 추가하여 코너 R 가공을 한다.
I, K, R 값의 부호는 다음 블록의 공구 진행 방향에 따라 결정된다. 즉 다음 블록이
(+) 방향으로 이동하면 (+)값으로, 다음 블록이 (−) 방향으로 이동하면 (−)값으로
지령한다.

1) 모따기 가공(chamfering)

① X축이 이동하면서 종점에서 모따기 가공

$$
\text{G01 X(U)}\_\_ \quad \begin{array}{l} \text{C}\pm\_\_ \\[2mm] \text{K}\pm\_\_ \end{array}
$$

    X(U)　 ; X축 종점 좌표값

    C, K 　; 모따기값

    ±는 모따기 방향

② Z축이 이동하면서 종점에서 모따기 가공

$$
\text{G01 Z(W)}\_\_ \quad \begin{array}{l} \text{C}\pm\_\_ \\[2mm] \text{I}\pm\_\_ \end{array}
$$

    Z(W) ; Z축 종점의 좌표값

    C, I 　; 모따기값

    ±는 모따기 방향

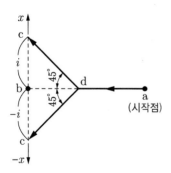

(a) 공구가 Z축으로 이동하면서
　　모따기 가공(가공경로 a→d→c)

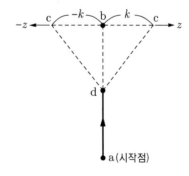

(b) 공구가 X축으로 이동하면서
　　모따기 가공(가공경로 a→d→c)

그림 6.16 모따기 가공

2) 코너 R 가공

G01	X(U)__	R±__
	Z(W)__	

X(U), Z(W) ; 코너의 종점 좌표값

R ; 코너 반경값

±는 코너 방향

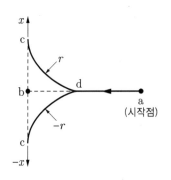

(a) 공구가 Z축으로 이동하면서
   코너 R 가공(가공경로 a→d→c)

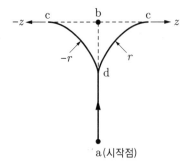

(b) 공구가 X축으로 이동하면서
   코너 R 가공(가공경로 a→d→c)

그림 6.17 코너 R 가공

3) 가공 예

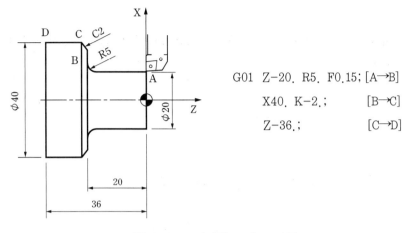

G01 Z-20. R5. F0.15; [A→B]

X40. K-2.;   [B→C]

Z-36.;   [C→D]

그림 6.18 모따기와 코너 R 가공

6.4.5 일시 이송정지(G04)

G04 X(U)2. ;   2초간 정지
G04 P2500 ;   2.5초간 정지

일시 이송정지(dwell)는 홈 가공이나 윤곽가공에서 회전 당 이송에 의해 생기는 불연속 면을 제거하거나 그림 6.19에 보이는 모서리의 경로 오차(cornering error)를 제거하기 위하여 공구의 이송을 일시 정지시키는 지령이다. U 또는 X 어드레스 다음에 머무는 시간을 초(sec) 단위로 설정한다. 어드레스 X, U는 소수점 입력이 가능하지만 P는 소수점 입력을 할 수 없다.

절삭이송을 할 때 이송모터의 가감속 특성 때문에 그림 6.19(b)와 같이 모서리 부분이 둥글게 된다. 만일 이 모서리를 직각으로 가공할 필요가 있을 경우, 두 지령 사이에 일시 이송정지를 지령하면 공구경로는 프로그램한 대로 실선을 따라 이동한다.

일시 이송정지 지령은 홈 가공이나 보링 가공에도 많이 쓰이며, 이 경우 정지 시간은 최소한 주축 1회전에 걸리는 시간만큼은 설정해 주어야 한다. 정지 시간(dwell time)과 회전수와의 관계는 다음과 같다.

$$정지\ 시간(초) = \frac{60}{N} \times 필요\ 회전수\ (N : 주축\ 회전수(rpm))$$

예] 선반에서 홈 가공의 경우 주축 회전수 600rpm일 때 공구 1.3회전에 소요되는
시간은?

$$정지\ 시간(초) = \frac{60}{600} \times 1.3 = 0.13\,(초)$$

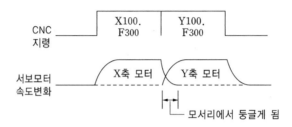

(a) 이송모터 가감속 특성

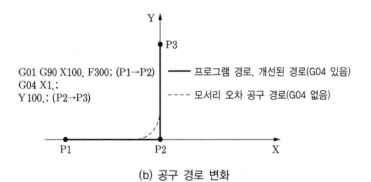

(b) 공구 경로 변화

그림 6.19 G04를 이용한 모서리 공구 경로

예] G04를 이용한 홈 가공

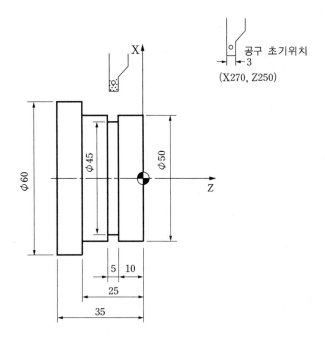

G97 S700 M03;   주축 회전수 일정제어 700rpm, 정회전

G00 X55. Z-15 T0303;   가공위치 근처까지 급송이동, 공구위치 보정

G01 X45. F0.07;   홈가공

G04 P3000;   3초간 일시 정지

G01 X52. F0.1;

G00 W2.;

G01 X45. F0.07;

G04 P2000;   2초간 일시 정지

G01 X52. F0.1;

G00 X270. Z250. T0300;   공구 초기위치로 급속이동, 공구보정 해제

그림 6.20 G04를 이용한 홈 가공(공구 폭 3mm)

6.5 주프로그램과 보조 프로그램

NC 프로그램 중에 동일한 내용이 계속 반복되는 경우, 이를 보조 프로그램(sub. program)으로 작성해 메모리에 저장해 놓았다가 필요한 경우 그때그때 호출해서 사용하면 편리하다. 보조 프로그램을 이용하면 주 프로그램의 길이를 줄일 수 있으므로 CNC 제어기 내의 메모리를 절약할 수 있다.

6.5.1 주 프로그램

CNC 기계는 기본적으로 주 프로그램의 지시에 따라 작동하는데, 보조 프로그램 호출이 있으면 CNC는 보조 프로그램을 수행하고 다시 주 프로그램으로 복귀한다. 다중호출 및 여러 개의 보조 프로그램을 호출하여 사용할 수 있다.

6.5.2 보조 프로그램

보조 프로그램은 작업 중 고정된 순서나 자주 반복되는 유형이 있을 때, 이를 미리 메모리에 입력시켜 두고 필요할 때 마다 호출해서 쓸 수 있기 때문에 프로그램을 간편하게 작성하는 데 사용한다. 주 프로그램에서 보조 프로그램을 호출하듯이 보조 프로그램은 다른 보조 프로그램을 호출할 수 있다.

6.5.3 보조 프로그램 호출

주 프로그램에서 M98로 보조 프로그램을 호출하고, 보조 프로그램에서 M99에 의해 주 프로그램의 호출한 위치로 복귀한다.

보조 프로그램 호출   M98 P 보조 프로그램 번호 L 반복횟수 ;

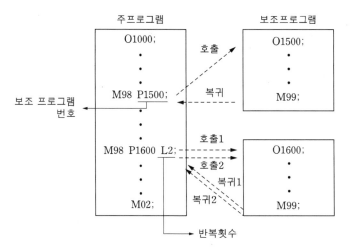

그림 6.21 보조 프로그램 호출

예] 보조 프로그램 호출 사례

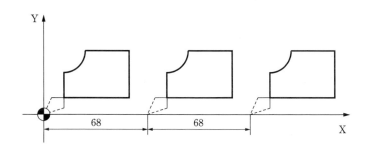

① 보조 프로그램

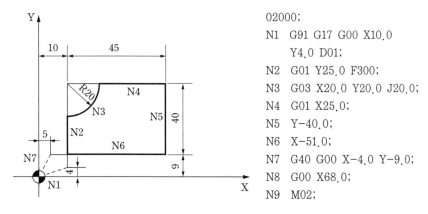

```
O2000;
N1  G91 G17 G00 X10.0
    Y4.0 D01;
N2  G01 Y25.0 F300;
N3  G03 X20.0 Y20.0 J20.0;
N4  G01 X25.0;
N5  Y-40.0;
N6  X-51.0;
N7  G40 G00 X-4.0 Y-9.0;
N8  G00 X68.0;
N9  M02;
```

그림 6.22 동일 패턴 가공 프로그램

② 주 프로그램

01500;

M98 P2000 L3;

M02;

1. G코드와 M코드의 역할이 어떻게 다른지 설명하라.

2. 프로그램 속에서 G01과 G04의 기능과 특징을 설명하라.

3. M00과 M02의 차이를 설명하라.

4. 공구보정(tool offset)의 종류와 필요한 이유에 대해서 설명하라.

5. NC 블록의 형식(format)과 각 어드레스의 의미를 설명하라.

6. 1) 아래 그림 1에서 공구경로가 ①→②일 때 G02 및 G03을 이용해서 프로그래밍
   하라. 이송속도는 150mm/min로 한다.
   2) ②→①일 때 G02 및 G03을 이용해서 프로그래밍 하라.

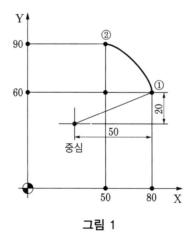

그림 1

7. 그림 2에서 급속이송과 직선보간을 이용하여 P0에서 P5으로 절삭이송하는 경로를
프로그래밍 하라.

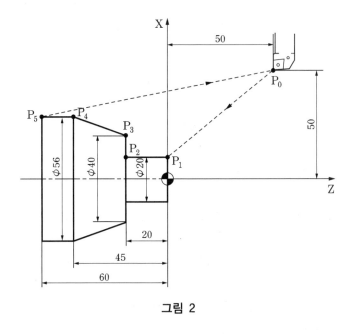

그림 2

7장 CNC 선반 프로그래밍

7.1 공작물 좌표계 설정 (G50)

CNC 선반의 경우 G50이 최고 회전수 지정 뿐 아니라 공작물 좌표계 설정 기능도 포함하고 있다. 공작물 좌표계는 공작물 상에 있는 기준점을 프로그램 원점으로 하고, 이 프로그램 원점과 공구 출발점과의 상대위치를 지령함으로써 설정된다.

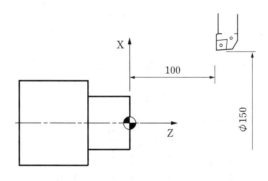

좌표계 설정

G50 X150, Z100, S1500 T0100;

　　　↓　　　↓

좌표계 설정　　최고 회전수 제한

그림 7.1 CNC 선반의 좌표계 설정

. . . .

[유튜브 참고 동영상]

Introduction of CNC lathe(6:17)

CNC programming and simulation turning(0:40)

New Okuma LT-300 CNC Lathe ID#5352(1:31)

7.2 주축 속도 지령

1) 주속 일정제어(G96)

선반에서 단면이나 테이퍼 가공의 경우 절삭이 진행됨에 따라 직경이 변하고 절삭속도도 이에 따라 달라지므로 과부하로 인한 공구 마모, 가공면의 표면 거칠기 저하 등의 문제가 발생하게 된다. 이러한 문제를 해결하기 위하여 직경값이 달라지더라도 주축 속도를 일정하게 유지시키는 기능이 절삭속도 일정제어이다. 절삭속도 일정제어는 단이 많은 계단 축 가공이나 단면 가공에 주로 사용한다.

G96 S__ M03 ; (S의 단위(m/min))

주속 일정 제어 시 회전수

$$N = \frac{1000\,V}{\pi D}$$

N ; 회전수(rpm)   V ; 주속(m/min)   D ; 소재의 직경(mm)

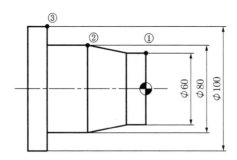

①에서의 회전수 $N = \dfrac{1000 \times 230}{3.14 \times 60} = 1220\,\text{rpm}$

②에서의 회전수 $N = \dfrac{1000 \times 230}{3.14 \times 80} = 915\,\text{rpm}$

③에서의 회전수 $N = \dfrac{1000 \times 230}{3.14 \times 100} = 732\,\text{rpm}$

식 $N = \dfrac{1000\,V}{\pi D}$에 의해 직경이 0에 가까워질수록 회전수는 기계의 최고 회전수까지 회전하게 된다. 따라서, 안전한 범위 내에서 회전할 수 있도록 회전수를 제한할 필요가 있다. 회전수 제한은 G50 블록에서 한다.

예] G50 S2000 ;　　⎫ S2000 ; 최고 회전속도는 2000rpm까지 허용
　　G96 S230 M03 ;　⎭ S230 ; 절삭속도 지정

2) 최대 회전수 설정 / 좌표계 설정(G50)

> G50 S__ ; (S의 단위 (rpm))

최대 회전수를 설정한다. G96 이전에 지령하여 사용하고 G97 지령에는 최대 회전수 설정을 사용하지 않아도 된다. G50은 최대 회전수 설정 이외에 좌표계를 설정하는 기능도 있다. 좌표계를 설정할 경우 최대 회전수와 동시에 지령 가능하다.

3) 주속 일정 제어 취소(G97)

> G97 S__ M03 ; (S의 단위 (rpm))

회전수를 일정하게 하는 코드로 주로 나사 가공과 드릴 가공에 사용하고 기계 전원이 투입되면 G97 상태이다.

7.3 공구 보정

7.3.1 공구 위치 보정

CNC 선반에서는 모양과 크기가 다른 다양한 종류의 공구를 공구대에 장착하여 공구를 바꿔가면서 사용함에 따라 공구날끝의 위치가 바뀌므로 X, Z 방향의 위치 차이를 보정해

주어야 한다. 이를 위해 그림 7.2처럼 기준공구와 다른 공구사이의 위치 차이를 측정해 공작기계 화면상의 공구 보정 메모리에 미리 저장해 둔다. 아래와 같은 지령 형식으로 공구를 선택하면 해당 공구 편차량을 읽어 프로그램 상의 공구경로에 대해 X, Z 편차량 만큼 보정한 공구경로가 생성된다.

지령형식 : T□□△△

(□□ : 공구 번호, △△ : 공구 보정 번호)

예] T0202(2번 공구, 보정번호 02 보정량 만큼 보정)

보정번호	X축 편차량	Z축 편차량
02	15.4782	0.0000
01	0.0000	0.0000

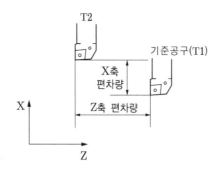

그림 7.2 T1 공구에 대한 T2 공구의 편차량

예] N1   U100. W200. T0303;

   N2   U20. W300. ;

   N3   U100. W100. T0300;

그림 7.3은 공구위치 보정경로를 나타낸다. 시작점(50,100)에 놓여있는 공구 3이 N1 블록을 실행할 때 보정번호 03에 들어 있는 위치편차량 만큼 보정된 경로를 따라

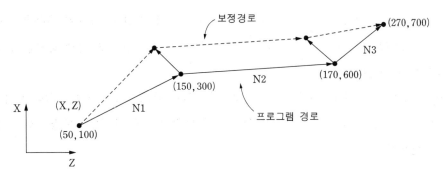

그림 7.3 공구위치 보정경로

공구가 이동하게 된다. N3블록 실행 때 T0300이 실행되면 공구보정이 취소되어 끝점 (270,270)으로 이동하게 된다.

7.3.2 공구 날끝 반경보정(G41, G42, G40)

일반적으로 선반용 공구의 날끝은 그림 7.4와 같이 약간 둥글게 날끝 반경(R)이 있으나 프로그램은 가상 날끝의 경로이므로 가공 오차가 발생한다.

X 또는 Z축에 평행하거나 직각인 경우에는 치수대로 가공이 가능하지만, 그림 7.5처럼 테이퍼 형상이나 원호 보간의 경우에는 공구 날끝의 반경으로 인해 공작물과 접촉하는 위치가 가상 날끝과 다른 위치에 놓이게 된다. 따라서 날끝 반경으로 인한 가공오차를 보정해 주지 않으면 과대절삭 또는 과소절삭이 발생한다.

날끝 반경 R에 의해 발생하는 오차량을 자동으로 보정하도록 하는 지령이 공구 날끝 보정이다. 공구날끝 반경 보정 지령은 다음과 같다.

G/40/G41/G42   G00/G01 X(U) ___ Z(W) ___;

G 코드	기 능	의 미
G40	날끝 반경 보정 취소	날끝 반경 보정을 취소
G41	날끝 반경 좌측 보정	공구진행 방향으로 볼 때 좌측 보정
G42	날끝 반경 우측 보정	공구진행 방향으로 볼 때 우측 보정

그림 7.4처럼 공작물의 좌측을 공구가 진행하는 경우는 G41을, 공구가 우측을 진행하는 경우는 G42를 이용한다. 공구 날끝 반경 보정 지령을 사용하면 실제 공구는 보정된 A′ 위치로 이동한다.

공구 날끝 반경 보정량은 가공 전에 측정해서 보정량 메모리에 저장해 두었다가 가공을 위해 해당 공구를 호출할 때, 그 공구의 날끝 보정량이 들어 있는 보정번호도 같이 호출해 사용한다.

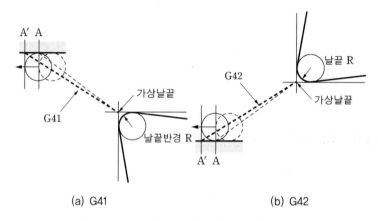

(a) G41   (b) G42

그림 7.4 공구 날끝 보정에서 공구의 이동 형태

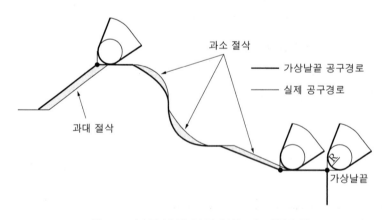

그림 7.5 날끝 반경 보정 없을 때 가공오차

공구 날끝 보정은 공구의 설치 방향에도 영향을 받는다. 공구의 설치 방향은 T 방향으로 지정한다.

보정번호	X축 편차	Z축 편차	날끝 R 보정량	T방향
01	15.4782	0.0000	0.8	3
02	0.0000	0.0000	0.4	2

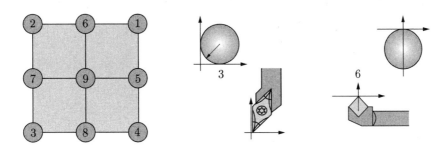

그림 7.6 공구의 설치방향 지정

7.4 나사 절삭

CNC 선반에서 가공 가능한 나사에는 그림 7.7과 같이 직선나사(straight thread), 테이퍼 나사(tapered thread), 스크롤 나사(scroll thread) 등이 있다. 나사가공은 주축 회전과 공구 이송 사이의 동기화(synchronization)에 의해 이루어지며, 주축에 부착된 인코더 신호로부터 주축 1회전 신호를 받아 항상 일정한 거리에서부터 나사가공을 시작하기 때문에 나사를 여러 번 나누어 조금씩 절삭해도 나사산이 찌그러지는 일은 없다.

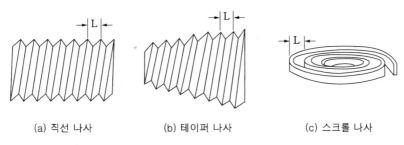

(a) 직선 나사   (b) 테이퍼 나사   (c) 스크롤 나사

그림 7.7 나사의 종류 (L : 나사 리드)

7.4.1 불완전 나사부

나사가공은 주축회전수 일정제어(G97)로 지령해야 하며 불안전 나사부와 매회 절입 깊이를 계산해 프로그램에 반영해야 한다. 나사 가공의 경우 그림 7.8에 보이는 것처럼 시작 부분과 끝나는 부분에 이송 구동계의 가감속으로 인해 불완전 나사부가 생기게 된다. 따라서 정확한 나사산을 얻기 위해서는 나사 가공 시작과 끝부분에 불완전 나사부 길이만큼 여유를 두고 프로그램해야 한다. 불완전 나사부의 길이는 아래 식을 이용하여 간단히 구할 수 있다.

$$\text{나사 시작 불완전 거리(가속 부분)} : \delta_1 = 3.6 \times \frac{L \times N}{1800}$$

$$\text{나사 종료 불완전 거리(감속 부분)} : \delta_2 = \frac{L \times N}{1800}$$

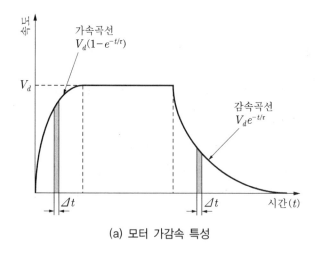

(a) 모터 가감속 특성

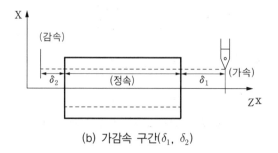

(b) 가감속 구간(δ_1, δ_2)

그림 7.8 모터 가감속에 의한 불완전 나사부

여기서, L은 나사 리드, N은 주축 회전수(rpm)를 나타낸다. 위 식을 이용해서 불완전 나사부를 구할 수 있지만 일반적으로 δ_1, δ_2를 나사 리드만큼 주면 무난하다.

예] 나사 리드가 1mm, 주축 회전수 350rpm인 나사가공에서 불완전 나사부 길이는?

$$\delta_2 = \frac{L \times N}{1800} = \frac{1 \times 350}{1800} = 0.194\text{mm}$$

$$\delta_1 = 3.6 \times \frac{L \times N}{1800} = 3.6 \times \frac{1 \times 350}{1800} = 0.7\text{mm}$$

7.4.2 절입 깊이

나사 가공에서 주의해야 할 점은 공구 날끝에 걸리는 과도한 가공 부하로 인해 생기는 공구 파손 문제이다. 일반적으로 나사를 1회에 가공 완료하는 것은 불가능하기 때문에 여러 번으로 나누어 절삭하게 되는데, 이때 패스당 절입 깊이(infeed per pass)를 매회 일정하게 두고 가공할 경우 가공패스가 진행될수록 절삭량이 커지기 때문에 문제가 발생할 수 있다. 보통의 나사가공은 패스당 제거되는 절삭량이 일정하게 되도록 패스당 절입 깊이를 조금씩 줄여 가면서 가공한다.

패스당 절입깊이는 표 7.1과 같은 나사가공 절입깊이 표를 이용하거나 그림 7.8처럼 매회 절삭면적이 일정하게 되도록 계산 식을 이용하여 구할 수 있다. 절삭해야 할 전체 면적 S를 N패스 동안 모두 깎는다고 하면 각 패스 당 $\dfrac{S}{N}$씩 절삭하게 된다.

$$\text{절삭해야 할 전체 면적(S) : } \quad S = \frac{1}{2}H^2 \cdot \tan 30°$$

$$\text{i번째까지 전체 절삭면적 : } \quad S_i = \frac{1}{2}h_i^2 \cdot \tan 30° = \frac{i}{N} \cdot S$$

위 식으로부터 i번째 절삭 깊이는 $h_i = \sqrt{\dfrac{i}{N}} \cdot H$가 된다. 따라서 각 패스당 절입깊이는 아래와 같이 계산된다.

$$\text{첫 번째 절입깊이 } d_1 = h_1 = \sqrt{\frac{1}{N}} \cdot H$$

두 번째 절입깊이 $\quad d_2 = h_2 - h_1 = \dfrac{\sqrt{2}-1}{\sqrt{N}} \cdot H$

i번째 절입깊이 $\quad d_i = h_i - h_{i-1} = \dfrac{\sqrt{i} - \sqrt{i-1}}{\sqrt{N}} \cdot H$

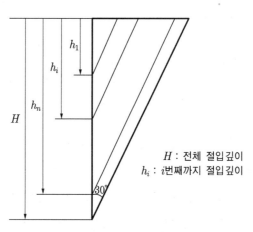

H : 전체 절입깊이
h_i : i번째까지 절입깊이

그림 7.9 절삭면적 일정 절입깊이 계산

공구의 형상, 공작물의 재질 등에 따라 이론적 절입깊이를 조금씩 조정할 수 있다.

표 7.1 나사가공 절입깊이

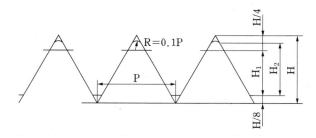

피치	P	1.00	1.25	1.50	1.75	2.00	2.50	3.00	3.50	4.00
절삭깊이	H_2	0.60	0.74	0.89	1.05	1.19	1.49	1.79	2.08	2.38
날끝반경	R	0.10	0.13	0.15	0.18	0.20	0.25	0.30	0.35	0.45
절삭 횟수	1	0.25	0.35	0.35	0.35	0.35	0.40	0.40	0.40	0.40
	2	0.20	0.19	0.20	0.25	0.25	0.30	0.35	0.35	0.35
	3	0.10	0.10	0.14	0.15	0.19	0.22	0.27	0.30	0.30
	4	0.05	0.05	0.10	0.10	0.12	0.20	0.20	0.25	0.25
	5		0.05	0.05	0.10	0.10	0.15	0.20	0.20	0.25
	6			0.05	0.05	0.08	0.10	0.13	0.14	0.20
	7				0.05	0.05	0.05	0.10	0.10	0.15
	8					0.05	0.05	0.05	0.10	0.14
	9						0.02	0.05	0.10	0.10
	10							0.02	0.05	0.10
	11							0.02	0.05	0.05
	12								0.02	0.05
	13								0.02	0.02
	14									0.02
	15									

(단, S45C를 초경 바이트로 나사 가공하는 경우)

7.4.3 나사가공 G 코드

나사 가공은 단순 나사가공 지령인 G32, G34와 고정 사이클 지령인 G76, G92을
이용하여 수행한다.

G코드	지령 의미	형식
G32 G34	나사절삭 지령	G32 X(U) __ Z(W) __ F __ ; G34 X(U) __ Z(W) __ F __ K __ ;
G92	단일형 나사절삭 사이클	G92 X(U) __ Z(W) __ I __ F __ ;
G76	복합형 나사절삭 사이클	G76 X(U) __ Z(W) __ I __ K __ D __ F __ A __ P __ ;

단순 나사가공 지령인 G32, G34를 이용하여 직선 나사, 테이퍼 나사, 가변 리드 나사도 가공할 수 있다.

G32 X(U) __ Z(W) __ F __;

G34 X(U) __ Z(W) __ F __ K __;

X(U), Z(W) : 나사가공 종점의 X, Z축 좌표값(증분량)
F : 이송속도(나사의 리드 지정)
K : 나사 1회전당 리드 증가량

예] M40 × pitch 1.5인 나사 절삭 프로그램을 작성하라.

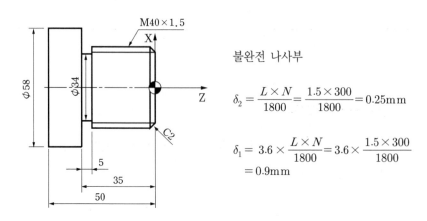

불완전 나사부

$$\delta_2 = \frac{L \times N}{1800} = \frac{1.5 \times 300}{1800} = 0.25 \text{mm}$$

$$\delta_1 = 3.6 \times \frac{L \times N}{1800} = 3.6 \times \frac{1.5 \times 300}{1800}$$
$$= 0.9 \text{mm}$$

그림 7.10 나사절삭 사이클(직선나사)

프로그램

```
G00 X150. Z100. T0300 ;
G97 S300 M03;
G00 X39.3 Z1.5 T0303;
G32 Z-31.5 F1.5;
G00 X42.;
    Z1.5;
    X38.9;
G32 Z-31.5 F1.5
G00 X42.;
    Z1.5;
    X38.42;
G32 Z-31.5 F1.5;
G00 X42.;
    Z1.5;
    X38.62;
G32 Z-31.5 F1.5
G00 X42.;
    Z1.5;
    X38.42;
G32 Z-31.5 F1.5;
G00 X42.;
    Z1.5;
    X38.32;
G32 Z-31.5 F1.5
G00 X42.;
    Z1.5;
    X38.22;
G32 Z-31.5 F1.5;
G00 X42.
G00 X150. Z100. T0300;
    M05;
    M02;
```

횟수	절입량	
	직경치수	반경치수
1	0.7	0.35
2	0.4	0.2
3	0.28	0.14
4	0.2	0.1
5	0.1	0.05
6	0.1	0.05
합계	1.78	0.89

G32를 사용한 나사 가공은 공구 이동 하나 하나를 모두 지령해야 하기 때문에 블록수가 많아지는 단점이 있다. 이 경우 다음 절에서 익히게 될 G92, G76과 같은 고정 사이클을 사용하면 편리하다.

7.5 사이클 가공

나사 가공이나 황삭 가공, 홈 가공과 같이 순차적으로 반복 절삭을 해야 하는 가공의 경우 사이클 가공 기능을 이용하면 프로그램을 간단히 작성할 수 있다. 대부분의 CNC 선반은 내·외경 및 단면 가공 사이클과 내·외경 나사 가공 사이클 같은 고정사이클 기능을 가지고 있다.

사이클 기능은 하나의 블록으로 지령한 뒤 변경된 치수만 반복하여 지령하는 단일형 고정사이클과 한 개의 블록으로 모든 동작을 지령하는 복합형 고정사이클로 구분된다. 복합형 고정사이클을 사용하면 단일형 고정사이클을 사용하는 것보다 프로그래밍을 더 간단히 할 수 있다.

7.5.1 단일형 고정사이클(G90, G92, G94)

단일형 고정사이클의 종류에는 내·외경 절삭 사이클(G90), 나사절삭 사이클(G92), 단면 절삭 사이클(G94)이 있다.

1) 내·외경 절삭 사이클(G90)

내·외경 절삭 사이클은 공작물 내·외경에 단차 및 테이퍼 가공을 위한 황삭 사이클이다. 그림 7.11은 G90 지령 때 공구의 운동 경로(A→B→C→D→A)를 나타낸다. G90은 모달 지령이기 때문에 계속해서 지령할 경우는 G90을 생략할 수 있다. 테이퍼 가공일 때 테이퍼량은 그림 7.12처럼 가공 시작점이 종점보다 직경이 작으면 (−)부호, 크면 (+)부호를 갖는다.

> G90 X(U) __ Z(W) __ I(R) __ F __ ; (테이퍼 없을 때 I(R) 삭제)

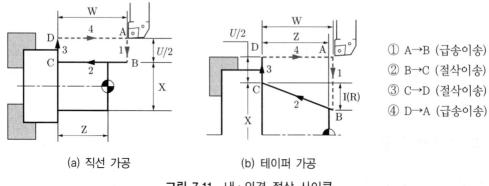

(a) 직선 가공   (b) 테이퍼 가공

① A→B (급송이송)
② B→C (절삭이송)
③ C→D (절삭이송)
④ D→A (급송이송)

그림 7.11 내·외경 절삭 사이클

X(U), Z(W) : 가공 종점의 X, Z축 좌표값(증분량)

I(R) : 테이퍼량(가공 종점과 시작점의 반경차)

F : 이송속도

예] 외경 절삭사이클 프로그램

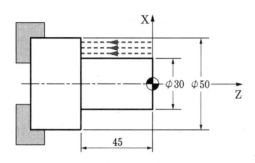

그림 7.12 외경 절삭사이클 가공 예

```
O1234 ;
G28 U0.W0. ;
G50 X200. Z100. S2000 T0100 ;
G96 S180 M03 ;
G00 X52. Z2. T0101 M08 ;   가공 시작점
G90 X45. Z-45. F0.25;      고정사이클 1회
    X40. ;                         2회
    X35. ;                         3회
    X30. ;                         4회
G00 X200. Z100. T0100 M09 ;
M05 ;
M02;
```

예] 외경 테이퍼 절삭 프로그램

소재와 공구의 충돌을 피하기 위해 Z축 +3mm에서부터 공구가 가공을 시작하기 때문에 테이퍼량 I는 16:80=x:83으로부터 I-8.3이 된다.

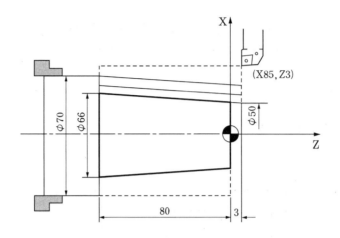

```
G00 X85. Z3.;  가공 시작점
G90 X76. Z-80. I-8.3 F0.2;  고정사이클  1회
    X71.;                        2회
    X66.;                        3회
```

그림 7.13 내·외경 절삭 사이클 가공 예

2) 단면 절삭 사이클(G94)

단면 절삭 사이클은 단면 가공에 주로 사용하며 특히 지름이 크고 길이가 짧은 공작물의 단면 가공에 효과적이다. G94는 그림 7.14에서 보는 바와 같이 G90 지령과 공구경로가 매우 다르다. G90은 X축 방향을 먼저 급속이송하지만 G94는 Z축 방향으로 먼저 급속이송하는 것이 다른 점이다. G90과 마찬가지로 G94도 모달 지령으로 계속해서 지령하는 경우 G94를 생략할 수 있다.

> G94 X(U) __ Z(W) __ K __ F __ ; (테이퍼 없을 때 K 삭제)

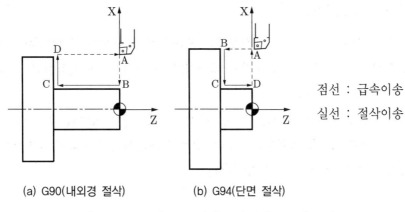

점선 : 급속이송
실선 : 절삭이송

(a) G90(내외경 절삭)　　(b) G94(단면 절삭)

그림 7.14 G90과 G94 사이클 가공의 공구경로 비교

X(U), Z(W) : 가공 종점의 X, Z축 좌표값(증분량)
K : 테이퍼량(가공 종점과 시작점의 Z축 좌표값의 차)
F : 이송속도

예] 단면 절삭 사이클 프로그램(절입 깊이 3mm)

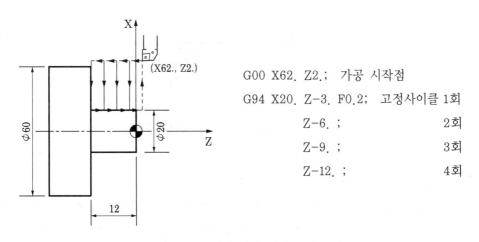

G00 X62. Z2.;　 가공 시작점
G94 X20. Z-3. F0.2;　고정사이클 1회
　　　　Z-6. ;　　　　　　　2회
　　　　Z-9. ;　　　　　　　3회
　　　　Z-12. ;　　　　　　 4회

그림 7.15 단면 절삭 사이클 가공 예

3) 나사절삭 사이클(G92)

G92는 그림 7.16처럼 자동으로 일정깊이를 절입하여(①) 나사를 절삭한 후(②) 이탈하고(③) 복귀하는(④) 과정에 의해 공작물 내·외경면에 나사를 1회 절삭한다. 이중 과정 ②가 G32 지령에 해당한다.

G92 기능은 모달 기능이기 때문에 계속해서 지령할 경우 생략할 수 있다. 나사의 모따기 유무는 M76/M77로 지령되며 M76이 모따기 ON, M77이 모따기 OFF이다. 아무 것도 지정되지 않은 경우 M77이 유효하다.

$$G92 \quad X(U) \_\_ \quad Z(W) \_\_ \quad R \_\_ \quad F \_\_ ;$$

X(U), Z(W) : 나사가공 종점의 X, Z축 좌표값(증분량)
F : 이송속도(나사의 리드), R : 테이퍼량

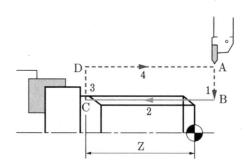

그림 7.16 단일형 나사절삭 사이클(G92)

예] 나사 절삭 프로그램(나사 리드 : 4mm)

$\delta_1 = 3mm$, $\delta_2 = 1.5mm$로 두고 절입 깊이 1mm로 2회 절입하여 총 나사 리드가 4mm인 나사를 가공하는 프로그램을 G32와 G92를 이용하여 작성하라.

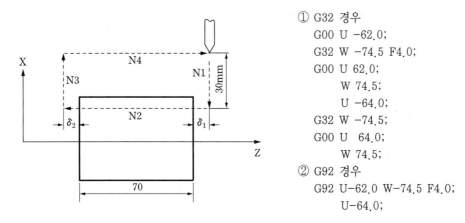

① G32 경우
 G00 U −62.0;
 G32 W −74.5 F4.0;
 G00 U 62.0;
   W 74.5;
   U −64.0;
 G32 W −74.5;
 G00 U 64.0;
   W 74.5;
② G92 경우
 G92 U−62.0 W−74.5 F4.0;
   U−64.0;

그림 7.17 나사 절삭(G32와 G92의 비교)

예] 나사절삭 사이클 프로그램

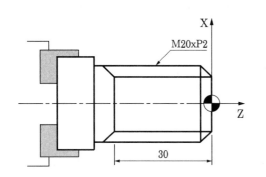

$\delta_1 = 2\,mm$, $\delta_2 = 2\,mm$로 두고
M20xP2인 나사를 가공하는
프로그램을 G92를 이용하여
작성하라.(표 7.1 참조)

N01	G00 X24. Z2. ;
N02	G92 X19.3 Z−32. F2. ;
N03	X18.8 ;
N04	X18.42 ;
N05	X18.18 ;
N06	X17.98 ;
N07	X17.82 ;
N08	X17.72 ;
N09	X17.62 ;
N10	G00 X100. Z50. T0500;
N11	M09 ;

절입 횟수	반경값	직경값	절입위치
1	0.35	0.70	19.30
2	0.25	0.50	18.80
3	0.19	0.38	18.42
4	0.12	0.24	18.18
5	0.10	0.20	17.98
6	0.08	0.16	17.82
7	0.05	0.10	17.72
8	0.05	0.10	17.62
합계	1.19	2.38	17.62

그림 7.18 나사 절삭(G92 이용)

7.5.2 복합형 고정사이클(G70~G76)

표 7.2는 CNC 선반에 사용되는 복합형 고정사이클을 나타낸다.

표 7.2 CNC 선반용 복합형 고정사이클의 종류

G 코드	종 류	특 징	
G70	정삭 가공 사이클	–	–
G71	내·외경 황삭 사이클	G70으로 정삭가공 가능	자동 모드에서 실행 가능
G72	단면 황삭 사이클		
G73	모방 절삭 사이클		
G74	단면 홈 사이클	G70으로 정삭가공 불가	자동, 반자동 모드에서 모두 실행 가능
G75	내·외경 홈 가공 사이클		
G76	자동 나사 가공 사이클		

1) 복합형 내·외경 절삭 사이클(G71)

복합형 내·외경 절삭 사이클은 공작물의 최종 윤곽을 지정해 주면 이 최종 윤곽을 따라 정삭 여유를 남기고 가공 하는 고정 사이클로 최종 윤곽을 지령하면 황삭 공구 경로가 자동적으로 설정된다.

공구가 지령된 깊이만큼 급속 이송하고 수평 방향으로 절삭한 뒤, 45° 각도로 공구를 e만큼 도피한 상태에서 급속 복귀하는 과정을 반복 실행한다.

```
G71  U(⊿d)  R(e);
G71  P(ns)  Q(nf)  U(⊿u)  W(⊿w)  F(f1)  S(s)  T(t);
```

⊿d : 1회 절입량(±, 반경값), 소수점으로 표기하지 않음

    (예:U1500 → 0.15mm)

e : 공구 도피량

ns : 최종 형상의 첫 번째 문장 번호

nf : 최종 형상의 마지막 문장 번호

⊿u : X축 방향 정삭 여유량 (±, 직경값)

⊿w : Z축 방향 정삭 여유량

f1, s, t : 황삭 가공의 이송속도, 주축회전수, 공구 (황삭 가공에만 적용. P와
  Q사이의 데이터는 무시되고 G71블록에서 지령한 데이터가 유효)

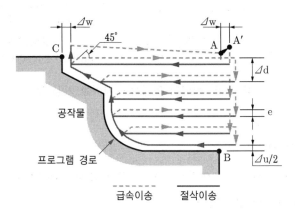

그림 7.19 내 · 외경 황삭 사이클 공구경로

2) 복합형 정삭 사이클(G70)

G71로 황삭 가공한 후 남겨진 정삭 여유량을 가공하여 지령된 최종 치수로 정삭하는
고정사이클이다.

G70 P(ns) Q(nf) F(f2);

ns : 최종 형상의 첫 번째 블록 번호

nf : 정삭 형상의 마지막 블록 번호

f2 : 정삭 이송속도

예] 복합형 외경 절삭 사이클 프로그램

도면에서 1회 절입량을 2mm, X/Y축 방향 정삭 여유량을 0.2mm/0.3mm로 하여
외경을 황삭하고 정삭까지 가공하는 프로그램을 작성하라. 황삭 이송속도는
0.3mm/rev, 정삭 이송속도는 0.15mm/rev이다.

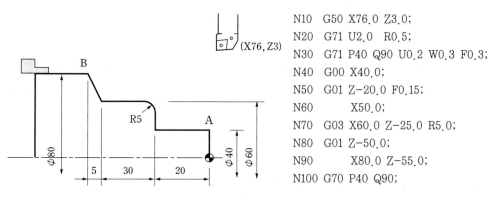

다음은 그림에 대한 프로그램이다.

N10 G50 X76.0 Z3.0;
N20 G71 U2.0 R0.5;
N30 G71 P40 Q90 U0.2 W0.3 F0.3;
N40 G00 X40.0;
N50 G01 Z-20.0 F0.15;
N60 　　　X50.0;
N70 G03 X60.0 Z-25.0 R5.0;
N80 G01 Z-50.0;
N90 　　　X80.0 Z-55.0;
N100 G70 P40 Q90;

그림 7.20 복합형 외경절삭 사이클 가공 예

3) 단면 황삭 사이클(G72)

단면 황삭 사이클(G72)은 소재 제거가 주로 단면 가공에 의해 이루어지는 점을 제외하고는 모든 면에서 G71과 유사하다.

〈지령방법〉

G72 W($\varDelta$d) R(e) ;

G72 P(ns) Q(nf) U($\varDelta$u) W($\varDelta$w) F(fl) ;

$\varDelta$d : 1회 절입량

 e : 공구 도피량

ns : 최종 형상의 첫 번째 블록 번호

nf : 최종 형상의 마지막 블록 번호

$\varDelta$u : X축 방향의 정삭여유(직경값)

$\varDelta$w : Z축 방향의 정삭여유

 fl : 이송 속도

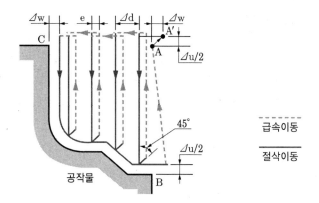

그림 7.21 단면 황삭 사이클 공구경로

예] 예제 프로그램

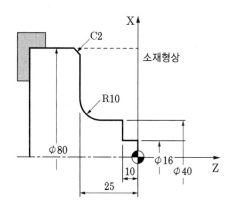

N10 G28 U0. W0. ;
N11 G50 100. Z150. S1800 T0100 ;
N12 G96 S150 M03 ;
N13 G00 X82. Z2. T0101 M08 ;   고정사이클의 초기점(시작점)
N14 G72 W1.5 R0.5 :
N15 G72 P16 Q23 U0.2 W0.1 F0.25 ;   N15~N23 고정사이클 지령
N16 G00 Z-27. ;
N17 G01 X80. ;
N18 X76. Z-25. ;   자동모서리 R 지령
N19 X40. R10. ;
N21 Z-10. ;
N22 X16. ;
N23 Z0. ;
N24 G00 X100. Z150. T0100 M08 ;
N25 M05 ;
N26 M02 ;

R지령을 하지 않을 경우
N19   X50. ;
N20 G02 X40. Z-15. R10. ;
N21 G01 Z-10. ;

그림 7.22 단면 황삭 사이클 예

4) 복합형 나사절삭 사이클(G76)

복합형 나사 절삭 사이클은 나사절삭 2회 이상의 절입량이 자동적으로 계산되기 때문에 단일형 나사 절삭 사이클 G92 지령처럼 1회마다 절입량을 지정할 필요가 없다. 따라서 한 개의 블록으로 나사 절삭을 지령할 수 있으므로 매우 편리하다.

$$G76 \quad X(U) \_ \quad Z(W) \_ \quad I \_ K \_ \quad D \_ F \_ \quad A \_ P \_ ;$$

X(U), Z(W) : 나사가공 종점의 X, Z축 좌표값(증분량)

I : 나사 시작점과 끝점과의 거리(반경 지령),

    I=0이면 평행(straight) 나사

K : 나사산의 높이(반경 지령)

D : 첫 번째 절입깊이(반경 지령)

F : 나사의 리드

A : 나사의 각도

P : 절입방법 지정(지정하지 않으면 절삭량 일정으로 한쪽날 가공)

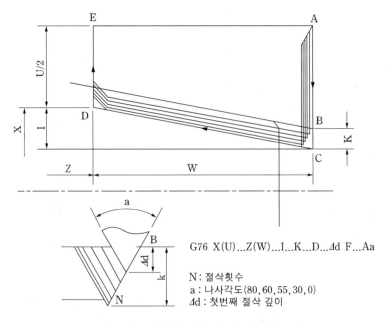

G76 X(U)...Z(W)...I..K...D...⊿d F...Aa

N : 절삭횟수
a : 나사각도(80, 60, 55, 30, 0)
⊿d : 첫번째 절삭 깊이

그림 7.23 복합형 나사 절삭 사이클(G76)

예] 예제 프로그램

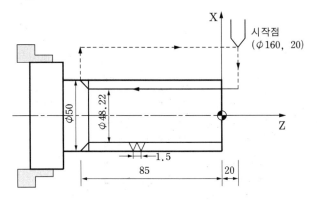

```
G50 X200.0  Z250.0;
    T0200;
G97 S800 M03;
G00 X160.0 Z20.0 T0202;
    M08;
G76 X48.22 Z-85.0 K0.89 D0.35 F1.5 A60;
G00 X200.0 Z250.0 T0200;
    M01;
```

그림 7.24 복합형 나사 절삭 사이클 예

7.6 선반 가공 예

그림 7.25는 CNC 선반에서 표 7.3의 가공조건으로 가공할 부품의 형상과 공구궤적을 나타낸다. 가공은 8번의 황삭과 1번의 정삭가공으로 이루어져 있으며 공구위치 보정값, 공구 날끝 반경값은 해당 공구의 보정번호에 들어 있다. 표 7.4는 기계원점에서 시작해서 황삭, 정삭을 거쳐 끝나는 공구동작 순서에 따라 작성한 CNC 프로그램이다.

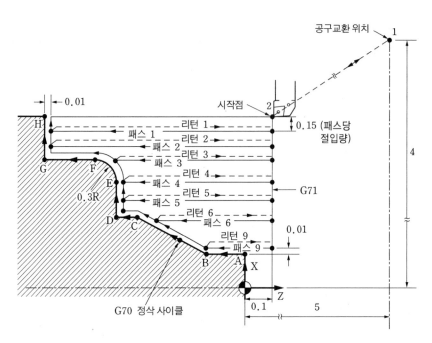

그림 7.25 부품형상 정보의 공구 궤적(X는 직경값)

위치	X(in.)	Z(in.)	위치	X(in.)	Z(in.)
2	4.5	0.1	E	3.1	−2.9
A	1.8	0	F	3.7	−3.2
B	1.8	−0.9	G	3.7	−3.8
C	2.6	−2.6	H	4.5	−3.8
D	2.6	−2.9			

표 7.3 절삭 조건(선삭)

공구번호	작업	공구	절삭속도(fpm)	이송속도(ipr)
1	황삭	황삭 바이트	300	0.01
2	정삭	정삭 바이트	800	0.006

* fpm(feet per minute), ipr(inch per revolution)

표 7.4 선삭가공 시편의 CNC 프로그램

NC 코드	의미
%	
O0171	프로그램 번호
N0010 (X0 IS ON THE SPINDLE CENTERLINE)	설명문
N0020 (Z0 IS THE BLANK FACE)	
N0030 (TOOLING LIST)	
N0040 (TOOL 1 : 0.03125 TNR ROUGHING TOOL)	
N0050 (TOOL 2 : 0.0625 TNR FINISHING TOOL)	
N0060 G90 G20	inch 단위
N0070 G50 X8.0 Z5.0	공작물 좌표계 설정①
N0080 T0100	1번 공구로 교환, 공구 옵셋 취소
N0090 G00 M42	중속 기어로 이동
N0100 G96 S300 M03	300fpm 시계 방향 주축 회전
N0110 (TOOL1 :ROUGH TURN CONTOUR)	
N0120 G42 X4.5 Z 0.1 T0101 M08	공구 우측보정, ②로 급속이송, 공구 옵셋, 절삭유 ON
N0130 G71 U1500	패스당 0.15″씩 절삭하는 황삭 가공 사이클 시작
N0140 G71 P0150 Q0220 U0.02 W0.01 F0.01	0150−0220 블록에서 황삭 가공 윤곽 정의, X축과 Z축을 따라 0.01″의 남김, 이송속도 0.01ipr
N0150 G00 X1.8 S700	윤곽 경로상의 Ⓐ 점
N0160 G01 Z−0.9 F0.006	윤곽 경로상의 Ⓑ 점
N0170 X2.6 Z−2.6	윤곽 경로상의 Ⓒ 점
N0180 Z−2.9	윤곽 경로상의 Ⓓ 점
N0190 X3.1	윤곽 경로상의 Ⓔ 점
N0200 G03 X3.7 Z−3.2 R0.3	Ⓕ점에서 0.3R 원호 가공
N0210 G01 Z−3.8	윤곽 경로상의 Ⓖ 점
N0220 X4.5	윤곽 경로상의 Ⓗ 점
N0230 G00 G40 X8.0 Z5.0 T0100 M09	공구교환점 ①로 복귀, 공구 옵셋 취소, 절삭유 OFF

표 7.4 계속

NC 코드	의미
N0240 M05	주축 정지
N0250(TOOL 2 : FINISH CONTOUR)	
N0260 T0200	공구2로 교환, 옵셋 취소
N0270 G00 M43	고속기어로 이동
N0280 G96 S800 M03	800fpm 시계 방향 주축 회전
N0290 G42 X4.5 Z0.1 T0202 M08	②로 급속이송, 공구 우측 보정, 공구 옵셋 설정, 절삭유 ON
N0300 G70 P0150 Q0220	0150–0220 블록에서 정삭 가공 윤곽 정의, 0.006 ipr과 700fpm에서 가공
N0310 G00 G40 X8.0 Z5.0 T0200 M09	공구교환점 ①로 복귀, 공구 옵셋 취소, 절삭유 OFF
N0320 M05	주축정지
N0330 M30	프로그램 끝, 프로그램 시작위치로 복귀
%	

1. 그림 1 형상의 부품을 CNC 선반에서 가공하고자 한다. 그림 2는 작업개시 직전의
   공작물과 공구의 설치 모습이다. 부품가공을 위한 수동 프로그램을 가공공정별로
   작성하라. 그림 3에 외경 황삭 공구경로를 표시하라.(절삭이송은 실선, 급속이송은
   점선으로 표시할 것)
   1) 공정 순서 : 외경 황삭 가공 → 외경 정삭 가공 → 홈 가공 → 나사 가공
   2) 절삭 조건

공 정	공 구	절삭속도(m/min)	이송속도(mm/rev)	절삭깊이(mm)
외경 황삭 가공	T01	140	0.35	3.0
외경 정삭 가공	T02	180	0.15	0.15
홈 가공	T03	150	0.1	
나사 가공	T04	190	2.0	0.35 ~ 0.03

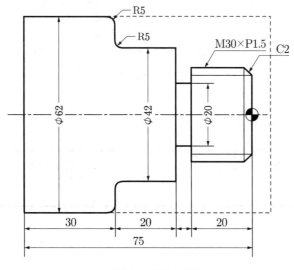

그림 1 제품 도면

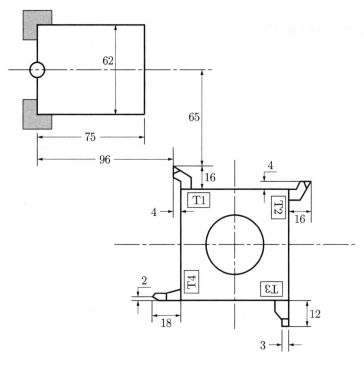

그림 2 공작물과 공구설치도

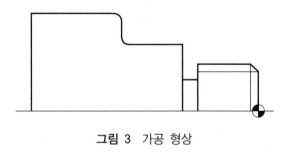

그림 3 가공 형상

3) 프로그램 작성 형식

NC 프로그램	의 미(간단하게 적을 것)
⋮	⋮

2. 아래 절삭 조건을 보고 CNC 선반가공용 프로그램을 다음과 같이 프로그램하라.

　1) 원호보간 기능 사용(R 지령 원호가공 및 I, K 지령 원호가공을 각각 프로그램하라.)

　2) 자동 코너 R 기능 사용

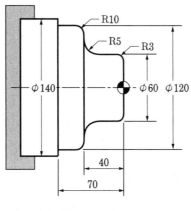

그림 4　가공 도면

3. 다음 도면을 보고 G01 기능과 G90 사이클을 사용하여 각각 프로그램하라.

　(단, 절삭속도 120m/min, 이송속도 0.2mm/rev, 1회 절입량은 4mm이다.)

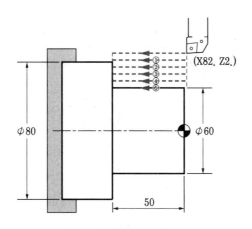

그림 5　공작물 및 공구경로

8장 머시닝 센터 프로그래밍

8.1 좌표계 설정

8.1.1 평면 지정(G17, G18, G19)

G17~G19는 가공 평면을 지정하는 지령으로 3차원 가공뿐 아니라, 동시 2축을 동작시키는 원호 보간이나 공구경 보정 등을 선택할 때 사용한다. G17은 XY 면, G18은 ZX 면 그리고 G19는 YZ 면 지정을 나타낸다. 평면지정은 원호 보간에는 영향을 미치나 직선 보간에는 영향을 미치지 않는다.

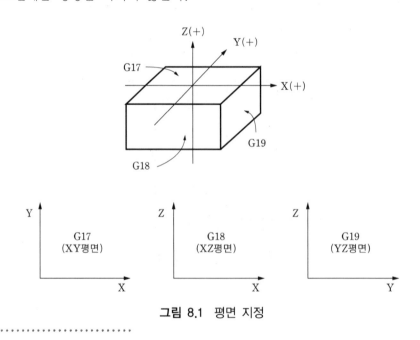

그림 8.1 평면 지정

....

[유튜브 참고 동영상]

CNC Programming - G54 through G59 - Work Coordinate Systems(4:29)

8.1.2 공작물 좌표계 설정(G92)

공작물 좌표계는 공작물의 가공 기준점을 프로그램 원점으로 하므로 프로그램 원점에서 현재 공구까지의 상대 위치를 G92 코드의 좌표값에 설정하면 된다. G92는 프로그램의 선두에 위치한다.

$$G92 \quad X\_\_\_ \quad Y\_\_Z\_\_ \quad ;$$

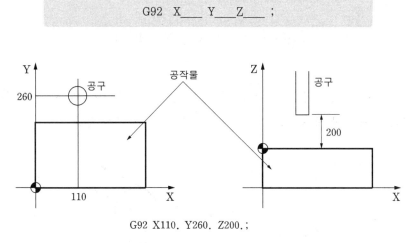

G92 X110. Y260. Z200. ;

그림 8.2 공작물 좌표계 설정(G92)

8.2 공구보정

일반적으로 CNC 프로그래밍할 때 각 공구의 직경이나 길이 차이를 고려하지 않고 공구 중심점이 가공경로를 따라 이동하는 것으로 생각하고 프로그램을 작성한다. 하지만 실제 가공 때는 직경과 길이가 서로 다른 여러 개의 공구를 사용하기 때문에 이 차이를 반영해야 하는데, 사용공구의 반경과 길이를 일일이 고려해 해당 프로그램을 새로 작성하는 것은 너무 번거롭다.

이런 불편을 없애기 위해 작업 전에 각 공구마다 직경과 길이를 미리 측정해 기준 공구에 대한 편차량(offset)을 저장해 두었다가 해당 공구로 가공할 때마다 편차량을 호출해 공구위치를 보정하도록 한 것이 공구보정이다. 머시닝 센터에서의 공구보정 기능에는 공구경 보정과 공구길이 보정이 있다.

8.2.1 공구경 보정(G40, G41, G42)

프로그램 경로를 기준으로 공구의 중심이 가공면의 왼쪽을 통과하는 공구경 보정은 G41, 가공면의 오른쪽을 통과하면 G42이다. G40은 공구경 보정을 취소하는 지령이다. 보정 번호는 01-99이고, 보정량은 해당 보정 레지스터에 MDI(Manual Data Input)로 미리 입력시켜 두어야 한다.

> G41(G42)   G01 X _ Y_ D _;

G41(G42) : 공구경 좌측(우측)보정,   X, Y : 이송 종점의 X, Y축 좌표값
G40 : 공구경 보정 취소,   D : 공구 보정 번호

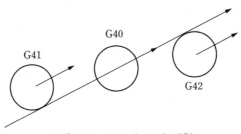

그림 8.3 공구경 보정 방향

예] 공구경 보정 프로그램

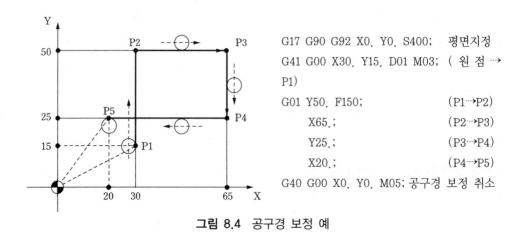

```
G17 G90 G92 X0. Y0. S400;    평면지정
G41 G00 X30. Y15. D01 M03;  ( 원 점 →
P1)
G01 Y50. F150;                (P1→P2)
    X65.;                      (P2→P3)
    Y25.;                      (P3→P4)
    X20.;                      (P4→P5)
G40 G00 X0. Y0. M05; 공구경 보정 취소
```

그림 8.4 공구경 보정 예

8.2.2 공구길이 보정(G43, G44, G49)

공구길이 보정은 Z축 이송이 있을 때 기준 공구에 대한 해당 공구의 길이 차이만큼 보정하는 데 사용한다. G43은 수직형 공작기계의 경우 공작물 표면으로부터 멀어지는 방향(또는 윗쪽 방향)으로 보정하는 것이고, G44는 공작물 쪽(또는 아래 방향)으로 보정하는 것을 말한다. G49는 공구길이 보정을 취소하는 지령이다.

보정 번호는 00~99이고, 보정량은 해당 보정 레지스터에 MDI로 미리 입력시켜 두어야 한다.

$$G43(G44) \quad Z \_\_ H \_\_;$$

G43(G44) : 공구길이+(−) 보정   Z : 이송 종점의 Z축 좌표값

G49 : 공구길이 보정 취소   H : 공구 보정 번호

프로그램	지령된 Z값	보정값(H값)	실제의 Z값
G43 Z100.0 H01	100	10.834	100 + 10.834 = 110.834
G44 Z100.0 H01	100	−10.834	100 − (−10.834) = 110.834
G43 Z100.0 H02	100	−5.223	100 − 5.223 = 94.777
G44 Z100.0 H02	100	5.223	100 − 5.223 = 94.777

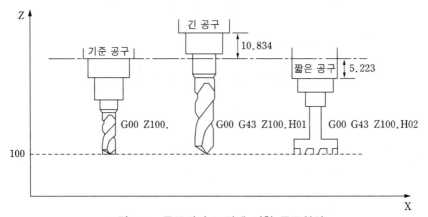

그림 8.5 공구길이 보정에 의한 공구위치

8.3 고정 사이클 가공

구멍 가공, 보링 가공, 탭 가공과 같이 여러 개의 NC 블록에 의해 반복적으로 이루어지는 가공의 경우, 사이클(cycle) 기능을 이용하면 프로그램을 간단히 할 수 있어 편리하다. 일반적으로 고정 사이클은 그림 8.6처럼 5개의 동작 －① 위치결정 ② R점까지 급속이송 ③ 절삭이송 ④ 종점 동작 ⑤ R점 또는 초기점까지 급속이송－ 으로 구성된다.

시작점은 가공할 구멍의 위치결정점, R점은 시작점에서 급속이송으로 공작물에 접근하는 점으로 각각 구멍가공의 개시 위치와 복귀점을 나타낸다. 가공 후 공구 위치 복귀 지령은 복귀점의 위치에 따라 그림 8.7처럼 초기점 복귀(G98)와 R점 복귀(G99)로 구분된다. 그림 8.8은 고정 사이클 지령 형식을 나타낸다. 그림 8.9는 일반 가공과 고정 사이클 가공 프로그램을 비교한 것이다.

사이클 가공의 종류는 드릴링 사이클, 태핑(tapping) 사이클, 보링(boring) 사이클 등으로 나눌 수 있으며 특징과 공구 동작을 정리하면 표 8.1, 그림 8.10과 같다. 고정 사이클 취소는 G80이다.

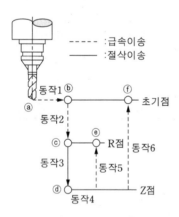

동작1(ⓐ→ⓑ) : X, Y 구멍위치로 급속이송
동작2(ⓑ→ⓒ) : R점까지 급속이송
동작3(ⓒ→ⓓ) : 구멍가공
동작4(ⓓ) : 구멍바닥에서 일시정지
동작5(ⓓ→ⓔ) : R점(초기점)까지 급속이송

그림 8.6 고정 사이클 가공의 동작

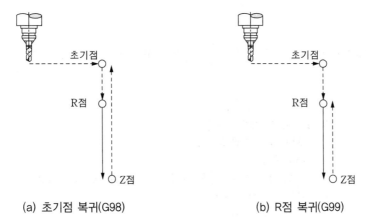

(a) 초기점 복귀(G98)　　　　　　　(b) R점 복귀(G99)

그림 8.7 복귀점 위치 지령

표 8.1 고정 사이클의 종류

G코드	고정 사이클 이름	특　징
G73	고속 peck 드릴링 사이클	깊은 구멍 간헐절삭(미소량 후퇴), 급송이송 복귀
G74	역태핑 사이클	역회전 나사 가공, 바닥에서 일시정지, 정회전 복귀 (역나사 가공)
G76	정밀 보링 사이클	바닥에서 가공면 반대로 공구 후퇴, 급송이송 복귀
G81	드릴링 사이클, spot 보링	구멍 가공, 급송이송 복귀
G82	드릴링 사이클, 카운터 보링	바닥에서 일시정지, 급송이송 복귀
G83	peck 드릴링 사이클	깊은 구멍 간헐절삭(R점 후퇴), 급송이송 복귀
G84	태핑 사이클	정회전 나사 가공, 바닥에서 일시정지, 역회전 복귀 (정나사 가공)
G85	보링 사이클	절삭이송 가공 및 복귀
G86	보링 사이클	절삭 가공, 바닥에서 주축정지, 급송이송 복귀
G87	back 보링 사이클	바닥에서 위로 정밀 보링 사이클 수행
G88	보링 사이클	바닥에서 일시정지, 주축정지, 수동 R점 복귀, 주축 정회전
G89	보링 사이클	G85와 같지만 바닥에서 일시정지
G80	고정 사이클 취소	고정 사이클 모드 취소

G90/91 G98/99 G□□ X__ Y__ Z__ R__ O__ P__ F__ K__ ;

G□□ : 고정 사이클 종류
X, Y : 구멍 위치 좌표값
Z : 구멍 가공 종점 좌표값
R : 가공 근접점
Q : G73, G83에서는 매회 절입량, G76, G87에서는 후퇴량
P : 일시정지 시간 지정
K : 사이클 반복 횟수

그림 8.8 고정 사이클 지령 형식

(일반적 가공)
G00 X20. Y20. Z10.; (동작1)
      Z3.;   (동작2)
G01 Z-10. F100 M08; (동작3)
G04 P500;   (동작4)
G00 Z3.;   (동작5)
(G00 Z10.;)   (동작6)

(사이클 가공)

G81 G99 (G98) X20. Y20. Z-10. R3. F100;

그림 8.9 일반 가공과 고정 사이클 가공 프로그램의 비교

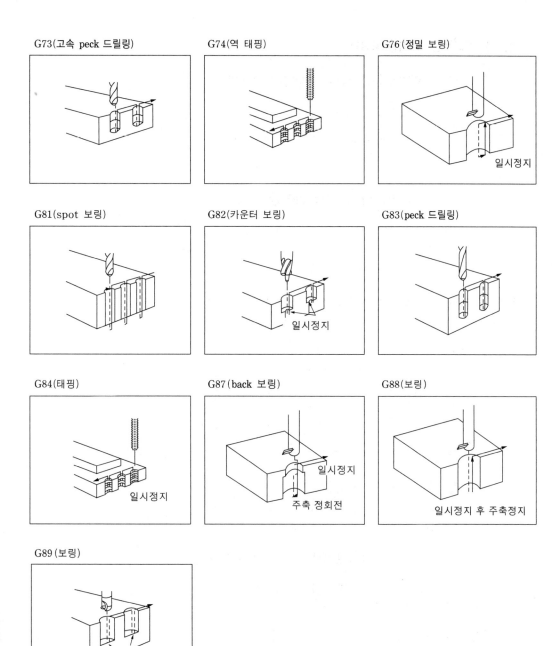

G73(고속 peck 드릴링)

G74(역 태핑)

G76(정밀 보링)
일시정지

G81(spot 보링)

G82(카운터 보링)
일시정지

G83(peck 드릴링)

G84(태핑)
일시정지

G87(back 보링)
일시정지
주축 정회전

G88(보링)
일시정지 후 주축정지

G89(보링)
일시정지

그림 8.10 고정 사이클의 공구 동작

8.3.1 드릴링 사이클(G81)

드릴링, 센터 드릴링, spot 드릴링 작업에 사용한다.

G81 G98(G99) X__ Y__ Z__ R__ F__ K__ ;

X, Y : 구멍 위치의 X, Y축 좌표값   G98(G99) : 초기점(R점) 복귀

Z : 구멍가공 깊이   R : 가공 개시점

F : 절삭 이송속도   K : 반복 횟수

예] 드릴 사이클 프로그램(공구 : ∅10 드릴, 공구 옵셋 번호 H01)

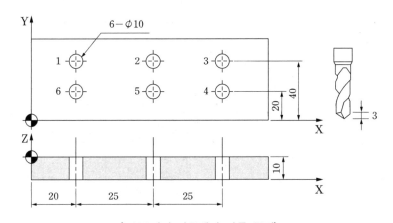

(z-14.0까지 가공해야 관통 구멍)

그림 8.11 드릴 사이클 예

① 절대 지령 방식

    G90 G00 X20. Y40.;   (1번째 구멍 위치로 이송)

    G97 M03 S1800;   (회전수 일정제어, 1800rpm)

    G43 Z30. H01;   (공구길이 보정, 1번째 구멍 위

                              30mm위치로 급속 이송)

    G81 G99 Z-14. R4. F100;   (고정 사이클, R점 복귀)

           X45.;   (2번째 구멍 가공)

X70.;	(3번째 구멍 가공)
Y20.;	(4번째 구멍 가공)
X45.;	(5번째 구멍 가공)
X20.;	(6번째 구멍 가공)

G80; (고정 사이클 취소)

G49 G00 Z100.0; (공구길이 보정 취소, Z축 100mm로 급속 이송)

    ⋮

② 증분 지령 방식

G90 G00 X20. Y40.;   (1번째 구멍 위치로 이송)

G97 M03 S1800;   (회전수 일정제어, 1800rpm)

G43 Z30. H01;   (공구길이 보정, 1번째 구멍 위

                            30mm위치로 급속 이송)

G81 G99 Z-14. R4. F100;   (고정 사이클, R점 복귀)

   G91 X25. K2;   (증분지령, 2번째, 3번째 구멍 가공)

      Y-20.;   (4번째 구멍 가공)

      X-25. K2;   (5번째, 6번째 구멍 가공)

G80; (고정 사이클 취소)

G49 G00 Z100.0; (공구길이 보정 취소, Z축 100mm로 급속 이송)

    ⋮

8.3.2 Peck 드릴링 사이클(G83)

드릴 직경의 3~4배 정도의 깊은 구멍을 가공할 때 사용하는 드릴링 사이클로 깊은 구멍 가공 시 칩배출과 절삭유 공급을 원활하게 하기 위해 공구를 매회전마다 설정된 절입량 만큼 가공한 후 R점까지 후퇴하는 동작을 반복하며 가공한다. G73은 미소량(d) 만큼 후퇴하면서 반복가공한다. d값은 파라메타로 저장한다.

G83 G98(G99)   X__ Y__ Z__ R__ Q___ F__ K__ ;

X, Y : 구멍 위치의 X, Y축 좌표값   Q : 1회 절입량 ('+'로 지령)

Z : 구멍가공 종점 좌표값   F : 이송속도

R : 가공 개시점   K : 반복 횟수

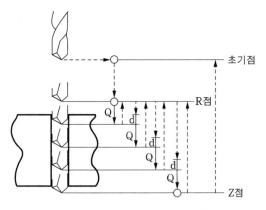

그림 8.12 peck 드릴링 사이클(G83)

예] peck 드릴링 사이클 프로그램(공구 : ∅6 드릴, 공구 보정 번호 H02)

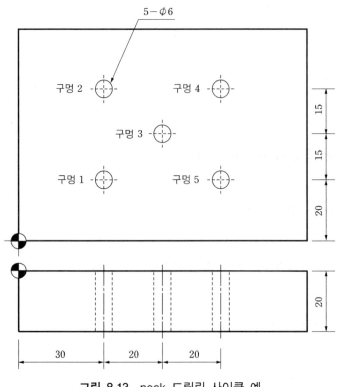

그림 8.13 peck 드릴링 사이클 예

① 절대 지령

    G90 G00 X30.0 Y20.0; (1번째 구멍 위치로 급속 이송)

    G97 S2000 M03;   (회전수 일정제어, 2000rpm)

    G43 Z50.0 H02;   (공구길이 보정, 1번째 구멍 위
                             50mm위치로 급속 이송)

    G83 G99 Z-25.0 R3.0 Q5000 F80; (고정 사이클, 1회 5mm씩 절입)

            Y50.0;   (2번째 구멍 가공)

            X50.0 Y35.0;   (3번째 구멍 가공)

            X70.0 Y50.0;   (4번째 구멍 가공)

            Y20.0;   (5번째 구멍 가공)

    G80; (고정 사이클 취소)

    G49 G00 Z200.0; (공구길이 보정 취소, Z축 200mm로 급속 이송)
      ⋮

② 증분 지령

    G90 G00 X30.0 Y20.0; (1번째 구멍 위치로 급속 이송)

    G97 M03 S2000;   (회전수 일정제어, 2000rpm)

    G43 Z50.0 H02;   (공구길이 보정, 1번째 구멍 위
                             50mm위치로 급속 이송)

    G83 G99 Z-25.0 R3.0 Q5.0 F80; (고정 사이클, 1회 5mm씩 절입)

            Y50.0;   (2번째 구멍 가공)

        G91 X20.0 Y-15.0 K2;   (증분 지령, 3번째, 5번째 구멍 가공)

            Y30.0;   (4번째 구멍 가공)

    G80; (고정 사이클 취소)

    G49 G00 Z200.0; (공구길이 보정 취소, Z축 200mm로 급속 이송)

8.3.3 태핑 사이클(G84)

탭(tap)을 이용하여 암나사를 가공하는 고정 사이클로 가공하려는 나사 피치에 해당하는 이송속도로 주축을 정회전시켜 절입가공하고, 구멍바닥에서 주축 역회전하여 R점까지 복귀한다. 이송속도는 다음 식으로 구해진다.

$$F(\text{mm/min}) = 주축\ 회전수(rpm) \times 피치(mm)$$

G84 G98(G99) X__ Y__ Z__ R___ F__ K__ ;

X, Y : 탭 가공 위치의 X, Y축 좌표값
Z : 탭 가공 깊이   R : 가공 개시점
F : 절삭 이송속도   K : 반복 횟수

역태핑 사이클(G74)은 역나사를 가공하는 지령으로 주축 회전방향이 G84와 반대이다.

예] 태핑 가공 사이클 프로그램(공구 : M8 탭, 공구 보정 번호 H04)

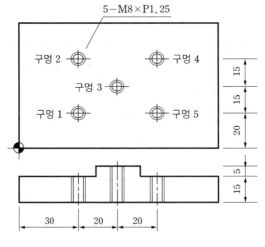

그림 8.14 태핑 가공 사이클 예

G90 G00 X30.0 Y20.0; (1번째 구멍 위치로 급속 이송)

G97 M03 S500;

G43 Z50.0 H04;

G84 G99 Z-20.0 R3.0 F625; (이송속도 F= 주축회전수(rpm)×피치)

        Y50.0;   (2번째 탭 가공)

        X50.0 Y35.0 R8.0; (3번째 탭 가공)

        X70.0 Y50.0 R3.0; (4번째 탭 가공)

        Y20.0;   (5번째 탭 가공)

  G80;   (고정 사이클 취소)

G49 G00 Z200.0;

8.4 머시닝 센터 가공 예

그림 8.15는 윤곽 가공과 구멍 가공이 필요한 제품형상과 공구 궤적을 나타낸다. 공작기계는 머시닝 센터이고 가공조건은 표 8.2와 같다. 기계원점에서 시작해서 기계원점에서 끝나는 공구동작 순서에 따라 작성한 NC 프로그램은 표 8.3과 같다.

표 8.2 절삭 조건(윤곽 가공)

공구번호	작업	공구	절삭속도(rpm)	이송속도(mm/min)
1	깊이 4mm 윤곽 가공	10D 엔드 밀	600	60
2	Ø5 구멍 관통 가공	5D 드릴	2,000	50

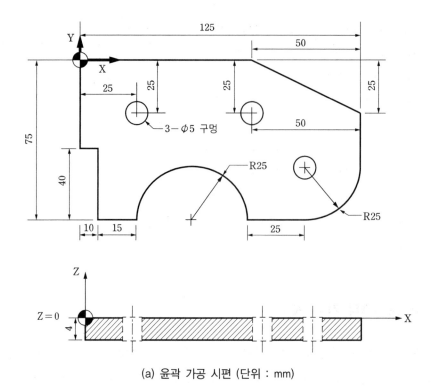

(a) 윤곽 가공 시편 (단위 : mm)

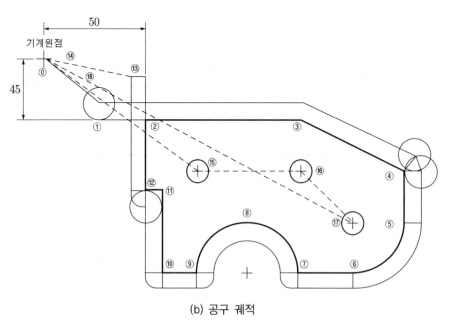

(b) 공구 궤적

그림 8.15 머시닝 센터 윤곽 가공 예

표 8.3 윤곽가공 시편의 CNC 프로그램

NC 코드	의미
%	테이프 끝, 프로그램 구분에 사용
O0101	프로그램 번호
N0010 (X0Y0 IS THE HIGHER LEFT HAND CORNER OF THE PART)	설명문
N0020 (Z0 IS THE TOP OF THE PART)	
N0030 (TOOL 1: 10 DIA END MILL)	
N0040 (TOOL 1 MUST BE IN SPINDLE PRIOR TO START)	
N0050 G90 G21 G40 G80	절대 좌표계, 미터 단위, 공구경 보정 취소, 고정사이클 취소
N0060 G91 G28 X0 Y0 Z0	기계 원점 복귀
N0070 G92 X−50. Y25. Z50.	공작물 좌표계 설정(공작물 좌표원점으로부터 공구시작점은 (−50, 25, 50) 위치에 있음)
N0080 G43 H01	공구길이 보정
N0090 G00 Z5. S600 M03	급속이송 표면 위 5.0mm, 주축회전(CW) 600rpm
N0100 G41 D01	공구경 좌측 보정
N0110 G01 Z−4. F60 M08	공작물 밑면 위치까지 Z축 이동, 이송속도 60mm/min, 절삭유 공급
N0120 G91 X30. Y−25.	현재 위치 → ① 직선절삭
N0130 X20.	①→② 직선절삭
N0140 X75.	②→③ 직선절삭
N0150 X50. Y−25.	③→④ 직선절삭
N0160 Y−25.	④→⑤ 직선절삭
N0170 G02 X−25. Y−25. I−25. J0.	⑤→⑥ 원호절삭(CW)
N0180 G01 X−25.	⑥→⑦ 직선절삭
N0190 G03 X−25. Y25. I−25. J0.	⑦→⑧ 원호절삭(CCW)
N0200 X−25. Y−25. I0. J−25	⑧→⑨ 원호절삭(CCW)
N0210 G01 X−15.	⑨→⑩ 직선절삭

표 8.3 계속

NC 코드	의미
N0220 Y40.	⑩→⑪ 직선절삭
N0230 X-10.	⑪→⑫ 직선절삭
N0240 Y35.	⑫→② 직선절삭
N0250 Y20.	②→⑬ 직선절삭
N0260 G90 Z5. M09	공작물 위 5. 위치로 절삭이송, 절삭유 OFF
N0270 G00 G40 Z50. M05	공작물 위 50.0위치로 급속이송, 공구경보정 취소, 주축정지
N0280 G91 G28 X0. Y0. Z0.	기계원점 복귀
N0300 (TOOL 2: 5 DIA DRILL)	설명문
N0310 (THREE 5.0 MM DIA. HOLES THRU)	
N0320 M06 T02	공구 2로 교환
N0330 G00 G90 X25. Y-25. S2000 M03	첫 번째 구멍 위치로 급속이송, 2000rpm, 주축회전(CW)
N0340 G43 Z5. H02	공구 2 길이 보정하면서 공작물 위 5mm 위치로 급속이송
N0350 M08	절삭유 공급
N0360 G81 G99 Z-7. R2.5 F50.	첫 번째 구멍 가공, 최종깊이 7mm, 이송속도 50mm/min, 공작물 위 2.5mm로 복귀
N0370 X75.	두 번째 구멍 가공
N0380 X100. Y-50.	세 번째 구멍 가공
N0390 G80	고정 사이클 취소
N0400 G00 Z50. M05	공작물 위 50mm로 급속 이송, 주축 정지
N0410 M09	절삭유 OFF
N0420 M30	프로그램 끝, 프로그램 시작위치로 복귀
%	테이프 끝

8장 연습문제

1. 그림 1 도면의 부품 가공을 머시닝 센터에서 수행한다. 부품 가공을 위한 수동 NC 프로그램을 작성하라.

1) 공정 순서 : 윤곽 가공 → peck 드릴 가공

2) 절삭 조건

공 정	공 구	공구 직경(mm)	주축회전수(rpm)	이송속도(mm/min)
윤곽가공	T01	엔드밀(Φ10mm)	1000	80
peck 드릴 가공(구멍 3개)	T02	드릴(Φ8mm)	900	120

3) 프로그램 작성형식(2개 공정을 순서대로 작성하고, 각 블록에 대해 아래 형식에 따라 작업내용을 적을 것)

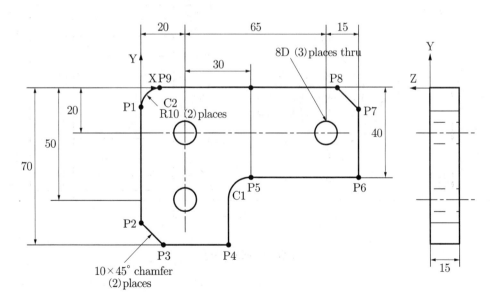

그림 1 가공 도면

- 공작물 좌표계
- 공구 초기 설정 위치(-100, 100, 300)
- peck 드릴 사이클 G73 X Y Z R Q F; (후퇴량은 시스템에서 parameter로 설정)

NC 프로그램	의 미(간단하게 적을 것)
⋮	⋮

2. 그림 2 도면은 2002년 부산 아시아드의 로고를 음각으로 한 장식품을 나타낸다. 원소재는 알루미늄, 치수는 200*130*15이고, 원소재의 6면은 더 이상 가공이 필요 없다. 공작물 좌표 원점은 공작물의 윗면 중심에 있고, 공구의 출발점은 공작물 원점에서 (-500, 300, 500)의 위치에 있다.

1) 도면대로 가공하는 데 필요한 공정과 그 때의 공구 및 작업 조건을 설계하라.

2) 순서대로 NC 프로그램을 작성하라.

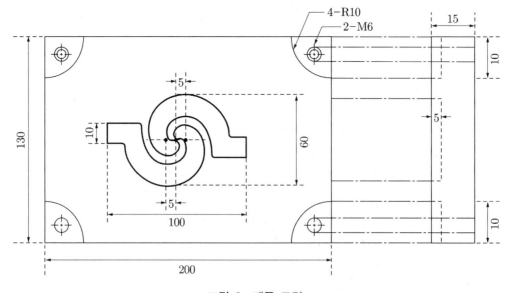

그림 2 제품 도면

3. 그림 3의 형상을 보고 공구경 보정을 하여 증분좌표, R 좌표 지령방식을 이용하여 프로그램을 아래와 같이 따로 작성하라.

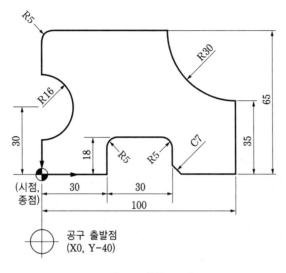

그림 3   가공 도면

4. 보조 프로그램을 이용하여 동일한 형태의 구멍 4개를 가공하는 프로그램을 작성하라.

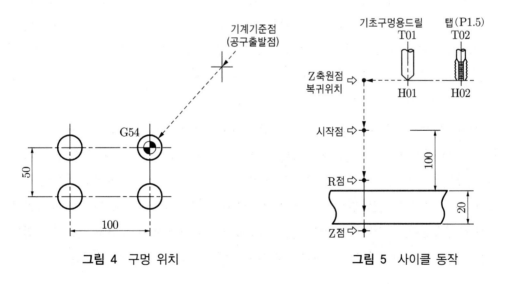

그림 4   구멍 위치   **그림 5   사이클 동작**

9장 와이어 방전가공 프로그래밍

    방전가공(Electrical Discharge Machining; EDM)은 가공액 속에 잠긴 전극(공구)과 공작물을 수㎛ ~ 수십 ㎛ 간격으로 접근시킨 상태에서 짧은 시간 동안 60~300V 정도의 고주파 임펄스 전압을 가하면 전극과 공작물 사이에서 아크 방전이 일어나는데, 이때 발생하는 열에 의한 금속 용융작용과 가공 액체의 급격한 기화팽창 작용을 이용하여 방전 점의 용융부분을 점진적으로 제거해 나가는 가공법이다. 방전가공은 사용하는 전극과 가공 형태에 따라 형조 방전가공(Die-sinking Electrical Discharge Machining)과 와이어 방전가공(Wire Electrical Discharge Machining)으로 나눌 수 있다.

    형조 방전가공은 동이나 그라파이트와 같은 비교적 가공이 쉬운 전도성 재료를 이용하여 가공 형상과 반대인 전극을 만들어 사용한다. 가공액 속에서 전극과 공작물을 미세 극간으로 접근시키고 이들 사이에 방전을 일으켜서 공작물 표면을 조금씩 제거해 나간다. 방전이 반복 진행됨에 따라 극간이 커지기 때문에 일정한 극간을 유지하도록 전극을 서보 메카니즘을 이용하여 강하시키며, 이 반복에 의해 전극의 반대 형상이 공작물 표면에 전사 가공된다.

    와이어 방전가공은 방전가공 원리는 형조 방전가공과 같으나 전극으로 와이어를 이용하는 점이 다르다. 황동, 동, 텅스텐, 몰리브덴 등으로 만든 $\phi 0.05 \sim 0.25$㎜ 굵기의 가는 와이어(wire)를 전극으로 사용한다. 와이어에 장력을 가해 감으면서 와이어와 공작물 사이에 아크 방전을 일으키고, 이들의 상대운동을 통해 마치 실톱으로 공작물을 자르듯 가공한다. 방전가공은 전도성을 갖고 있는 재료이면 어떤 고경도 재료라도 연한 금속과 별 차이 없이 가공이 가능하기 때문에 담금질(quenching)강, 초경합금, 다이스

....
[유튜브 참고 동영상]
How Wire EDM Works(2:26)

강, 전도성 세라믹스 등 난삭재 가공에 많이 사용된다.

9.1 와이어 방전가공기의 구성과 가공 원리

9.1.1 와이어 방전가공기의 구성

그림 9.1과 그림 9.2는 각각 와이어 방전가공기의 외관과 기본구성을 나타낸다. 와이어 방전가공기는 크게 4개 부분-기계 본체, CNC장치, 전원 장치, 가공액 공급 순환장치-으로 구성된다. 기계 본체는 베드, 가공 테이블(X축,Y축), 컬럼, 헤드 외에도 와이어 이송·회수장치, 상부 와이어 가이드(upper wire guide)를 전후 좌우로 이동시켜 와이어에 경사를 주어 테이퍼 가공을 행하는 테이퍼가공장치(U축, V축), 가공테이블을 둘러싸고 있는 작업탱크로 구성된다.

CNC장치는 CAM소프트웨어로부터 NC 지령을 받아 운동제어(4축 제어)를 행하고 전원장치의 전기 조건 및 가공액 조건을 제어한다. 전원 장치는 방전을 일으키기 위한 펄스 전압을 만들어 공작물과 와이어에 공급하는 장치이다. 가공액 공급장치는 가공액이 와이어를 둘러싸서 방전이 일어날 수 있도록 가공 부분에 탈이온수를 공급한다. 가공 후 사용 액은 일단 오수 탱크로 회수하여 필터를 거쳐 가공 잔류물을 제거한 뒤 깨끗해진 가공액을 작업탱크로 보내어 재사용한다.

그림 9.1 와이어 방전가공기(두산, NW 370)

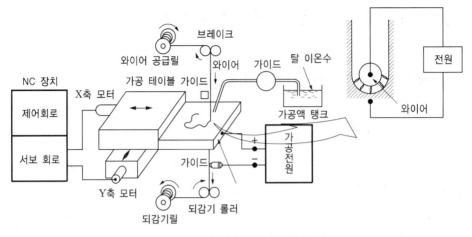

그림 9.2 와이어 방전가공기 구성

9.1.2 와이어 방전가공의 원리

그림 9.3은 와이어 방전가공의 원리를 나타낸다. 와이어 전극과 공작물을 흐르는 가공액 속에서 5~50㎛ 미소 간격으로 서로 마주보게 놓고, 60~300V 정도의 고주파 펄스 전압을 전극과 공작물사이에 가하면 전극과 공작물 사이에서 방전전류로 인해 그림 9.3(a)처럼 스파크가 발생한다. 이때 발생하는 열 에너지에 의해 그림 9.3(b)와 같이 서로 대향하는 전극과 공작물이 모두 용융 상태가 되고, 동시에 와이어 전극 주변의 절연수도 급격히 가열되어 기화상태로 되고, 그 결과 그림 9.3(c)와 같이 급팽창해서 국부적인 폭발이 일어난다. 이 폭발압력에 의해 용융 금속은 비산되어 미세한 금속입자 상태로 가공액 속에 잔류물로 남게 된다. 공작물의 가공부분과 와이어 전극 표면은 냉각되면 그림 9.3(d)처럼 움푹하게 패인 홈(crater)이 남게 된다.

이런 방전과 금속제거가 짧은 간격으로 반복 진행되어 공작물 가공부의 움푹 파인 부분이 점차 확대되게 된다. 방전가공의 경우 전극과 공작물 사이의 간극이 너무 크면 절연유가 이온화되지 않아 가공이 일어나지 않고 반대로 간극이 없으면 쇼트가 일어나 공작물의 손상 및 와이어의 절손을 초래하기 때문에 전극과 공작물사이의 간극 제어가 중요하다.

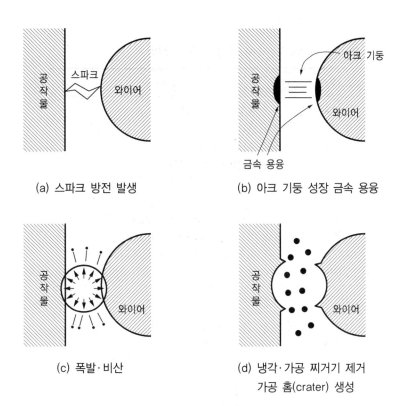

(a) 스파크 방전 발생

(b) 아크 기둥 성장 금속 용융

(c) 폭발·비산

(d) 냉각·가공 찌거기 제거
가공 홈(crater) 생성

그림 9.3 와이어 방전가공 원리

9.2 와이어 방전 가공 프로그래밍 기초

9.2.1 G코드, M코드, T코드

표 9.1, 표 9.2, 표 9.3은 각각 와이어 방전가공에 사용되는 주요 준비기능 및 보조기능을 정리한 표이다. G코드는 준비기능, M코드는 보조기능, T코드는 공구인 와이어 기능을 뜻한다.

머시닝 센터에 사용되는 G코드 및 M코드와 많은 부분 같으며 테이퍼 가공, 미러이미지(mirror image), 도형회전, 방전상태 등 와이어 방전가공에 필요한 코드가 추가되어 있다.

표 9.1 G코드(V640iW, 두산 인프라코어)

G코드	기 능
G00(■)	위치결정(급속 이송)
G01	직선보간
G02	원호보간(시계 방향)
G03	원호보간(반시계 방향)
G04	일시정지(dwell)
G05	X축 미러 이미지(mirror image)
G06	Y축 미러 이미지(mirror image)
G07	Z축 미러 이미지(mirror image)
G09(■)	미러 이미지 취소
G17(■)	XY평면 지정
G26	도형 회전 ON
G27(■)	도형 회전 OFF
G28	원점 복귀
G29	원점 설정
G30	가공 시작점 복귀
G40(■)	와이어지름 보정 취소
G41	와이어지름 왼쪽 보정
G42	와이어지름 오른쪽 보정
G50(■)	테이퍼 가공 취소
G51	테이퍼 가공 좌측 경사
G52	테이퍼 가공 우측 경사
G90(■)	절대(absolute) 지령 입력
G91	증분(incremental) 지령 입력
G92	좌표계 설정

표 9.2 M코드

지 령	기 능
M00	프로그램 정지
M01	선택적 프로그램 정지
M02	프로그램 종료
M05	접촉 감지 무시
M06	방전 안함(discharge off)
M98	보조 프로그램 호출
M99	보조 프로그램 종료

표 9.3 T코드

지 령	기 능
T80	와이어 이송
T81	와이어 이송 정지
T83	워크 탱크 드레인 밸브 열림
T84	펌프 ON(噴流 시작)
T85	펌프 OFF(噴流 중지)
T90	와이어 절단
T91	와이어 결선

9.2.2 좌표계 설정

그림 9.4는 와이어 방전 가공기에 사용되는 좌표계를 나타낸다. 와이어 방전가공기는 공작물이 놓인 작업 테이블을 움직이는 X축, Y축과 상부 와이어 가이드를 좌우, 전후 방향으로 움직이는 U축, V축으로 구성된다. 기본적으로 X, Y축 2축 제어를 통해 형상 가공을 행하며 테이퍼 가공이 필요할 경우 U축, V축을 사용한다.

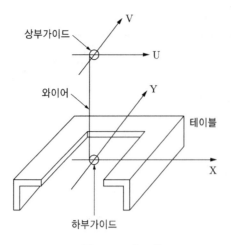

상부가이드

와이어

하부가이드

테이블

V

U

Y

X

그림 9.4 좌표계

9.2.3 가공 조건

　밀링이나 선삭과 같은 일반 기계가공과 달리 와이어 방전가공은 방전에 의한 열에너지를 가공 에너지로 사용하기 때문에 가공특성– 가공속도, 가공면의 거칠기–에 영향을 미치는 가공 조건들이 일반 기계가공과 조금 다르다. 고주파 펄스 전압을 생성하기 위한 전기조건, 가공액, 와이어 특성 등이 가공특성에 영향을 미치는 가공조건들이다(그림 9.5). 와이어 방전가공에서 가공속도(W)는 단위시간당 잘려나가는 면적으로 나타내는데 이를 면적 속도라고도 부른다.

$$W(\mathrm{mm^2/min}) = F \times H$$

　　　F : 가공　선속도(mm/min)

　　　H : 공작물　두께(mm)

　가공조건들과 가공속도의 관계는 일반적으로 그림 9.6처럼 나타낼 수 있다. 가공속도는 단위시간당 인가되는 전기 에너지가 높고 와이어 직경이 크며 가공액의 비저항값이 낮을수록 빨라진다. 가공면 거칠기는 주로 전기조건의 영향을 많이 받는데, 이중에서도 가장 큰 영향을 미치는 요인은 피크 전류값이다. 일반적으로 가공면 거칠기는 피크 전류값에 거의 비례한다. 와이어 방전가공에서는 전기조건에 대한 제어를 CNC장치에서 담당하며 가공 전에 CNC장치에 전기조건값을 설정해 놓고 프로그램 상에서 C 어드레스를 이용하여 설정번호를 호출하여 사용한다.

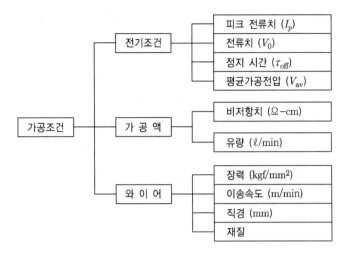

그림 9.5 와이어방전가공의 가공조건

그림 9.6 가공속도와 가공조건들과의 관계

9.2.4 와이어 직경 보정

와이어 방전가공의 경우, 와이어 직경에 대한 보정 없이 와이어를 프로그램상의 경로를 따라 움직이면서 가공하면 와이어 반경(R)과 방전 갭(gap)을 합한 만큼의 작은 형상을 얻게 된다. 따라서 정확한 치수 가공을 위해서는 머시닝 센터에서의 공구경 보정과 마찬가지로 프로그램된 경로 상에 와이어 직경에 대해 보정해 주어야 한다.

그림 9.7은 와이어 직경 보정과 방전 갭과의 관계를 나타낸다. 와이어 반경에 와이어와 공작물 사이의 방전 갭의 거리를 더한 값, 즉 가공홈 폭(kerf)의 반 값을 보정량으로

설정한다. 그림 9.8은 와이어 직경 보정 지령을 나타낸다. G41은 진행방향의 좌측 보정, G42는 우측 보정, G40은 와이어 직경 보정 취소를 나타낸다. 프로그램 상에서 와이어 직경 보정 지령이 한번 내려지면 다른 와이어 직경보정 지령이 새로 내려질 때까지 유효하다. 와이어 직경 보정은 와이어 보정량을 CNC 장치내에 미리 저장해 놓고 프로그램 중에 H어드레스를 이용하여 지령한다.

예] H000=0.010 와이어 직경 보정량 +0.010mm
   H001=0.186 와이어 직경 보정량 +0.186mm

〈프로그램〉

  ┆

  G42 H000 G01 X 4.0 … 와이어 직경 우측보정, 보정량 0.01mm

  ┆

    H001…   와이어 직경 우측보정, 보정량 0.186mm

  ┆

  G40   와이어 직경 보정 취소

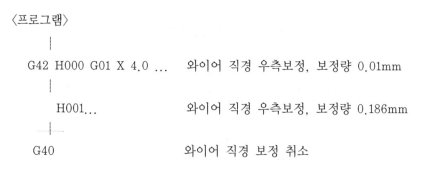

그림 9.7 와이어 직경 보정과 방전 갭의 관계

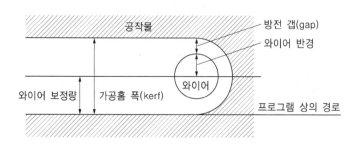

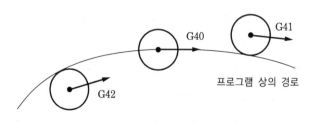

그림 9.8 와이어 직경 보정

9.2.5 테이퍼 가공

와이어 방전가공이 보급되기 시작한 초기부터 가공현장에서 많이 요구한 기능이 테이퍼 가공 기능이다. 특히 프레스 타발 금형에는 대개의 경우 측면 경사 가공이 요구된다. 보통의 가공에서는 와이어가 테이블(혹은 공작물)에 대해 수직을 유지한 상태로 2차원 형상가공을 주로 행하나 와이어를 가공 형상의 법선 방향으로 기울여서 진행하면 테이퍼 가공이 가능하다.

와이어 경사각 θ는 그림 9.9와 같이 하부 가이드 위치를 고정하고 상부 가이드 위치를 X축(혹은 Y축)으로 평행이동시키면 얻을 수 있다. 테이퍼 가공을 위해서는 Z축 관련 몇 개의 데이터(Z1, Z2, Z3, Z4)를 입력해야 가공이 가능하다. 정확한 경사각을 얻기 위한 Z3, Z4값은 기계마다 다르기 때문에 가공 전에 미리 구해 제어기 내에 기초 데이터로 입력해 놓을 필요가 있다. 그림 9.10은 테이퍼 가공장치의 기본구성을 나타낸다. 테이퍼 가공을 위해서는 가공 테이블의 2축(X,Y축) 제어 외에 테이퍼 가공과 관련해서 상부(혹은 하부) 가이드 다이스의 위치 제어가 필요하다. 다이스의 위치 제어는 회전반경 R(mm)을 일정하게 하고 회전각도 θ를 제어하는 방법과 그림 9.10과 같이 U축,

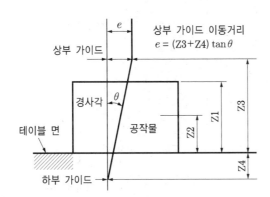

Z1 : 가공 높이
 (프로그램 치수를 만족시켜야 할 평면)

Z2 : 속도지령 높이
 (가공속도제어를 행하는 평면, 보통은 가공높이의 중앙)

Z3 : 상부 가이드 높이
 (테이블 면부터 상부 가이드까지 거리)

Z4 : 하부 가이드 높이
 (테이블 면부터 하부 가이드까지 거리)

그림 9.9 테이퍼 가공 시 필요한 Z축 제원

V축을 제어하는 방법이 있다. 전자는 경사각 θ값을 A 어드레스 이용하여 각도(degree) 값으로 지령하고, 후자는 경사각 θ값과 제어기에 입력된 Z축 제원값을 이용하여 상부 (또는 하부) 다이스 이동량을 계산한다. 그림 9.11은 테이퍼 가공 지령 코드로 G51은 가공 진행 방향에서 볼 때 좌측 경사(상부 가이드를 좌측으로 기울임) 지령, G52는 가공 진행 방향의 우측 경사(상부 가이드를 우측으로 기울임) 지령, G50은 테이퍼 경사 취소를 나타낸다.

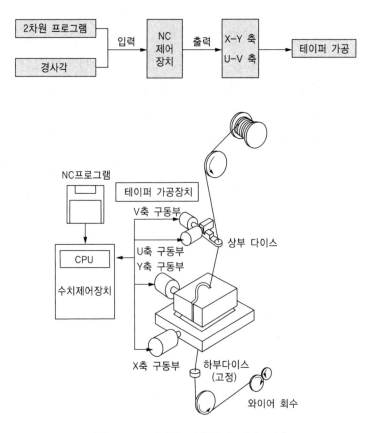

그림 9.10 테이퍼 가공장치 기본 구성

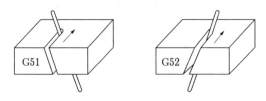

그림 9.11 테이퍼 가공 지령

9.3 프로그램 예

1) 도면

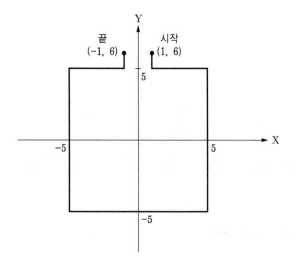

2) NC 프로그램

프로그램	설명
(주프로그램)	
G54;	좌표계 설정
G90;	절대좌표지령
G92 X1. Y6. Z;	좌표원점설정
C000;	가공조건(기계별로 지정되어 있음)
T84;	고압펌프 ON
M98 P0010;	부프로그램 호출
T85;	고압펌프 OFF
M00;	프로그램정지(리셋키를 누르면 이후 프로그램 계속 실행)
C004;	가공조건(기계별로 지정되어 있음)
G01 X1.;	
M02;	프로그램 종료

프로그램	설명
(부 프로그램)	
N0010;	보조프로그램 번호
G01 Y5.;	
X5.;	
Y-5.;	
X-5.;	
Y5.;	
X-1.;	
Y6.;	
M99;	주 프로그램으로 되돌아감

9.4 와이어 방전 가공 사례

9.4.1 2축 가공

1) 실험 장치

① 와이어 방전가공기
   - NW570(두산인프라코어)

그림 9.13 가공에 사용된 와이어 방전가공기 (두산, NW570)

② 공작물

   - 알루미늄(두께 2mm)

③ 기타

   - 와이어 : 황동, 직경 ϕ 0.25mm

   - 절연수 : 물

2) NC 프로그램 작성

① 도면

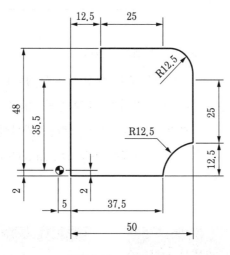

그림 9.14 가공 도면

② 가공 조건

가공 조건	ON	OFF	IP	LN	LF	LS
C001	12	16	16	2	20	1

SV	FV	SF	SC	WT	WS	WP
30	0038	0150	000	04	03	60

표 9.4 가공 파라미터 설명

항 목	기 능	항 목	기 능
ON	방전펄스시간 설정	SF	서보속도 설정
OFF	방전휴지시간 설정	SC	서보기준전휴 설정
IP	방전전류 설정	WT	와이어 Tension값 설정
LN	불안전가공에서의 ON시간 설정	WS	와이어속도 설정
LF	방전펄스폭 조정 값 설정	WP	물 분류 주파수 설정
LS	가공상태 불안정 판단 기준 레벨 설정 값		
SV	서보기준전압 설정		
FV	방전전원전압 설정		

③ NC 프로그램 생성(CAM 소프트웨어 이용)

- AutoCAD를 이용하여 가공할 부품 형상을 모델링한다(그림 9.15).
- AutoCAD와 완전히 호환되는 와이어 EDM 전용 CAM 소프트웨어인 (주)한국 NSD사의 Hi-CAM을 이용하여 NC 프로그램을 생성한다(그림 9.16).
※ Hi-CAM은 AutoCAD와 100% 호환이 가능하며 AutoCAD 화면에서 Hi-CAM을 바로 불러 실행할 수 있다.

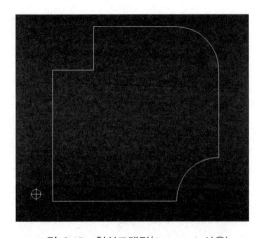

그림 9.15 형상모델링(Autocad 사용)

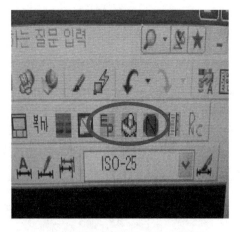

그림 9.16 Hi-CAM 기능 아이콘

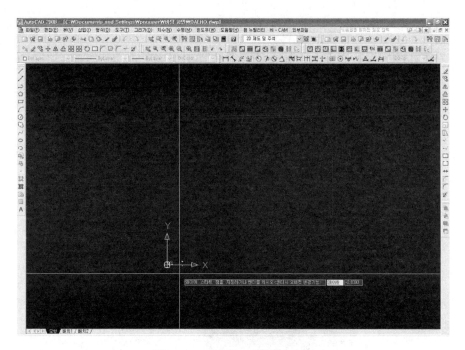

그림 9.17 가공경로 확인(HI-CAM)

④ 그림 9.17과 같이 가공경로를 화면 상에서 확인한 후 생성된 NC 프로그램을 메모리
카드를 사용하여 그림 9.18과 같이 CNC 제어기로 보낸다.

그림 9.18 프로그램 입력

3) 가공 작업 준비

① 가공기 작업테이블에 공작물을 장착한다(그림 9.19).

② 기계전원을 켜고 와이어를 결선한다(자동결선기능 이용).

그림 9.19 공작물 장착

4) NC 프로그램

NC 프로그램	설 명
%	프로그램 시작
(1213-20);	프로그램 이름
(DATE=2013-12-13-16:10);	가공일자
(LENGTH=199.270);	가공경로 길이
H000=+00001920;	옵셋값 지정
T91;	와이어 결선
T84;	고압 분류(噴流)
G90G54G92X0.Y0.Z0.0;	절대지령, 공작물 좌표계 설정
C001;	가공조건(기계별로 지정되어 있음)
G41H000;	와이어 경보정(좌측 보정)
G01X5.000Y0.000;	
G01X5.Y35.50;	
G01X17.50;	

NC 프로그램	설 명
G01Y48.;	
G01X42.50;	
G02X55.Y35.50I0.J-12.50(R=12.50);	
G01Y10.50;	
G03X42.50Y-2.I0.J-12.50(R=12.50);	
G01X5.;	
G01Y-0.40;	
M00;	프로그램 정지(start키를 누르면 다시 실행)
G01Y0.;	
G40G01X0.;	와이어 경보정 취소
M02;	프로그램 종료
%;	프로그램 끝

5) 가공 작업

① 와이어를 공급하면서 운전을 시작한다.

② 방전가공 중 가공상태 및 가공조건을 확인한다(그림 9.20).

③ 가공이 끝나면 와이어를 절단하고 공작물을 꺼낸다(그림 9.21).

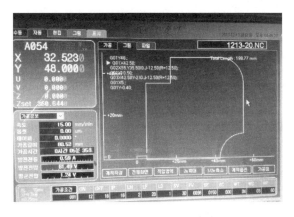

그림 9.20 가공 중 화면

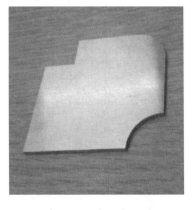

그림 9.21 가공된 공작물

9.4.2 테이퍼 가공

1) 실험 장치

① 와이어 방전가공기

  - ROBOFIL 6050.TW(CHARMILLES사, 스위스)

그림 9.22 와이어 방전가공기(ROBOFIL 6050,Charmilles, 스위스)

② 공작물

  - SKD11종(냉간압연공구강)(두께 25mm)

③ 기타

  - 와이어 : 아연도금 황동, 직경 ϕ 0.25mm
  - 절연수 : 탈이온화 물

2) NC 프로그램 작성

① 도면

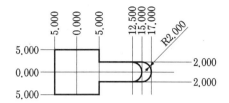

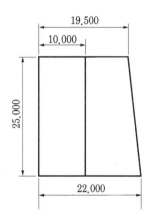

그림 9.23 가공도면

프로그램면은 가공물 밑면으로 한다.

두께는 25mm로 하고
테이퍼 각 5.711도로 한다

$$\theta = \tan^{-1}\frac{2.5\text{mm}}{25.0\text{mm}} \approx 5.711°$$

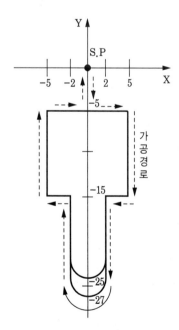

그림 9.24 가공경로

② NC 프로그램

NC 프로그램	설 명
N5 G90;	절대지령
N10 M06;	방전 안 함
N15 G92 X0.0 Y0.0 W0.0 S25.0;	좌표원점 설정, 두께 25mm
N30 E501;	가공조건(기계별로 지정)
N40 G01 Y-5.0 U0.0 V0.0;	
N45 G41 D0;	와이어 경 좌측보정
N50 X5.0 Y-5.0 U0.0 V0.0;	
N55 X5.0 Y-15.0 U0.0 V0.0;	
N60 X2.0 Y-15.0 U0.0 V0.0;	
N65 X2.0 Y-25.0 U0.0 V2.5002;	R가공 시작
N70 X1.9961 Y-25.1256 U0.0 V2.5002;	
N75 X1.9842 Y-25.2507 U0.0 V2.5002;	
N80 X1.9646 Y-25.3748 U0.0 V2.5002;	
N85 X1.9372 Y-25.4974 U0.0 V2.5002;	
N90 X1.9021 Y-25.618 U0.0 V2.5002;	
N95 X1.8596 Y-25.7363 U0.0 V2.5002;	
N100 X1.8097 Y-25.8516 U0.0 V2.5002;	
N105 X1.7526 Y-25.9635 U0.0 V2.5002;	
N110 X1.6887 Y-26.0717 U0.0 V2.5002;	
N115 X1.618 Y-26.1756 U0.0 V2.5002;	
N120 X1.541 Y-26.2749 U0.0 V2.5002;	
N125 X1.4579 Y-26.3691 U0.0 V2.5002;	
N130 X1.3691 Y-26.4579 U0.0 V2.5002;	
N135 X1.2749 Y-26.541 U0.0 V2.5002;	
N140 X1.1756 Y-26.618 U0.0 V2.5002;	
N145 X1.0717 Y-26.6887 U0.0 V2.5002;	
N150 X0.9635 Y-26.7526 U0.0 V2.5002;	
N155 X0.8516 Y-26.8097 U0.0 V2.5002;	
N160 X0.7363 Y-26.8596 U0.0 V2.5002;	
N165 X0.618 Y-26.9021 U0.0 V2.5002;	
N170 X0.4974 Y-26.9372 U0.0 V2.5002;	
N175 X0.3748 Y-26.9646 U0.0 V2.5002;	
N180 X0.2507 Y-26.9842 U0.0 V2.5002;	
N185 X0.1256 Y-26.9961 U0.0 V2.5002;	

NC 프로그램	설 명
N190 X0.0 Y-27.0 U0.0 V2.5002;	
N195 X-0.1256 Y-26.9961 U0.0 V2.5002;	
N200 X-0.2507 Y-26.9842 U0.0 V2.5002;	
N205 X-0.3748 Y-26.9646 U0.0 V2.5002;	
N210 X-0.4974 Y-26.9372 U0.0 V2.5002;	
N215 X-0.618 Y-26.9021 U0.0 V2.5002;	
N220 X-0.7363 Y-26.8596 U0.0 V2.5002;	
N225 X-0.8516 Y-26.8097 U0.0 V2.5002;	
N230 X-0.9635 Y-26.7526 U0.0 V2.5002;	
N235 X-1.0717 Y-26.6887 U0.0 V2.5002;	
N240 X-1.1756 Y-26.618 U0.0 V2.5002;	
N245 X-1.2749 Y-26.541 U0.0 V2.5002;	
N250 X-1.3691 Y-26.4579 U0.0 V2.5002;	
N255 X-1.4579 Y-26.3691 U0.0 V2.5002;	
N260 X-1.541 Y-26.2749 U0.0 V2.5002;	
N265 X-1.618 Y-26.1756 U0.0 V2.5002;	
N270 X-1.6887 Y-26.0717 U0.0 V2.5002;	
N275 X-1.7526 Y-25.9635 U0.0 V2.5002;	
N280 X-1.8097 Y-25.8516 U0.0 V2.5002;	
N285 X-1.8596 Y-25.7363 U0.0 V2.5002;	
N290 X-1.9021 Y-25.618 U0.0 V2.5002;	
N295 X-1.9372 Y-25.4974 U0.0 V2.5002;	
N300 X-1.9646 Y-25.3748 U0.0 V2.5002;	
N305 X-1.9842 Y-25.2507 U0.0 V2.5002;	
N310 X-1.9961 Y-25.1256 U0.0 V2.5002;	
N315 X-2.0 Y-25.0 U0.0 V2.5002;	R 가공 끝
N320 X-2.0 Y-15.0 U0.0 V0.0;	
N325 X-5.0 Y-15.0 U0.0 V0.0;	
N330 X-5.0 Y-5.0 U0.0 V0.0;	
N335 X0.0 Y-5.0 U0.0 V0.0;	
N340 G40;	와이어 경 보정 취소
N345 G01 Y0.0 U0.0 V0.0;	
N350 M02;	프로그램 종료
%;	

3) 가공 작업

① 와이어를 공급하면서 운전을 시작한다.

② 방전가공 중 가공상태 및 가공조건을 확인한다.

③ 가공이 끝나면 와이어를 절단하고 공작물을 꺼낸다.

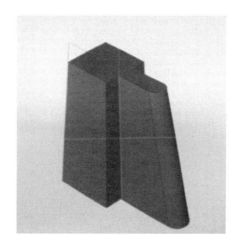

그림 9.25 CAD 모델

그림 9.26 가공품

1. 다음 왼쪽 도면을 보고 (   )를 채워서 와이어 가공용 프로그램을 완성하라. 오른쪽 그림은 와이어 가공을 위한 와이어의 이동궤적 순서이다.

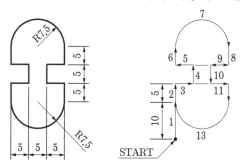

G91 ;	증분좌표 명령
G41 ;	보정(offset) 왼쪽
G01 X0 Y10000 ;	① 직선 가공
( )	②
G01 X5000 Y0 ;	③
G01 X0 Y5000 ;	④
G01 X-5000 Y0 ;	⑤
G01 X0 Y5000 ;	⑥
( )	⑦ 원호 가공
G01 X0 Y-5000 ;	⑧ 직선 가공
G01 X-5000 Y0 ;	⑨
G01 X0 Y-5000 ;	⑩
G01 X5000 Y0 ;	⑪
G01 X0 Y-5000 ;	⑫
( )	⑬ 원호 가공
M02 ;	프로그램 종료

☞ 이 프로그램은 다음과 같이 생략한 형태로 쓸 수도 있다.

G41 ;
G01 Y10. ;
Y5. ;
X5. ;
X-5. ;
Y5. ;
Y-5. ;
G02 X-15. I-7.5 ;
M02 ;

2. 다음 도면을 보고 (   )를 채워서 와이어 가공용 프로그램을 작성하라.

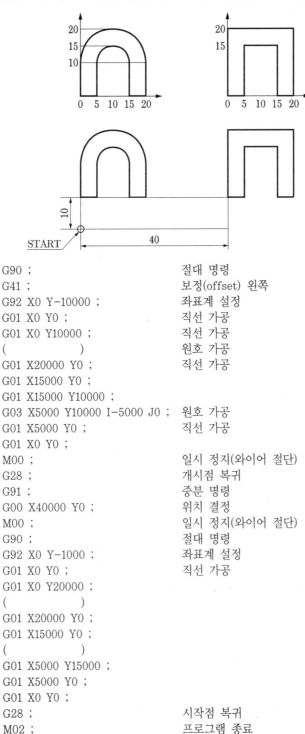

G90 ;	절대 명령
G41 ;	보정(offset) 왼쪽
G92 X0 Y-10000 ;	좌표계 설정
G01 X0 Y0 ;	직선 가공
G01 X0 Y10000 ;	직선 가공
( )	원호 가공
G01 X20000 Y0 ;	직선 가공
G01 X15000 Y0 ;	
G01 X15000 Y10000 ;	
G03 X5000 Y10000 I-5000 J0 ;	원호 가공
G01 X5000 Y0 ;	직선 가공
G01 X0 Y0 ;	
M00 ;	일시 정지(와이어 절단)
G28 ;	개시점 복귀
G91 ;	중분 명령
G00 X40000 Y0 ;	위치 결정
M00 ;	일시 정지(와이어 절단)
G90 ;	절대 명령
G92 X0 Y-1000 ;	좌표계 설정
G01 X0 Y0 ;	직선 가공
G01 X0 Y20000 ;	
( )	
G01 X20000 Y0 ;	
G01 X15000 Y0 ;	
( )	
G01 X5000 Y15000 ;	
G01 X5000 Y0 ;	
G01 X0 Y0 ;	
G28 ;	시작점 복귀
M02 ;	프로그램 종료

3. 다음 도면을 보고 (   )를 채워서 와이어 가공용 프로그램을 작성하라.

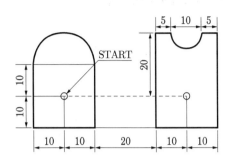

G91 ;	중분 명령
G41 ;	보정(offset) 왼쪽
G01 X0 Y-10000 ;	직선 가공
G01 X-10000 Y0 ;	
G01 X0 Y20000 ;	
( )	원호 가공
G01 X0 Y-20000 ;	
G01 X-10000 Y0 ;	
M00 ;	일시 정지(와이어 절단)
G00 X0 Y-10000 ;	위치 결정
G00 X40000 Y0 ;	
M00 ;	일시 정지(와이어 절단)
G01 X Y-10000 ;	직선 가공
( )	
G01 X0 Y30000 ;	
G01 X5000 Y0 ;	
( )	원호 가공
G01 X5000 Y0 ;	직선 가공
G01 X0 Y-30000 ;	
G01 X-10000 Y0 ;	
M02 ;	프로그램 종료

10장 자동 프로그래밍

10.1 자동 프로그래밍의 개요

10.1.1 수동 프로그래밍과 자동 프로그래밍 비교

CNC 공작기계는 인간의 손으로 공작기계를 조작하는 대신에 CNC 장치가 입력된 NC 지령에 따라 기계를 제어하여서 사람으로는 가공 불가능한 형상의 부품까지도 매우 간단히 가공한다. 설계도면으로부터 NC프로그램을 작성할 때 가능한 쉽고 빠르고 정확하게 할 수 있다면, 그 만큼 NC화의 효과도 높아지고 생산성 향상으로 연결되게 된다.

수동 프로그래밍(manual programming)은 작업자가 G코드를 이용하여 NC 프로그램을 직접 작성하는 방식이다. 2차원 부품의 단순한 형상(직선과 원호)의 경우 수동 프로그래밍이 가능하지만 3차원 이상이나 복잡형상 부품은 수동 프로그래밍이 불가능하거나 비효율적이다. 복잡한 형상의 프로그램인 경우 형상을 따라가는 공구위치를 정확하게 구하기 위해 여러 형상간의 교점이나 접점 등의 기하학적 해석을 바탕으로 계산을 해야 하는데 이 작업이 쉽지 않으며 계산하는 데 시간이 많이 걸리고 실수가 발생할 가능성도 매우 높다.

예를 들어 그림 10.1에서 직선 L2와 원호 C1의 접점(Pt)을 구하기 위해서 아래와 같은 계산 과정을 거쳐야 한다.

원의 중심 : $P_1 = (x_1, y_1)$, 원 밖의 점 : $P_4 = (x_4, y_4)$, 구하고자 하는 점 : $P_t = (x_t, y_t)$
접선식을 $y = ax + b$라 두고 a와 b를 구하면

....
[유튜브 참고 동영상]
ICAM - Mastercam Integrated NC post-processing & CNC machine simulation(2:08)

$$a = \frac{y_t - y_4}{x_t - x_4}, \quad b = y_4 - ax_4 = y_4 - \frac{y_t - y_4}{x_t - x_4}x_4 = \frac{y_4 x_t - x_4 y_t}{x_t - x_4}$$

$$\therefore \; y = \frac{y_t - y_4}{x_t - x_4}x + \frac{y_4 x_t - x_4 y_t}{x_t - x_4} \; \text{이 된다.}$$

원의 접점에서 접선의 기울기 : $\dfrac{dy}{dx} = -\dfrac{x_t - x_1}{y_t - y_1} = \dfrac{y_t - y_4}{x_t - x_4}$ ··· ①

$\Delta P_4 P_1 P_t$는 직사각형이므로 $(x_t - x_4)^2 + (y_t - y_4)^2 = (x_1 - x_4)^2 + (y_1 - y_4)^2 - r^2$ ···②

식 ①에서 $\dfrac{x_t - x_1}{y_t - y_1} = \dfrac{(x_t - x_4) + (x_4 - x_1)}{(y_t - y_4) + (y_4 - y_1)}$ 로 변형하여 정리하면

$$\therefore \; (x_t - x_4) = \frac{27.9525 + 3.375(y_t - y_4)}{4.25} \; \text{··· ①ʹ}$$

식 ②에 ①ʹ를 대입하면

$$43.2582 + 10.4458(y_t - y_4) + 0.6306(y_t - y_4)^2 + (y_t - y_4)^2 = 27.9525$$

$(y_t - y_4) = t$ 라 두면

$$1.6306t^2 + 10.4458t + 15.3057 = 0 \; \Rightarrow \; t = -2.2687, \; t = -4.1374$$

①ʹ에 대입하면 $(x_t - x_4) = 4.7555$, $(x_t - x_4) = 3.2716$

따라서 접점의 좌표 : $(x_t, y_t) = (6.5256, 2.2315)$ 또는 $(5.0413, 0.3624)$

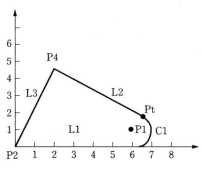

P1(6, 1.125), P4(1.75, 4.5)
C1의 반경=1.225

그림 10.1 직선과 원호의 접점 계산

이중에서 위쪽 접선이므로 μm 단위로 표시하면 $(x_t,\, y_t) = (6.526,\, 2.232)$이다.

이런 복잡한 계산과정을 컴퓨터에 시켜서 공구위치 데이터를 얻고 후처리(post-processor) 과정을 거쳐 NC코드를 작성하는 것이 자동 프로그래밍(automatic programming)이다. 자동 NC 프로그래밍은 가공정보를 입력하는 방식에 따라 언어식 프로그래밍 방식과 대화식 프로그래밍 방식으로 나눌 수 있다. 그림 10.2는 수동과 자동 프로그래밍 과정을 나타낸다. 언어식 프로그래밍은 자동 프로그래밍을 위하여 특별히 개발한 언어를 이용하여 가공할 형상과 공구운동을 정의하면 CAM 시스템이 한꺼번에 계산을 해서 NC 데이터를 생성하는 방식이다. 최초의 자동 프로그래밍 시스템인 APT(Automatically Programmed Tool)가 대표적인 언어식 CAM 시스템이다. 대화식 프로그래밍 방식은 CAM 시스템의 도형 아이콘이나 명령을 선택하거나 입력하면 바로 그래픽 화면으로 확인이 가능하므로 잘못이 있으면 즉시 수정해 가면서 작업을 진행하는 방법으로 현재 상용화된 대부분의 CAM 시스템이 이 방식에 속한다.

그림 10.3은 형상의 복잡도와 NC 블록수에 따라 수동과 자동 프로그래밍의 효용성 – NC 코드작성 시간과 비용 – 을 비교한 것이다. 수동 프로그램의 경우는 형상이 복잡할수록 작성시간과 비용이 증가한다. 자동 프로그래밍의 경우는 형상이 복잡해도 작성시간과 비용은 크게 변하지 않는다. 하지만 간단한 경우는 자동 프로그래밍이 오히려 시간이 더 많이 걸리고 불편하다.

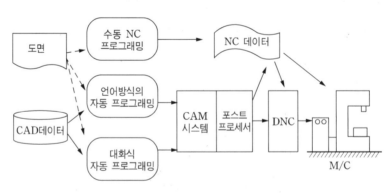

그림 10.2 NC 프로그래밍의 종류

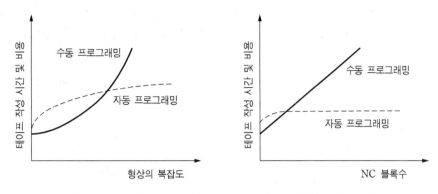

그림 10.3 자동 프로그래밍과 수동 프로그래밍의 효율성 비교

10.1.2 메인 프로세서와 포스트 프로세서

NC 공작기계 제작사에 따라 NC 장치가 다르고 동일 제작사 제품도 기종에 따라 다르므로 각 기종마다 자동 프로그래밍 시스템을 일일이 만드는 것은 비효율적이다. 이런 문제를 해결하기 위해 자동 프로그래밍 시스템에서는 NC 코드 작성 과정을 2단계로 나누어 ① NC 장치나 공작기계의 규격과 무관하게 공구위치(CL) 데이터를 생성하는 CL과정과 ② 각 NC 장치와 연계해서 NC 코드를 생성하는 코딩과정으로 나누어 처리하고 있다. CL과정 처리기를 메인 프로세서(main processor)라 부르고, 코딩과정 처리기를 포스트 프로세서(post processor)라 부른다.

NC 파트 프로그램에는 여러 가지 정보가 포함되어 있으나, 주로 부품형상을 정의하는 문장과 공구를 움직이는 문장으로 구성되어 있다. 메인 프로세서에서는 먼저 NC 파트 프로그램을 입력받아 해독한 뒤, NC 언어를 이용해 도형정의와 가공순서로부터 공구이동 위치의 좌표값을 계산한다. 이 계산 결과는 주로 공구위치 값이므로 CL(Cutter Location) 데이터라 부른다. 여기까지를 메인 프로세서가 담당한다. 이후 CL 데이터를 받아 특정 NC장치에 맞는 NC 코드로 변환하는 역할을 포스트 프로세서가 담당한다.

만일 새로운 CNC 공작기계를 증설하는 경우, 그 NC 프로그램의 형식이 기존의 것과 다른 경우에는 포스트 프로세서 부분만 추가해서 사용하면 된다. 예를 들어 한 회사에 NC 선반이 5대 있는데 기종이 다른 3 종류의 선반으로 구성되어 있다고 하면 3 종류의 포스트 프로세서가 필요하다. 메인 프로세서는 전부 공통이기 때문에 1개면 충분하다. (그림 10.4, 10.5)

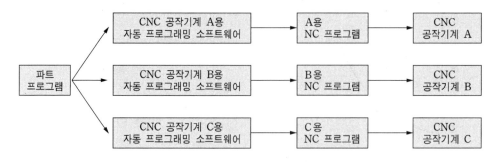

그림 10.4 포스트 프로세서를 사용하지 않는 경우

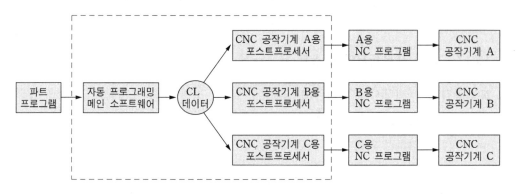

그림 10.5 포스트 프로세서를 사용하는 경우

10.1.3 자동 프로그래밍 시스템의 종류

자동 프로그래밍은 1959년 MIT에서 개발된 APT(Automatically Programmed Tool)
-I로부터 시작되었다. 1965년 개발된 최종버전 APT-IV는 FORTRAN과 유사한 고급언
어 방식을 취하고 있어 배우기 쉽고 동시에 CNC 장치의 모든 기능을 다 다룰 수 있을
만큼 복잡하다. APT는 5축 프로그래밍 언어로 전 세계에서 표준적으로 이용되었으며
이후에 개발된 여러 가지 자동 프로그래밍 시스템의 기초가 되었다. 컴퓨터 그래픽스
기술이 발전함에 따라 최근에는 사용자의 편의성을 증대시킨 대화식 CAM 소프트웨어가
널리 쓰이고 있다.

최근의 자동 프로그래밍 시스템은 통합 CAD/CAM 시스템과 전문 CAM 시스템으로
크게 나눌 수 있다. 통합 시스템은 설계 및 가공이 일관화 되어 있는 장점이 있으나
가공 전문성은 부족하다. 전문 CAM 시스템은 NC 가공기능이 전문화되어 있는 장점이
있고, 설계와 일관성이 부족하나 CAD 데이터 인터페이스(data interface) 기능을 보완

하여 설계 데이터베이스와 연계할 수 있게 하였다. CAD, CAM 소프트웨어 분야의 사업은 아주 변화가 심하여 M&A를 통해 회사가 사라지거나 새롭게 변경된 경우가 많다. 표 10.1은 2010년 현재 현존하는 CAD/CAM 시스템과 개발회사를 정리한 것이다. 통합 CAD/CAM 시스템이 미국에서 개발된 것이 대부분인 반면에 전용 CAM 시스템은 유럽이나 아시아 등 미국 이외의 나라에서 개발된 시스템도 많이 있다.

우리나라에서는 1987년 KAIST와 (주)큐빅테크가 공동으로 개발한 KAPT /SWEEP이 본격적인 상업용 CAM 시스템의 시작이라고 할 수 있다. 그후 큐빅테크의 오메가 (Omega)와 Z-Master, (주)터보테크의 TurboCAM과 SPEED Plus 등이 개발되었지만 외국의 소프트웨어 기술에 밀려 널리 보급되지 못하였다.

표 10.1 CAM software 와 개발회사(2010년 현재)

회사명	제품명	CAx type	비고
G4 Solutions	CAD/CAM/NX	CAD/M/E	provides complete design solutions for customized mechanical design applications, 2D to 3D Modeling.
Camtek	PEPS	CAM	
Celeritive	VoluMill	CAM	High speed machining toolpath engine that runs embedded in other systems or as a standalone
Cimatron	CimatronE	CAD/M	Integrated CAD/CAM solution for mold and die makers and manufacturers of discrete parts, 2.5 to 5-axis NC programming, and 5-axis discrete part production.
CNC Software / Mastercam	Mastercam	CAD/M	CAD/CAM software tools from the most basic to the extremely complex. multi-axis machining, router applications, free-form artistic modeling, 3D design, surface and solid modeling.
Dassault Systemes	CATIA	CAD/M/E	
Delcam	PowerMILL	CAM	
DP Technology	ESPRIT	CAM	a family of CAM software for programming CNC machine tools.
ERCII	e-NC	CAM	an easy and low cost CAM product for milling and lathe.

표 10.1 계속

회사명	제품명	CAx type	비고
EXAPT	EXAPT	CAM	
FastCAM	FastCAM	CAM	
Geometric Technologies, Inc.	CAMWorks	CAM	CNC programming for 2−5 axis milling, 2−4 axis turning, multi−tasking, and wire−EDM
Gibbs and Associates	GibbsCAM	CAM	CNC programming for 2−5 axis milling, 2−4 axis turning, multi−tasking, and wire−EDM
GO2cam International	GO2proto	CAM	
	GO2dental	CAM	
	GO2cam	CAD/M	
Intelitek	spectraCAM Turning	CAM	Educational CAM system
	spectraCAM Milling	CAM	Educational CAM system
Kubotek Corporation	KeyMachinist	CAM	NC utilities integrated within KeyCreator
LAB	SUM3D	CAM	CAM for MOULDMAKERS
	BAMBOO	CAM	EDM wire cut
	DRILLMATRIX	CAM	Automatized Multidrilling
	RHINONC	CAM	CAM integrated in Rhinoceros 3D
Lectra	Vector	CAM	
	GraphicPilot	CAM	
MasterShip Software	MasterShip	CAM	AutoCAD based 3D CAD/CAM system for the design and production of ships and yachts
MecSoft Corporation	VisualMILL	CAD/M	
	VisualMILL−for−SolidWorks	CAM	
Metalix CAD/CAM Ltd.	cncKad	CAD/M	The Complete CAD/CAM Solution for the Sheet metal manufacturing; features 2D & 3D design, Automatic Nesting, NC Generation, Graphic Simulation and Machine Communication (DNC).

표 10.1 계속

회사명	제품명	CAx type	비고
Metamation	MetaCAM	CAM	Sheet metal
MicroTech StellaData AB	CamModul	CAD/M	CAD/CAM software for 2-to-3 axis milling, 2-3 axis turning and wire-EDM
	CamModul3D	CAM	CAM programming for 2-to-3 axis milling
Missler Software (TopSolid)	TopSolid'Cam	CAM	
MMTechnologies	MachineWorks	CAM	Verification software
Module Works	5AxCore	CAM	Software libraries
MTC Software, A Hypertherm Brand	ProNest	CAM	Advanced level nesting software
	GeoPoint	CAM	Turret punch software
Open Mind Technologies	hyperMILL	CAM	
OptiTex	3D Runway	CAM	Fabric simulation system
Planit	Edgecam	CAM	Originally of Pathtrace
	Alphacam	CAM	Originally of Licom
Polytropon	PolyPattern Marker	CAD/M	Apparel marker making (nesting).
QARM Pty Ltd	OneCNC	CAM/D	Milling, Lathe, Wire EDM, Profiling
Schott Systeme GmbH	Pictures by PC	CAD/M/	Software for 2D/3D CAD construction, 3D conceptual modelling and mould tool design, 2.5-5 axis machining, wire cutting, technical documentation-graphic design, and animation
Sescoi	WorkNC	CAM	Automatic CAM for 2, 2.5, 3, 3+2 and 5-axis machining
	WorkNC Dental	CAM	CAD/CAM dental software for automatic 3-5 axis machining of prosthetic appliances, implants or dental structures
SmartCAMcnc	SmartCAM	CAM	Stand-alone, $2-2\frac{1}{2}$ to 3+2 axis milling, turning, wire EDM, and fabrication CAM Software
SolidCAM	SolidCAM	CAM	Integrated CAM in Solidworks for iMachining, 3D Milling/HSM, 5 axes milling, Mill-Turn and Wire EDM

표 10.1 계속

회사명	제품명	CAx type	비고
SolidCAM	InventorCAM	CAM	Integrated CAM in Autodesk Inventor for iMachining, 3D Milling/HSM, 5 axes milling, Mill−Turn and Wire EDM
SolutionWare Corporation	GeoPath	CAD/M	CNC programming for 2.5−3D machining, wire−EDM, solid verification, Mazatrol, fabrication, and solids
	MazaCAM	CAM	CNC programming for a wide range of Mazak machines
	PowerCAM	CAM	CNC programming with direct Mazatrol and/or G−code output from within the SolidWorks interface
Sprut Technology	Sprutcam	CAM	
SharpCam Ltd	SharpCam	CAM	CAD/CAM software for 2.5D axis milling
Surfware	SurfCAM	CAM	
Softek	RTM	CAM	
Tebis	Tebis	CAM	
Technos	Astra R−Nesting	CAM	a sheet nesting software for optimized cutting of particle board, metal, glass, etc. and output NC data for CNC cutting machines.
Top Systems	T−FLEX CAM	CAM	Integrated CAM software
Siemens PLM Solutions*	NX	CAD/M/E	
Ucamco	UCAM	CAM	CAM software suite for the printed circuit board (PCB) industry; inputs Gerber Format
Vero Italia	VISI−Series	CAD/M/E	
	machining STRATEGIST	CAM	
	PEPS−Series	CAM	

* Formerly UGS Corp, Unigraphics Solutions

10.2 자동 프로그램의 구성과 예

NC 자동 프로그램은 그림 10.6과 같이 일반적으로 프로그램명, 사용 공작기계 및 후처리 프로세서 종류 설명, 도형 정의부, 공구 및 절삭조건 설정, 동작지령부로 구성되어 있으며 도형 정의부와 공구 및 절삭조건 지정 부분은 서로 바꿀 수 있다. 그림 10.6은 APT 프로그램과 FAPT 프로그램의 구성 형식을 나타낸다. 각 언어에 따른 표현 방법에서 차이는 있으나 기본적인 프로그램 구성 형태는 동일하다.

동작 지령 방식에는 모든 구간에서 공구의 이동을 개별적으로 지정하는 직접 지령 (direct command) 방식과 전체 윤곽을 하나의 복합 곡선처럼 간주하여 공구가 일단 윤곽 도형에 접근하면 자동적으로 윤곽을 따라가도록 하는 간접 지령(indirect command) 방식이 있다. APT, COMPACT-II 등은 직접지령 방식을 취하며 FAPT, KAPT 등은 간접 지령 방식을 취한다. 그림 10.7의 형상을 예로 들어 직접 지령 방식인 APT와

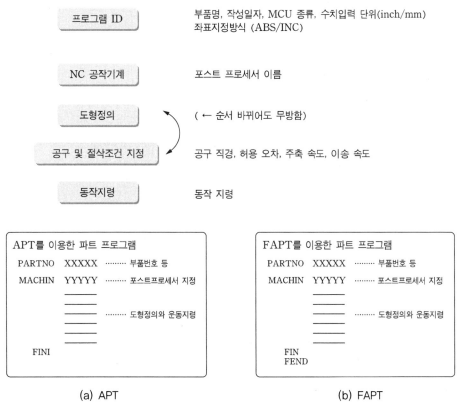

그림 10.6 자동 프로그램의 구성

간접 지령 방식인 FAPT의 차이를 설명한다. 그림 10.8은 그림 10.7 도형에 대한 APT 프로그램과 FAPT 프로그램을 나타낸다. 먼저 두 자동 프로그래밍 시스템의 도형 정의 방법을 비교한다.

점 P1은 다음과 같이 정의된다.

```
(APT)       P1=POINT/ 20, 20
(FAPT)      P1=20, 20
```

직선 L1, L2, L3, L4, L5, L6는 다음과 같이 정의된다.

① 직선 L1은 P1을 지나고 X축에 평행인 선

```
(APT)       L1=LINE/P1, ATANGL, 0
(FAPT)      S1=P1, 0D
```

② 직선 L2는 P2를 지나고 X축에 수직인 선

```
(APT)       L2=LINE/P2, PERPTO, (LINE/XAXIS)
(FAPT)      S2=80X
```

③ 직선 L3, L4는 한점 P2, P3를 지나고 L1에 평행인 선

```
(APT)       L3=LINE/P2, PARLEL. L1
            L4=LINE/P3, PARLEL. L1
(FAPT)      S3=P2, S1        S4=P3, S1
```

④ 직선 L5는 P4점을 지나고 X축과 평행한 선과 225° 각도를 이루는 선

```
(APT)        L5=LINE/P4, ATANGL, 225
(FAPT)       S5=P4, 225A
```

⑤ 직선 L6는 L2와 60만큼 떨어져 평행인 선

```
(APT)    L6=LINE/PARLEL, L2, XSMALL, 60
(FAPT)   S6=20X
```

원 C1은 중심점 좌표가 x=70, y=30, 반직경 10이므로 다음과 같이 정의된다.

```
(APT)        C1=CIRCLE/ 70, 30, RADIUS, 10
(FAPT)       C1=P(70,30), 10
```

절삭 조건은 다음과 같이 정의된다.

⑥ 공구(ENDMILL), 직경 10

```
(APT)        CUTTER/10
(FAPT)       CUTTER, 10
```

⑦ 주축회전수 200rpm, 정회전(CW)

```
(APT)        SPINDL/200, CW
(FAPT)       @ S200 M03      @뒤에 있는 내용을 그대로
                             NC 테이프로 출력
```

⑧ 이송속도 200mm/min

```
(APT)        FEDRAT/ 200
(FAPT)       FCOD, 200
```

APT는 직접 지령 방식의 언어이고 FAPT는 간접 지령 방식의 언어이기 때문에 동작 지령 부분에서 차이가 나타난다.

⑨ APT에서의 동작 지령 부분

```
GO/TO, L1, TO, L6           { 직선 L1과 L6에 접하도록 접근}
TLRGT, GORGT/ L1, ON, C1    {도형의 우측을 따라감, 직선L1을 따라 우회
                             전하여 C1과 접할 때까지 접근}
GOFWD/C1, PAST, L2          {계속 직진하여 C1을 돌아 L2를 지나서}
GOLFT/L3, ON, C2            {좌회전하여 L3를 따라 C2와 접할 때까지
                             접근}
GOFWD/ C2, PAST, L4         {C2를 돌아 계속 직진하여 L4를 지나서}
GOLFT/ L4, PAST, L5         {좌회전하여 L4를 따라가다 L5를 지나서}
GORGT/L5, PAST, L6          {우회전하여 L5를 따라가다 L6를 지나서}
GORGT/L6, PAST, L1          {우회전하여 L6를 따라가다 L1을 지나서 정
                             지}
```

⑩ FAPT에서의 동작 지령 부분

```
TO, S1; TLRGT {S1에 접근한 다음 윤곽도형의 우측 방향으로}
S1; C1, CCW; S2; S3; C2, CW; S4; S5; S6, PAST, S1 {윤곽도형은 S1,
C1, S2, S3, C2, S4, S5, S6로 구성되어 있고, 공구는 S6을 따라가다 S1을
지나서 정지}
```

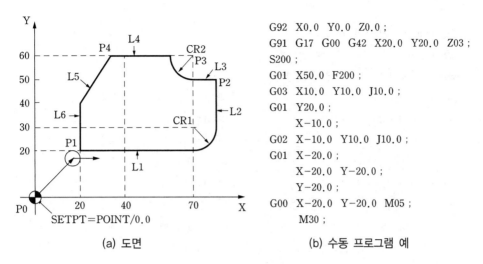

(a) 도면

G92 X0.0 Y0.0 Z0.0 ;
G91 G17 G00 G42 X20.0 Y20.0 Z03 ;
S200 ;
G01 X50.0 F200 ;
G03 X10.0 Y10.0 J10.0 ;
G01 Y20.0 ;
    X−10.0 ;
G02 X−10.0 Y10.0 J10.0 ;
G01 X−20.0 ;
    X−20.0 Y−20.0 ;
    Y−20.0 ;
G00 X−20.0 Y−20.0 M05 ;
   M30 ;

(b) 수동 프로그램 예

그림 10.7 예제 도형

```
10  PARTNO/ FLAT-PLATE

20  CLPRNT

30  P0=POINT/0, 0        $$ 도형정의

40  P1=POINT/20, 20

50  P2=POINT/80, 50

60  P3=POINT/70, 60

70  P4=POINT/40, 60

80  L1=LINE/P1, ATANGL, 0

90  L2=LINE/P2, PERPTO,(LINE/XAXIS)

100 L3=LINE/P2, PARLEL, L1

110 L4=LINE/P3, PARLEL, L1

120 L5=LINE/P4, ATANGL, 225

130 L6=LINE/PARLEL, L2, XSMALL, 60

140 C1=CIRCLE/70, 30, RADIUS, 10

150 C2=CIRCLE/70, 60, RADIUS, 10

160 PL1=PLANE/0, 0, 1, 0

170 CUTTER/ 10      $$ 기계제어 지령

180 SPINDL/200, CW

190 FEDRAT/ 200

200 FROM/P0        $$ 운동 지령

210 PSIS/PL1

220 GO/TO, L1, TO, L6

230 TLRGT, GORGT/ LI, ON, C1

240 GOFWD/C1, PAST, L2

250 GOLFT/L3, ON, C2

260 GOFWD/ C2, PAST, L4

270 GOLFT/ L4, PAST, L5

280 GORGT/L5, PAST, L6

290 GORGT/L6, PAST, L1

300 GOTO/ P0

310 SPINDL/OFF

310 FINI
```

(a) APT 프로그램

```
10  PART, @ FLAT-PLATE

20  MCHN, MILL, ABS

*----------- 도형정의

30  P0=0,0

40  P1=20,B20

50  P2=80, 50

60  S1=P1, 0D

70  C1=P(70,30), 10

80  S2=80X

90  S3=P2, S1

100 P3=70,60

110 C2=P3, 10

120 S4=P3, S1

130 P4=40, 60

140 S5=P4, 225A

150 S6=20X

* ----- 기계제어 지령

160 CUTTER, 10

170 FCOD, 200

180 @ S200,M03

*---- 운동 지령

190 FROM P0

200 TO, S1; TLRGT S1; C1, CCW; S2;
     S3; C2, CW; S4; S5; S6, PAST, S1

210 RPD, P0

220 @ M30

230 FEED,200

240 FINI

250 PEND
```

(b) FAPT 프로그램

그림 10.8 자동 프로그램 예

10.3 APT를 이용한 자동 프로그래밍

10.3.1 도형 정의부

부품 도면으로부터 APT 언어를 사용하여 가공 형상을 기술한다. 부품의 도형은 일반적으로 여러 개 평면의 결합으로 쪼갤 수 있으며, 다시 각 평면은 점, 선, 원, 곡선 등으로 표현 가능하다. 여기서는 기본적인 2차원 자동프로그래밍에 대해 제한하여 설명한다. APT의 경우 점(point)은 P, 선(line)은 L, 원(circle)은 C, 평면(plane)은 PL로 표현한다.

1) 점

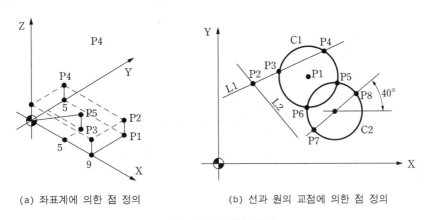

(a) 좌표계에 의한 점 정의   (b) 선과 원의 교점에 의한 점 정의

그림 10.9 점의 정의

① 좌표계에 의한 정의

• 형식 : Pi= POINT/x, y, z

P1=POINT/9, 5, 0	P2=POINT/9, 5, 2
P3=POINT/9, 0, 2	P4=POINT/0, 5, 2
P5=POINT/5, 3, 2	

② 선과 원의 교점에 의한 점 정의

－원의 중심 정의

$$Pi = POINT/CENTER, \ Ci$$

－두 선의 교점에 의한 정의

$$Pi = POINT/INTOF, \ line1, \ line2$$
(INTOF는 교점(intersection)을 나타냄)

－원과 선의 교점에 의한 정의

$$P_i = POINT / \begin{pmatrix} XSMALL \\ XLARGE \\ YSMALL \\ YLARGE \end{pmatrix}, INTOF, line1, circle \ 1$$

－두 원의 교점에 의한 정의

$$P_i = POINT / \begin{pmatrix} XSMALL \\ XLARGE \\ YSMALL \\ YLARGE \end{pmatrix}, INTOF, circle1, circle2$$

－X축 각도에 의한 원주상의 점

$$Pi = POINT/circle \ 1, \ ATANGL, \ angle \ 1$$
(ATANGL은 'at an angle of'의 의미)

```
P1=POINT/CENTER, C1
P2=POINT/INTOF, L1, L2
P3=POINT/XSMALL, INTOF, L1, C1
P4=POINT/YLARGE, INTOF, L1, C1
P5=POINT/XLARGE, INTOF, C1, C2
P6=POINT/XSMALL, INTOF, C1, C2
P7=POINT/C2, ATANGL, 220
P7=POINT/C2, ATANGL, -140
P8=POINT/C2, ATANGL, 40
```

2) 선

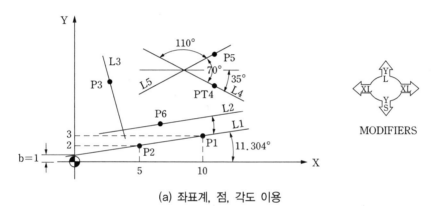

(a) 좌표계, 점, 각도 이용

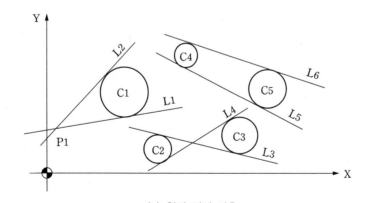

(b) 원의 접선 이용

그림 10.10 선의 정의

① 점, 각도에 의한 정의

－두 점 또는 두 점의 좌표값에 의한 정의

> Li=LINE/x1, y1, z1, x2, y2, z2
> 또는
> Li=LINE/ point1, point2

－기울기와 Y 절편(intercept)에 의한 정의 (y=mx+b)

> Li=LINE/SLOPE, m, INTERC, b

－한 점과 평행선에 의한 정의

> Li=LINE/point1, PARLEL, line1
> (PARLEL은 평행(parallel)을 의미)

－한 점과 수직선에 의한 정의

> Li=LINE/point1, PERPTO, line1
> (PERPTO은 수직(perpendicular to)을 의미)

－평행선에서 거리에 의한 정의

$$Li = LINE/PARLEL, line2, \begin{pmatrix} XSMALL \\ XLARGE \\ YSMALL \\ YLARGE \end{pmatrix}, distance$$

- 점과 선이 이루는 각도에 의한 정의

$$Li = LINE/point1, ATANGL, angle1, \begin{pmatrix} line1 \\ XAXIS \\ YAXIS \end{pmatrix}$$

```
L1=LINE/5, 2, 0, 10, 3, 0
L1=LINE/ P1, P2
L1=LINE/SLOPE, 0.2, INTERC, 1.0
L2=LINE/PARLEL, L1, YLARGE, 1.25
L2=LINE/P6, ATANGL, 0, L1
L2=LINE/P6, PARLEL, L1
L3=LINE/P3, ATANGL, 90, L2
L3=LINE/P3, PERPTO, L2
L4=LINE/P4, ATANGL, 110, L5
L4=LINE/P4, ATANGL, −70, L5
L5=LINE/P5, ATANGL, 70, L4
L5=LINE/P5, ATANGL, −110, L4
```

② 원의 접선에 의한 정의
- 점과 원의 접선에 의한 정의

$$Li = LINE/ point, \begin{Bmatrix} LEFT \\ RIGHT \end{Bmatrix}, TANTO, circle 1$$
(TANTO는 'tangent to'의 의미)

- 두 원의 접선에 의한 정의

$$Li = LINE/ \begin{Bmatrix} LEFT \\ RIGHT \end{Bmatrix}, TANTO, circle 1,$$
$$\begin{Bmatrix} LEFT \\ RIGHT \end{Bmatrix}, TANTO, circle 2$$

```
L1=LINE/P1, LEFT, TANTO, C1
L2=LINE/P1, RIGHT, TANTO, C1
L3=LINE/LEFT, TANTO, C2, RIGHT, TANGO, C3
L4=LINE/RIGHT, TANTO, C2, LEFT, TANTO, C3
L5=LINE/RIGHT, TANTO, C4, RIGHT, TANTO, C5
L6=LINE/LEFT, TANTO, C4, LEFT, TANTO, C5
```

3) 원

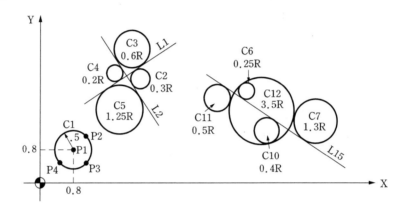

그림 10.11 원의 정의

-중심과 반경에 의한 정의

```
Ci=CIRCLE/x1, y1, z1, radius 1
Ci=CIRCLE/CENTER, point1, RADIUS, radius 1
```

-두 개의 접선과 반경에 의한 정의

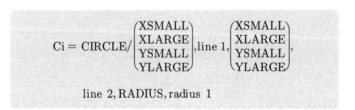

$$Ci = CIRCLE/ \begin{pmatrix} XSMALL \\ XLARGE \\ YSMALL \\ YLARGE \end{pmatrix}, line\ 1, \begin{pmatrix} XSMALL \\ XLARGE \\ YSMALL \\ YLARGE \end{pmatrix},$$

$$line\ 2, RADIUS, radius\ 1$$

−접선, 원의 교점, 반경에 의한 정의

$$Ci = CIRCLE/ \begin{pmatrix} XSMALL \\ XLARGE \\ YSMALL \\ YLARGE \end{pmatrix}, line\ 1, \begin{pmatrix} XSMALL \\ XLARGE \\ YSMALL \\ YLARGE \end{pmatrix},$$

$$\begin{bmatrix} IN \\ OUT \end{bmatrix}, CIRCLE\ 2, RADIUS, radius\ 1$$

C1=CIRCLE/0.8, 0.8, 0.5

C1=CIRCLE/CENTER, P1, RADIUS, 0.5

C2=CIRCLE/XLARGE, L2, XLARGE, L1, RADIUS, 0.3

C3=CIRCLE/YLARGE, L2, YLARGE, L1, RADIUS, 0.6

C4=CIRCLE/XSMALL, L2, YSMALL, L1, RADIUS, 0.2

C5=CIRCLE/YSMALL, L2, YSMALL, L1, RADIUS, 1.25

C6=CIRCLE/YLARGE, L15, XSMALL, IN, C12, RADIUS, 0.25

C7=CIRCLE/YLARGE, L15, XLARGE, OUT, C12, RADIUS, 1.3

C10=CIRCLE/YSMALL, L15, YSMALL, IN, C12, RADIUS, 0.4

C11=CIRCLE/YSMALL, L15, XSMALL, OUT, C12, RADIUS, 0.5

4) 평면

−3점에 의한 정의

PL1=PLANE/P1, P2, P3

−한 점과 평행한 면에 의한 정의

PL2=PLANE/P4, PARLEL, PL1

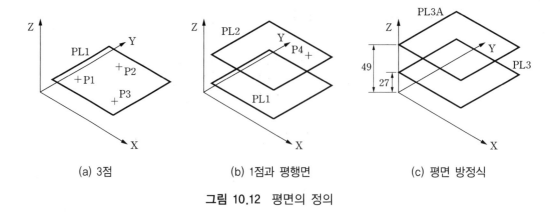

(a) 3점	(b) 1점과 평행면	(c) 평면 방정식

그림 10.12 평면의 정의

— 평면 방정식에 의한 정의 (aX+bY+cZ=d)

$$PL3=PLANE/0, \ 0, \ 1, \ 27$$
$$PL3A=PLANE/0, \ 0, \ 1, \ 49$$

5) 패턴

동일한 가공이 필요한 구멍들을 묶어 표현할 때 사용되며, 구멍들이 서로 대칭적인 형태로 되어 있어야 사용 가능하다.

— 첫 번째 점과 끝점 그리고 그 사이 점의 개수로 선형 패턴 정의

$$PAT1=PATTERN/ \ LINEAR, \ P1, \ P2, \ 7$$

— 원과 첫 번째 구멍과 마지막 구멍의 각도, 점의 개수에 의한 원형 패턴 정의

$$PATi = PATTERN/ARC, circle \ 1, angle \ 1, angle \ 2, \frac{CLW}{CCLW}, number$$

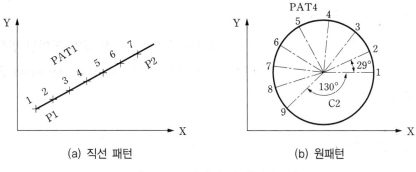

(a) 직선 패턴   (b) 원패턴

그림 10.13 패턴의 정의(직선, 원)

각도는 X축 +방향과 평행한 반경 방향에서 계산한다. CLW는 주어진 시작 각도로부터 시계 방향으로 움직이며 패턴을 생성하는 것을 의미하며, CCLW는 반시계 방향으로 움직이는 것을 나타낸다.

```
PAT3 = PATTERN/ARC, CIR 1, 40, -20, CCLW, 6
PAT4 = PATTERN/ARC, CIR 2, 29, -130, CCLW, 9
```

예] 도형 정의 예

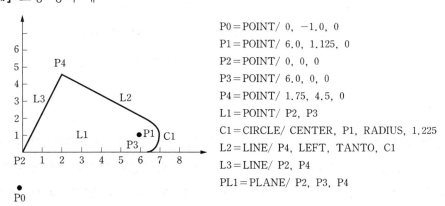

```
P0 = POINT/ 0, -1.0, 0
P1 = POINT/ 6.0, 1.125, 0
P2 = POINT/ 0, 0, 0
P3 = POINT/ 6.0, 0, 0
P4 = POINT/ 1.75, 4.5, 0
L1 = POINT/ P2, P3
C1 = CIRCLE/ CENTER, P1, RADIUS, 1.225
L2 = LINE/ P4, LEFT, TANTO, C1
L3 = LINE/ P2, P4
PL1 = PLANE/ P2, P3, P4
```

그림 10.14 도형 정의 예

10.3.2 공구 운동 명령

부품 형상이 도형 정의문에서 프로그램화되면 다음은 공구를 도형 정의된 면을 따라 움직여 목적으로 하는 형상으로 가공하기 위한 운동 명령문(motion command)을 프로그래밍해야 한다.

1) 공구 형상 지정

CUTTER/ diameter
CUTTER/ diameter, radius (r : 공구 모서리 반경)

공구의 직경과 형상을 지정한다.

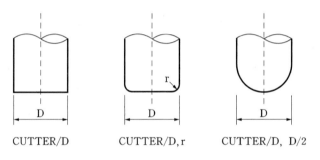

CUTTER/D   CUTTER/D,r   CUTTER/D, D/2

그림 10.15 공구형상과 CUTTER 문

2) 제어면

공구를 도형 정의된 면 따라 움직이기 위해서는 3개의 제어 면과 이들 면에 대한 공구의 위치관계를 지정하는 운동명령문을 사용하여 공구경로를 프로그램 해야 한다. 즉, 메인 프로세서는 공구가 가공을 위해 도형 정의된 면을 따라 움직이는 것으로 가정하고 공구 경로를 서로 교접하는 3개의 면-구동면(drive surface: ds), 부품면(part surface: ps), 정지면(check surface: cs)-을 이용하여 기술한다. 즉, 공구 경로는 구동면과 부품면에 의해 결정되며 정지면에 의해 공구의 운동을 어디에서 멈출 것인지를 지시한다. 2차원 윤곽가공에서는 구동면, 정지면이 각각 구동선(drive line), 정지선

(check line)이 되며, 현재의 구동선을 따라가다 정지선을 만나게 되면 공구 이동을 멈춘다.

- 구동면(drive surface (DSURF)) : 공구가 접해서 가는 면

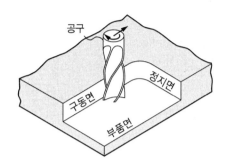

그림 10.16 제어면 정의

- 정지면(check surface (CSURF)) : 공구가 정지한 면, 다음 블록에서 구동면이 될 수 있다.
- 부품면(part surface (PSURF)) : 공구 밑면이 닿는 면으로 절삭 깊이를 제어하는 데 필요하다.

3) 제어면과 공구의 관계

공구와 구동면과의 위치 관계는 TLLFT(tool left), TLON(tool on), TLRGT(tool right)를 이용하여 나타낸다. 좌우는 그림 10.17에 나타낸 것처럼 공구의 진행 방향에서 볼 때 공구가 구동면의 어느 쪽에 있는가에 의해 정해진다. 파트면에 대한 공구의 위치 관계는 TLOFPS, TLONPS를 이용하여 나타내며 지정이 없는 경우는 TLOFPS로 가정한다. 공구와 정지면의 위치 관계는 TO, ON, PAST, TANTO를 이용하여 나타낸다. TO, ON, PAST의 지정은 현재 공구 위치로부터 정지면의 방향을 보며 결정한다. TANTO는 구동면과 정지면이 접하고 있을 때 접점에 공구를 위치 시키고자 하는 경우에 지정한다.

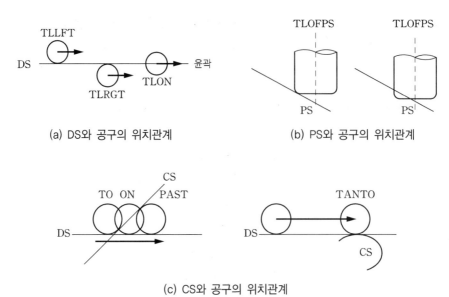

(a) DS와 공구의 위치관계

(b) PS와 공구의 위치관계

(c) CS와 공구의 위치관계

그림 10.17 제어면과 공구의 위치관계

4) 허용오차(tolerance) 지정

－INTOL/ t : 허용오차를 프로그램된 경로 안쪽으로 취하도록 지령

－OUTTOL/ t : 허용오차를 프로그램된 경로 바깥쪽으로 취하도록 지령

－TOLER/ t : 이미 지정되어 있는 OUTTOL이나 INTOL 지령을 취소하고 이후
OUTTOL/0으로 하는 지령

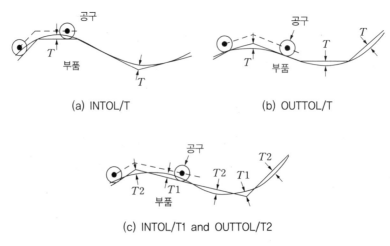

(a) INTOL/T

(b) OUTTOL/T

(c) INTOL/T1 and OUTTOL/T2

그림 10.18 허용오차 지정

APT 윤곽가공에서는 공구의 곡선 운동도 직선으로 근사해서 움직이는 방법을 취하고 있기 때문에 적당한 직선근사를 행할 수 있도록 허용오차 범위를 지정해 줄 필요가 있다. 따라서 프로그래머는 곡면 가공 시 직선 운동에 의해 생기는 오차의 허용 값과 허용오차를 어떻게 둘 것인가에 대해 프로그램상에 지정해 주어야 한다.

INTOL/t1과 OUTTOL/t2 양쪽을 다 지정하면 프로그램된 경로 안쪽으로 t1 만큼 바깥쪽으로 t2 만큼 오차를 취한 곡면에 대한 직선 근사 경로가 얻어진다.

5) 기동 명령문

$$GO/\begin{pmatrix} TO \\ ON \\ PAST \end{pmatrix}, ds, \begin{pmatrix} TO \\ ON \\ PAST \end{pmatrix}, ps, \begin{pmatrix} TO \\ ON \\ PAST \\ TANTO \end{pmatrix}, cs$$

기동 명령문(start-up command)은 제어면을 이용해서 공구를 이동시킨다. 제어면에 대해서 허용오차 범위 내로 공구 경로가 생성된다.

6) 부품면 변경

-PSIS/ps : 부품면을 바꿀 때 사용하며, PSIS는 'part surface is'의 의미
-AUTOPS : 'automatic part surface'를 의미하며, Z축 평면이 파트면이 됨
-NOPS : 부품면이 없음을 의미

기동 명령문에서 지정된 부품면은 도중에 공구의 운동을 제어하기 위해 사용하지 않고 새로운 부품면을 필요로 하는 경우에 앞 운동의 구동면 또는 정지면을 새로운 부품면으로 지정하는 것이 가능하다.

7) 위치결정 명령문

공구를 현재 위치에서 지정된 위치로 직선적으로 움직이도록 하는 명령들로 FROM, GOTO, GODLTA 명령 등이 있다. 위치결정 명령문(positioning command)은 드릴 공정과 같이 점대점(pont-to-point) 응용을 위한 위치결정 명령을 지정하는 데 사용한다.

① FROM

FROM/ point   or   FROM/ x1, y1, z1

공구가 맨 처음 어떤 위치로부터 출발하는가를 지정하는데 사용되는 명령문이다. FROM 명령어에는 공구의 움직임에 대한 정보는 포함되지 않고 이미 공구가 놓여 있는 위치만 단순히 정의한다.

② GODTLA

GODLTA/ dx, dy, dz

지정된 축을 따라 상대적 운동을 지정하는 명령이다.

현재 위치에서 X축을 따라 dx만큼, Y축을 따라 dy만큼, Z축을 따라 dz만큼 움직이게 된다.

③ GOTO

GOTO/ x, y, z or GOTO/ point or GOTO/ pattern

절대적 움직임을 지정하는 명령으로 현재 위치에서부터 지정된 위치로 공구를 움직이기 위해 사용한다. GOTO문은 이미 패턴으로 묶어져 있는 일련의 점들의 위치 결정에 유용하게 사용할 수 있다.

예] 위치결정 명령문

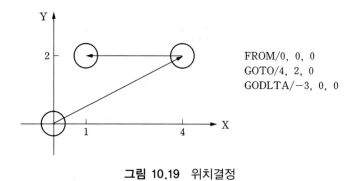

FROM/0, 0, 0
GOTO/4, 2, 0
GODLTA/−3, 0, 0

그림 10.19 위치결정

8) 윤곽경로 운동 명령문

$$
\begin{Bmatrix} \text{GOLEFT} \\ \text{GORGT} \\ \text{GOFWD} \\ \text{GOBACK} \\ \text{GOUP} \\ \text{GODOWN} \end{Bmatrix} / ds, \begin{Bmatrix} \text{TO} \\ \text{ON} \\ \text{PAST} \\ \text{TANTO} \end{Bmatrix}, cs
$$

　기동 명령문으로 공구를 가공면에 위치결정한 후 가공면을 따라 공구를 연속적으로 움직이기 위한 연속운동 명령문(continuous path motion command)이다. 윤곽경로 운동은 밀링이나 선삭에 의한 자동 프로그래밍에 반드시 필요한 명령이다.

　그림 10.20에 나타내듯이 GOLFT는 'go to left', GORGT는 'go to right', GOFWD는 'go forward', GOBACK는 'go back', GOUP은 'go up', GODOWN은 'go down'을 의미한다. GOLFT 등은 공구의 직전 운동 방향에서 볼 때 공구를 다음에 어느 방향으로 진행시킬 것인지 공구의 운동 방향을 지정하는 데 사용되는 용어들이다.

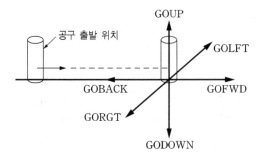

그림 10.20 공구의 운동방향 지정

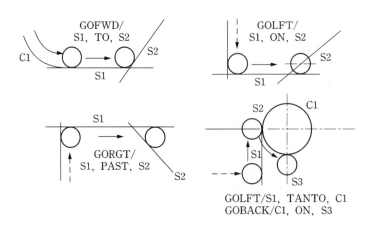

그림 10.21 공구의 운동방향 프로그램

예] 연속운동 명령문(PLO : XY 평면)

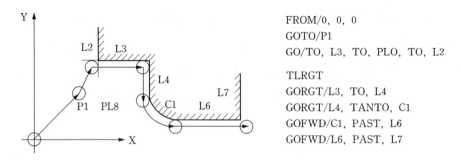

```
FROM/0, 0, 0
GOTO/P1
GO/TO, L3, TO, PLO, TO, L2

TLRGT
GORGT/L3, TO, L4
GORGT/L4, TANTO, C1
GOFWD/C1, PAST, L6
GOFWD/L6, PAST, L7
```

그림 10.22 연속운동 명령

10.3.3 매크로 및 반복 명령문

파트 프로그램 가운데에 동일한 내용의 프로그램이 몇 회 반복되거나 일부분만 다르고 내용으로서는 같은 구성으로 된 파트 프로그램의 경우 매크로나 반복 명령문을 사용하여 간략화하는 것이 가능하다.

1) 매크로

등 간격으로 일련의 구멍을 가공하는 경우 유사하거나 동일한 명령들이 값과 달리 한 채 반복적으로 사용된다. 이런 경우 매크로 기능을 이용하면 간단히 프로그래밍할 수 있다.

```
(형식)                              예]
⟨name⟩=MACRO/ ⟨parameter⟩          DRL=MACRO/ X, D
         |                                GOTO/ X, 10, 3
                                          GODLTA/ 0, 0, -D
         |                                GODTLA/ 0, 0, D
       TERMAC                             TERMAC
         |                                   |
    CALL/ name, ⟨parameter⟩           CALL/ DRL, X=10, D=10
```

CALL 명령에 의해 매크로가 호출될 때마다 MACRO문과 TERMAC문 사이의 명령들이 수행된다. 이때 CALL문에 의해 지정된 변수값들이 MACRO문의 해당 변수로 전달된다.

예] 매크로 사용 예

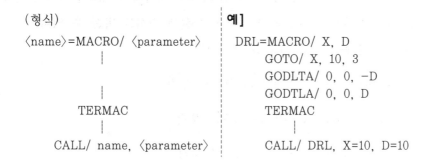

```
MAC1=MACRO/A
     CUTTER/(20+A*2)
     GO/TO, L1, TO, PL5, TO, L4
     TLLFT, GOLFT/L1, PAST, L2
     GORGT/L2, PAST, L3
     GORGT/L3, PAST, L5
     GORGT/L4, PAST, L1
TERMAC
     GOTO/0, 0, 10
     CALL/MAC1, A=3
     CALL/MAC1, A=1
```

그림 10.23 매크로 예

2) LOOP

JUMPTO/ label

IF(expression) label 1, label 2, label 3

반복되는 프로그래밍에 유용하게 사용할 수 있는 명령으로 LOOP 명령이 있다. LOOP 기능은 매크로 기능과 같은 형태이고 일련의 프로그램이 몇 번 반복되는 경우에 사용한다. 반복문은 반드시 LOOPST와 LOOPND 문장 사이에 놓아야 한다.

분기명령에는 무조건 분기되는 JUMPTO문과 조건에 따라 분기되는 IF 문이 있다. 일반적으로 파트 프로그램은 PARTNO 문장으로부터 시작하여 FINI 문장까지 순차적으로 실행되나 분기명령문을 사용하면 순차적인 실행 순서를 바꿀 수 있다.

IF문은 다음과 같은 조건부 분기를 의미한다.

expression 〈 0 이면 label 1으로 분기

expression ＝ 0 이면 label 2로 분기

expression 〉 0 이면 label 3로 분기

10.3.4 포스트 프로세서 명령문

APT 메인 프로세서 처리는 파트 프로그램을 해독하고 실행처리를 행하여 공구 경로 좌표값을 구한 뒤, 공구의 좌표값과 공구축의 방향벡터로 되어 있는 CL 데이터를 출력한다. 이는 가공물이 정지되어 있고 공구가 움직인다고 가정하고 구한 일반해(CL 데이터)로 실제 NC 공작기계의 움직임과는 차이가 있는 경우가 많다. 따라서 메인 프로세서에서 구한 CL 데이터를 사용하는 공작기계의 운동 메카니즘과 NC장치에 맞도록 포스트 프로세서 과정을 거쳐 처리한다. NC 공작기계를 움직이기 위해서는 공구경로의 정보 외에 공구에 관한 정보나 주축의 회전·정지, 절삭유의 방출·정지, 공구의 이송속도 등을 지시하는 정보나 기타 가공에 필요한 정보를 NC 프로그램에 넣어야 한다.

1) MACHIN

$$\text{MACHIN/name}$$

가공에 사용할 공작기계를 위해 준비된 포스트 프로세서를 지정하는 데 사용된다. name은 사용하는 특정 포스트 프로세서의 이름을 나타낸다.

2) SPINDL

$$\text{SPINDL} / \begin{pmatrix} \text{SFM} \\ \text{RPM} \\ \text{SMM} \end{pmatrix}, \quad n, \begin{pmatrix} \text{CLW} \\ \text{CCLW} \end{pmatrix}$$

SPINDL/OFF (주축 정지) (SFM: feet/min, SMM: m/min)

주축 속도와 회전 방향을 나타내는 S코드와 M코드를 생성한다. n은 회전속도(rpm)를 나타내며 CLW는 M03, CCLW는 M04가 된다.

3) FEDRAT

$$\text{FEDRAT} / \begin{pmatrix} \text{IPM} \\ \text{IPR} \\ \text{MMPM} \\ \text{MMPR} \end{pmatrix}, \text{ feed}$$

(IPM: inch/min, IPR: inch/rev, MMPM: mm/min, MMPR: mm/rev)

공구 이송속도가 f가 되도록 F코드를 생성한다.

4) COOLNT

$$\text{COOLNT} / \begin{pmatrix} \text{OFF} \\ \text{MIST} \\ \text{FLOOD} \end{pmatrix}$$

절삭류(coolant)의 종류와 ON/OFF를 나타낸다. MIST와 FLOOD는 M08, OFF는 M09를 발생한다.

5) RAPID

공구의 급속이송을 지정한다.

10.3.5 기타 명령문

1) PARTNO과 FINI

PARTNO는 'part number'의 의미로 파트 프로그램의 식별을 위해 사용된다. 파트 프로그램에서 가장 첫 번째 문장이 된다. FINI는 파트 프로그램의 끝을 나타내며 반드시 파트 프로그램의 끝에 쓴다.

2) CLPRNT

'cutter location print'의 의미로 공구경로를 위해 계산된 모든 CL 데이터 즉 공구의 좌표값 리스트를 출력하는 명령이다. 이 리스트는 프로그래머가 의도한 대로 공구경로가 생성되었는지를 점검하는 데 유용하게 사용된다.

3) REMARK

```
REMARK/ statement
REMARK/ geometrical definition
$$  machine control statement
```

파트 프로그램 중간에 설명문(comment)을 넣을 때 사용한다. $$를 사용하여 간단히 표현할 수 있다. 프로세서가 해독 시 무시한다.

예] 윤곽가공 APT 프로그램 예(그림 10.24)

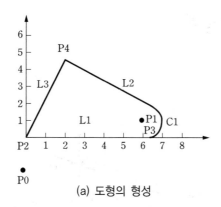

(a) 도형의 형성

PARTNO EXAMPLE PART 　　　MACHIN/MILL, 1 　　　CLPRNT 　　　INTOL/0.001 　　　OUTTOL/0.001 　　　CUTTER/0.5 P0=POINT/ 0, −1.0, 0 P1=POINT/ 6.0, 1.125, 0 P2=POINT/ 0, 0, 0 P3=POINT/ 6.0, 0, 0 P4=POINT/ 1.75, 4.5, 0 C1=CIRCLE/ CENTER, P1, RADIUS, 1.225 L2=LINE/ P4, LEFT, TANTO, C1 L3=LINE/ P2, P4 PL1=PLINE/ P2, P3, P4 　　　SPINDL/573 　　　FEDRAT/2.29 　　　COOLNT/ON	PROM/P0 GO/TO, L1, TO, PL1, TO, L3 GORGT/L1, TANTO, C1 GOFWD/C1, PAST, L2 GOFWD/L2, PAST, L3 GOLFT/L3, PAST, L1 GOTO/P0 COOLNT/OFF FINI

(b) APT 프로그램

그림 10.24 APT 프로그램 예

10.3.6 APT 프로그램 예

1) 2차원 윤곽가공

① 도면

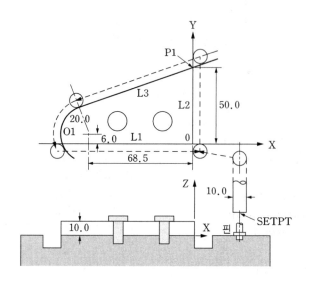

그림 10.25 윤곽 및 구멍가공

② 프로그램

첫 번째 매크로 호출에서 공구 직경을 12mm로 지령할 경우 실제 사용공구의 직경이 10mm이기 때문에 결국 황삭에 의해 1mm의 정삭 여유가 남게 된다. 두 번째 매크로 호출은 정삭이기 때문에 이송속도를 줄여주는 것이 바람직하다.

```
PARTNO     TEST PART
CLPRNT
MACHIN / UNIV
INTOL / 0.01
OUTTOL / 0.01

$$ … 도형 정의문
C1=CIRCLE / -68 , 5 , 6 , 0 , 20
L1=LINE / 0 , 0 , 0 , -50 , 0 , 0
L2=LINE / 0 , 0 , 0 , 0 , 50 , 0
P1=POINT / 0 , 50 , 0
L3=LINE / P1 , RIGHT , TANTO , C1
PL1=PLANE / 0 , 0 , 1 , 0
SETPT=POINT / 30 , -10 , 15

$$ …운동명령문
FROM / SETPT
SPINDL / 900 , CLW
COOLNT / FLOOD
M1=MACRO / DIA , FED
CUTTER / DIA
FEDRAT / FED
GO / TO , L2 , TO , PL1 , TO , L1
```

```
 GORGT / L2 , PAST , L3
 GOLFT / L3 , TANTO , C1
 GOFWD / C1 , PAST , L1
 GOLFT / L1 , PAST , L2
 GOTO / SETPT
 TERMAC
FROM / SETPT
CALL / M1, DIA=12, FED=100   $$ 황삭(실제 공구직경은 10mm,
   정삭 여유 1mm)
CALL / M1, DIA=10, FED=50    $$ 정삭

COOLNT / OFF
END
FINI
```

2) 반복 PTP 제어 명령문 활용 예

① 도면

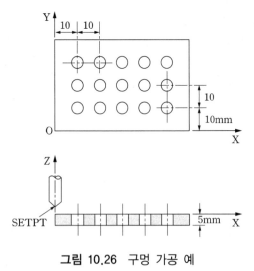

그림 10.26 구멍 가공 예

② 프로그램

```
SETPT=POINT / 0 , 0 , 3
    CUTTER / 6
    FROM / SETPT
    GOTO / 10 , 10 , 3          $$ 첫 번째 구멍
    GODLTA / 0 , 0 , -10        $$ 모든 구멍은 관통(through) 가공
    GODLTA / 0 , 0 , 10
    GOTO / 20 , 10 , 3          $$ 두 번째 구멍
    GODLTA / 0 , 0 , -10
    GODLTA / 0 , 0 , 10
    GOTO / 30 , 10 , 3          $$ 세 번째 구멍
    GODLTA / 0 , 0 , -10
    GODLTA / 0 , 0 , 10
    GOTO / 40 , 10 , 3          $$ 네 번째 구멍
    GODLTA / 0 , 0 , -10
    GODLTA / 0 , 0 , 10
    GOTO / 50 , 10 , 3          $$ 다섯 번째 구멍
    GODLTA / 0 , 0 , -10
    GODLTA / 0 , 0 , 10
```

(a) 자동 프로그래밍

```
DRL=MACRO / X , D
    GOTO / X , 10 , 3
    GODLTA / 0 , 0 , -D
    GODLTA / 0 , 0 , D
    TERMAC

SETPT=POINT / 0 , 0 , 3
    CUTTER / 6
    FROM / SETPT
    CALL / DRL , X=10 , D=10
    CALL / DRL , X=20 , D=10
    CALL / DRL , X=30 , D=10
    CALL / DRL , X=40 , D=10
    CALL / DRL , X=50 , D=10
```

(b) 매크로 활용

```
SETPT=POINT / 0 , 0 , 3
    CUTTER / 6
    FROM / SETPT



    LOOPST
    X=10
A) GOTO / X , 10 , 3
    GODLTA / 0 , 0 , -10
    GODLTA / 0 , 0 , 10
    X=X+10*
    IF(50-X) , B , A , A
B) LOOPND
```

(c) 루프 활용

그림 10.27 첫 줄 5개 구멍 가공

그림 10.27(a)는 최초 5개 구멍을 가공하는데 필요한 운동명령문을 나타낸다. 2행, 3해의 구멍가공도 Y좌표값만 20, 30으로 바꾼 채 위와 같은 운동명령문을 2회 반복하면 된다. 이와 같이 프로그램 할 경우 구멍의 개수가 늘어나는 만큼 프로그램의 길이도 증가하기 때문에 수동 프로그램의 경우와 큰 차이가 없게 된다. 그림 10.26과 같이 등간격 구멍인 경우 매크로나 LOOP문같이 반복문을 사용하면 간단히 프로그램할 수 있다. 그림 10.28은 전체 구멍 가공을 매크로와 LOOP문을 이용해서 작성한 가공 프로그램이다.

```
DRL=MACRO / X , Y , D
    GOTO / X , Y , 3
    GODLTA / 0 , 0 , -D
    GODLTA / 0 , 0 , D
    TERMAC

WORK=MACRO / VAL
    CALL / DRL , X=10 , Y=VAL , D=10
    CALL / DRL , X=20 , Y=VAL , D=10
    CALL / DRL , X=30 , Y=VAL , D=10
    CALL / DRL , X=40 , Y=VAL , D=10
    CALL / DRL , X=50 , Y=VAL , D=10
    TERMAC

SETPT=POINT / 0 , 0 , 3
    CUTTER / 6
    FROM / SETPT
    CALL / WORK , VAL=10
    CALL / WORK , VAL=20
    CALL / WORK , VAL=30
    GOTO / SETPT
```
(a) 매크로 활용

```
SETPT=POINT / 0 , 0 , 3
    CUTTER / 6
    FROM / SETPT

    LOOPST
    Y=10
C)  X=10
A)  GOTO / X , Y , 3
    GODLTA / 0 , 0 , -10
    GODLTA / 0 , 0 , 10
    X=X+10
    IF(50-X), B , A , A

B)  Y=Y+10
    IF(30-Y), D , C , C

D)  GOTO / SETPT
    LOOPND
```
(b) 루프 활용

그림 10.28 전체 구멍 가공

3) 2축 윤곽가공(자동 프로그래밍)

① 도면

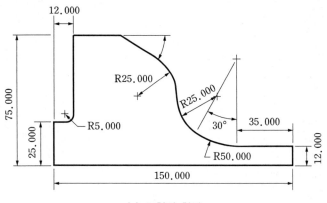

(a) 도형의 형상

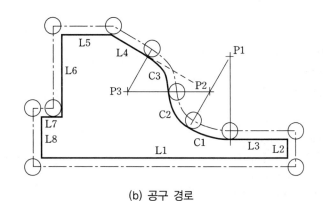

(b) 공구 경로

그림 10.29 윤곽가공

② 프로그램

```
001   PARTNO TEMPLATE
003   CLPRNT/ON                $$ 밀링커터 센터 위치값 출력
004   $$  GEOMETRY DEFINITION
005   SP=POINT/-100, 100, 60    $$ 공구 출발점
006   L1=LINE/0, 0, 150, 0      $$ Z축 값은 디폴트(default)로 영(zero)
007   L2=LINE/ 150, 0, 150, 12
008   L3=LINE/ 0, 12, 150, 12
```

```
009  P1=POINT/ 150-35, 12+50      $$ C1의 중심
010  C1=CIRCLE/ P1, 50
     P2=POINT/115, -25*SINF(30), 62, -25*COSF(30)        $$ C2의 중심
                                $$ SINF(A)≡sin(A), COSF(A)≡cos(A)
011  C2=CIRCLE/CENTER, P2, RADIUS, 25
012  P3=POINT/P2, RADIUS, 50, 180
013  C3=CIRCLE/ CENTER, P3, RADIUS, 25
014  L4=LINE/P2, RIGHT, TANTO, C3
015  L5=LINE/ 0, 75, 150, 75
016  L6=LINE/ 12, 0, 12, 75
017  L7=LINE/ 0, 25, 12, 25
018  L8=LINE/ 0, 0, 0, 25
019  $$ 형상정의 끝
020  $$ 공구운동 명령문
021  CUTTER/10                    $$ 엔드밀 직경
022  TOLER/ 0.05
023  FROM/SP
024  RAPID
025  GOTO/ -10, -10, 60
026  GODLTA/ 0, 0, -55
027  FEDRAT/ 200
028  GODLTA/ 0, 0, -6
039  AUTOPS
040  GO/TO, L1
041  TLRGT, GORGT/L1, PAST, L2
042  GOLFT/ L2, PAST, L3
043  GOLET/ L3, TANTO, C1
044  GOFWD/ C1, TANTO, C2
045  GOFWD/ C2, TANTO, C3
046  GOFWD/ C3, TANTO, L4
047  GOFWD/ L4, PAST, L5
048  GOLFT/ L5, PAST, L6
049  GOLFT/ L6, TO, L7
050  GORGT/ L7, PAST, L8
051  GOLFT/ L8, PAST, L1
052  GODLTA/0, 0, 6
053  RAPID
054  GOTO/SP
055  $$ 윤곽 경로 끝
056  END
057  FINI
```

1. 다음 용어를 설명하라.

    1) CL(Cutter Location) 데이터

    2) 구동면(drive surface)

    3) 정지면(check surface)

2. main processor와 post processor의 역할을 설명하라.

3. APT 언어에서 GODLTA/dx, dy, dz 와 GOTO x, y, z를 NC 코드로 변환하라.

4. TLLFT, TLON, TLRGT를 NC 코드로 변환하라.

5. 그림 10.7의 자동 프로그램을 수동 프로그램으로 변환하라.

6. 수동 NC 프로그래밍과 자동 NC 프로그래밍의 특징을 설명하라.

7. 직경 200mm 반원을 INTOL/0.005, OUTTOL/0.005로 직선근사하면 각각 몇 개의 분절(segment)이 되는지 계산하라.

8. 아래 명령문에 해당하는 공구의 움직임과 부품면을 나타내는 그림을 그려라.

GOFWD/S2, PAST, S3

GORGT/S3, PAST, S4

GORGT/S4, PAST, S2

11장 HyperMILL 이용 CAM 프로그래밍

11.1 HyperMILL 개요

HyperMILL은 독일 OPEN MIND Software Technologies사에서 개발한 CAM 소프트웨어이다. HyperMILL은 동시 5축 가공 및 구멍가공, 2축, 3축 가공, 선삭가공에 대응 가능한 CAM 시스템이다. HyperMILL은 다음과 같은 특징을 갖고 있다.

1) HyperCAD와 통합되어 운용되므로 HyperCAD 브라우저 내에서 한 번의 클릭으로 HyperMILL 브라우저를 바로 열어 CAM작업을 수행할 수 있다. CAD 시스템과 CAM 시스템 사이에 전환이 항시 가능하며, CAD 데이터에 변경이 생기면 CAM 작업 내용도 자동적으로 변경(update)된다.

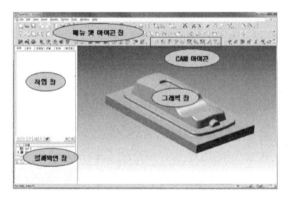

그림 11.1 HyperMILL의 작업창

[유튜브 참고 동영상]
Tips film: Cam programming(3:12)
NC PROGRAMMING - Introduction to the new milling enhancements in NX 8.5 CAM (Siemens)(18:40)

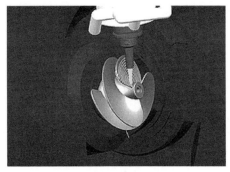

그림 11.2 임펠러 가공   그림 11.3 HyperView를 이용한 가공 시뮬레이션

2) 다른 CAD 시스템에서 설계한 형상데이터 파일을 CAD 인터페이스를 통해 쉽게 읽어 들일 수 있다.

3) Window와 동일한 사용자 환경을 제공하기 때문에 습득하기 쉽고 작업하기 쉽다(그림 11.1).

4) 임펠러, 터빈 블레이드, 타이어 등 특수 부품을 간단히 프로그램할 수 있는 전용 모듈을 제공하고 있다(그림 11.2).

5) NC프로그램 검증, 간섭 체크 확인 기능을 갖춘 절삭 시뮬레이터(HyperVIEW)가 표준 모듈로 내장되어 있다(그림 11.3).

11.2 HyperMILL을 이용한 NC 프로그램 작성

11.2.1 HyperMILL의 내부 구성

그림 11.4는 HyperMILL의 내부 구성을 나타낸다. HyperMILL은 HyperCAD와 통합된 형태로 사용하는데, 외부 CAD에서 설계된 경우는 CAD 데이터 파일을 CAD 인터페이스를 통해 읽어들인다. CAD 데이터와 HyperMILL에서 입력한 가공공정 정보를 바탕으로 CL데이터를 생성하고 표준 모듈로 내장되어 있는 HyperVIEW를 이용하여 공구궤적 및 기계 간섭 여부를 확인한다. 그런 다음 적절한 포스트프로세서를 거쳐 NC데이터를 생성한다.

11.2.2 HyperMILL 이용 NC 프로그래밍 과정

그림 11.5는 HyperMILL을 이용한 NC 프로그래밍 과정을 나타낸다.

1) 형상 데이터 입력

HyperMILL에 형상데이터 정보를 입력하는 방식에는 HyperCAD를 이용하여 형상모델 데이터를 만들고 이를 내부적으로 공유하는 방식과 다른 CAD 시스템에서 만든 형상데이터 파일을 HyperMILL의 CAD 인터페이스를 통해 읽어 드리는 방식이 있다.

2) 가공 공정 정보 입력

공정도, 작업지시서를 바탕으로 HyperMILL 내에 사용 공구, 가공조건 등과 같은 가공 공정에 대한 정보를 입력한다.

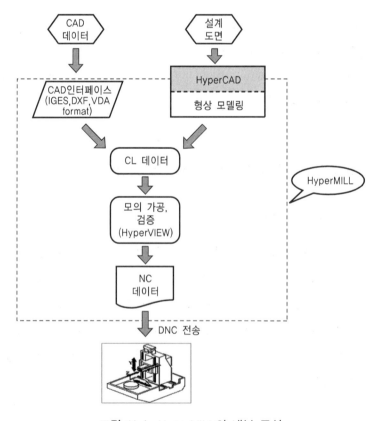

그림 11.4 HyperMILL의 내부 구성

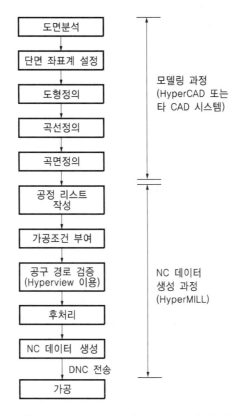

```
┌──────────────┐
│   도면분석    │
└──────────────┘
       ↓
┌──────────────┐
│ 단면 좌표계 설정 │
└──────────────┘
       ↓
┌──────────────┐
│   도형정의    │
└──────────────┘
       ↓
┌──────────────┐
│   곡선정의    │
└──────────────┘
       ↓
┌──────────────┐
│   곡면정의    │
└──────────────┘
       ↓
┌──────────────┐
│ 공정 리스트   │
│    작성      │
└──────────────┘
       ↓
┌──────────────┐
│  가공조건 부여  │
└──────────────┘
       ↓
┌──────────────┐
│ 공구 경로 검증  │
│ (Hyperview 이용) │
└──────────────┘
       ↓
┌──────────────┐
│    후처리     │
└──────────────┘
       ↓
┌──────────────┐
│  NC 데이터 생성  │
└──────────────┘
       ↓ DNC 전송
┌──────────────┐
│     가공      │
└──────────────┘
```

모델링 과정
(HyperCAD 또는
타 CAD 시스템)

NC 데이터
생성 과정
(HyperMILL)

그림 11.5 HyperMILL의 NC프로그래밍 과정

3) CL 데이터 생성 및 검증

CAD로부터 얻은 형상 데이터와 가공 공정 정보를 이용하여 공구경로(CL) 데이터를 생성하고 내장된 HyperVIEW를 이용하여 공구경로 확인, 기계 간섭 확인 등 모의실험(simulation)을 수행하여 공구 경로 및 기계 간섭 여부를 확인한다.

4) NC 데이터 생성

모의 검증결과 이상이 없으면 작업에 사용하고자 하는 공작기계에 맞는 전용 포스트프로세서를 선택한 다음 NC 코드를 생성한다.

11.3 HyperMILL 이용 NC 프로그래밍 사례 - 2축 윤곽가공

11.3.1 2차원 도면과 작업조건

1) 도면

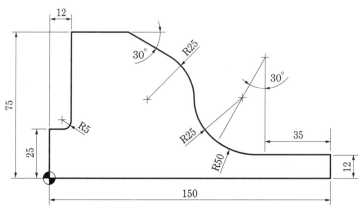

그림 11.6 도면

2) 작업조건

표 11.1 작업 조건

공구 번호	작업내용	공구조건		절삭조건				비고
		종류	직경	회전수 (rpm)	이송 (mm/min)	절입량 (mm)	잔량 (mm)	
1	2D윤곽가공	평엔드밀	ϕ10	2000	200	1	0	공구경 우측 보정

11.3.2 HyperMILL 프로그래밍 과정

1) 형상 데이터 입력

① HyperCAD를 실행하고 '2D 모델' 형상데이터 파일을 읽어 들인다.

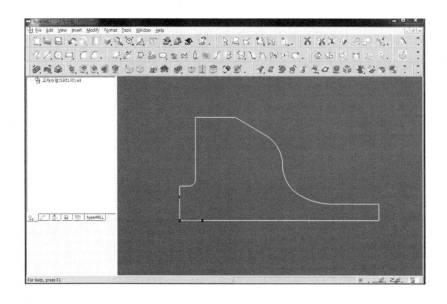

② 하이퍼밀 브라우저 아이콘( )을 클릭한다.(HiperMILL 아이콘그룹에 있음.)

2) 공정리스트 작성

③ 작업창 빈 공간에서 오른쪽 마우스를 클릭하고 공정 리스트 항목을 선택한다.

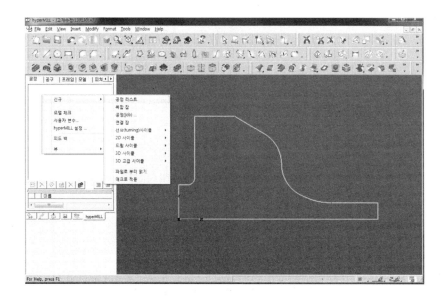

④ 공정 리스트 창에서 이름을 지정하고 원점계 편집 버튼(⬚)을 이용하여 원하는
 원점을 지정한다.(일반적으로 모델링 원점은 CAD 작업시의 원점을 그대로 사용한
 다. 원점을 변경하지 않을 경우 건너뛴다.)

⑤ '피소재정의'모드를 선택하여 소재(stock)모델의 모든부분을 체크표시를 해제한
 다.(일반적으로 2D모델의 경우, 소재모델, 파트정의, 절삭소재부분을 설정하지
 않는다.)

⑥ 공정 리스트 창 맨 아래 체크표시(✔)를 클릭한다.

3) 가공공정 정보 입력 및 CL 데이터 생성

2D윤곽가공을 위한 단계별 공정정보를 차례대로 진행한다.
(공정 리스트 이름, 좌표설정 지정 작업이 공정리스트에서 설정된다.)

⑦ 화면 왼쪽 작업창에서 오른쪽 마우스를 이용하여 다음과 같이 '2D윤곽가공'을
선택한다.

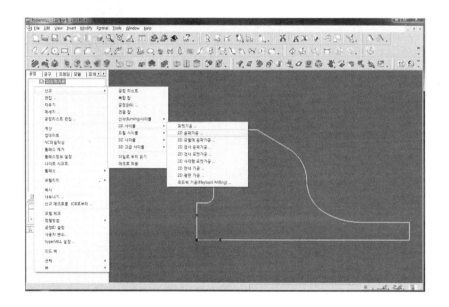

⑧ '공구'모드에서 공구는 '플랫 엔드밀'(평엔드밀)을 선택하고 신규공구 아이콘( )
을 클릭한다.
(공구직경: Φ10mm, 스핀들 RPM: 2000, XY절삭속도: 200mm/min을 입력하고
나머지는 그대로 둔다.)

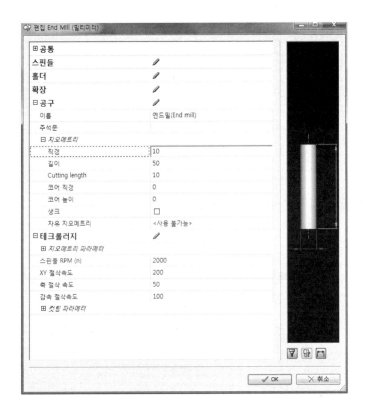

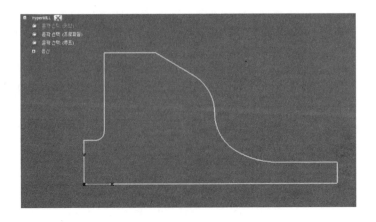 버튼을 누른다.

⑨ '윤곽설정'모드를 선택하고 '신규선택'아이콘()을 클릭한다.(다음 그림은 아 이콘 클릭 후 상태)

⑩ '윤곽선택(커브)'가 활성화된 상태에서 마우스 왼쪽 버튼을 이용하여 모델 전체를 드래그하여 선택한다.(마우스를 버튼을 놓으면 전체가 선택된다.)

그런 다음 ✓ OK 버튼을 클릭한다.

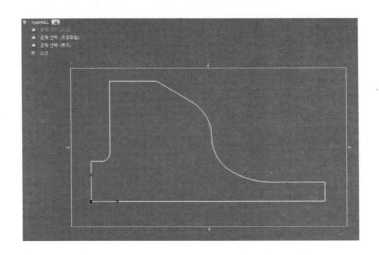

⑪ '윤곽설정'모드 창에서 아래와 같이 입력한다.
(최고(절대값): 0, 최저(절대값): -1, 시작점(체크): X=0, Y=0)

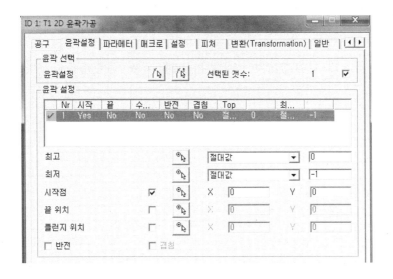

⑫ '파라메터'모드를 클릭하고 가공정보를 다음과 같이 입력한다.
(공구경 보정: 우보정, Z절삭량: 1, 가공여유량: 0)

⑬ '매크로'모드를 선택하고 공구 진입과 진출 모두 '직교'로 체크한다.

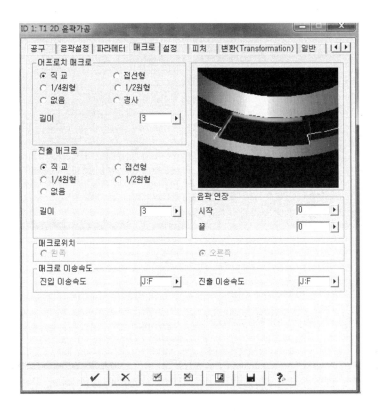

⑭ '설정'모드는 가공공차는 그대로 둔다.

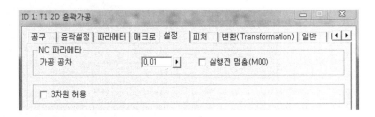

⑮ 계산 버튼( )을 클릭하면 계산창이 뜨고 공구경로가 나타난다.

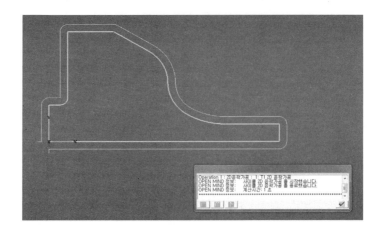

4) NC코드 생성 및 검증

⑯ 작업창에서 HiperVIEW를 실행시킨다.

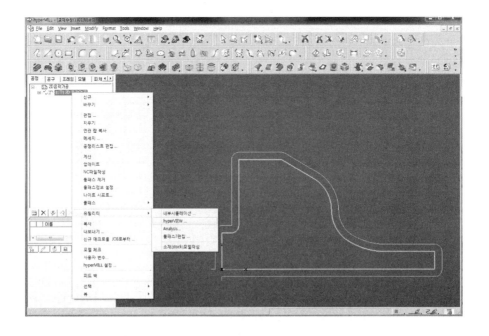

⑰ 'HyperVIEW'창이 뜨면 적용할 공작기계를 선택한다. 여기서는 화낙밀링을 선택한다(공정 리스트 이름 바로 밑에 공작기계의 이름을 바르게 지정해야 한다).
※ 적용할 공작기계의 포스트프로세서파일이 컴퓨터에 있어야 한다.

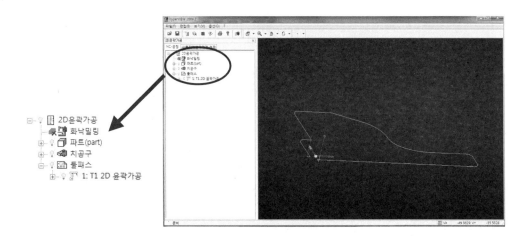

⑱ 화면 위부분에 있는 'NC파일로 변환' 아이콘(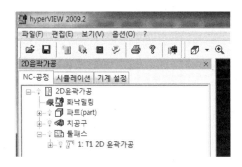)을 클릭한다.

⑲ 차례대로 나오는 창에서 OK버튼을 눌러 NC코드를 생성한다.

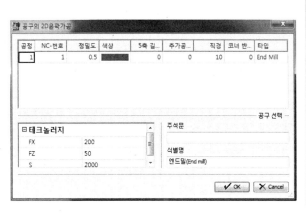

⑳ NC코드가 생성된다.

㉑ 생성된 NC코드를 CNC 공작기계로 보내 작업을 수행한다(DNC운전).

11.4 HyperMILL 이용 NC 프로그래밍 사례 – 3차원 형상

11.4.1 3차원 형상 모델링

1) 3차원 모형 도면과 모델링

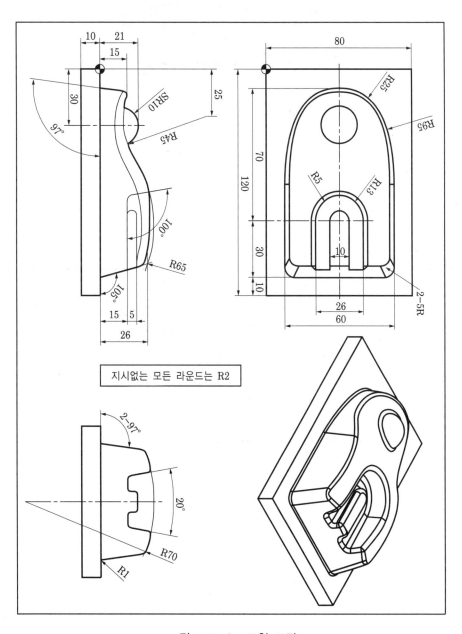

그림 11.7 3D 모형 도면

그림 11.8 3D 모형 모델링

11.4.2 작업 조건

황삭, 정삭, 잔삭의 3개 공정이 필요하여 작업조건은 표 11.2와 같다.

표 11.2 작업조건

공구 번호	작업 내용	공구조건		경로간격 (mm)	절삭조건				비고
		종류	직경 (mm)		회전수 (rpm)	이송 (mm/min)	절입량 (mm)	잔량 (mm)	
1	황삭	평엔드밀	Ø6	3	1400	100	2	0.5	등고선 황삭가공 (소재지정)
2	정삭	볼엔드밀	Ø4	0.5	1800	90	0.5	0	프로파일가공
3	잔삭	볼엔드밀	Ø2	*	3700	80	*	*	Pencil가공

* : 자동 설정됨

11.4.3 HyperMILL 프로그래밍 과정

1) 형상 데이터 입력

① HyperCAD를 실행하고 '3D 모델' 데이터 파일을 읽어 들인다.

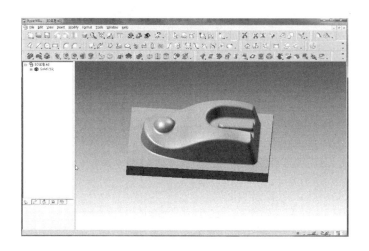

② 하이퍼밀 브라우저 아이콘(　)을 클릭한다.(활성화된 창 왼쪽에 작업창이 뜬다.)

2) 공정 리스트 작성

③ 작업창에서 오른쪽 마우스로 공정 리스트 항목을 선택한다.

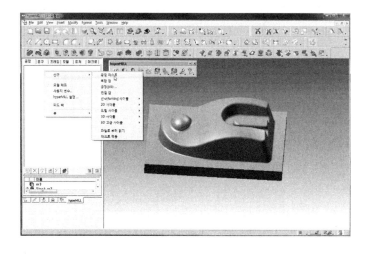

④ 공정 리스트 창에 이름을 쓴 뒤 원점계 편집 버튼(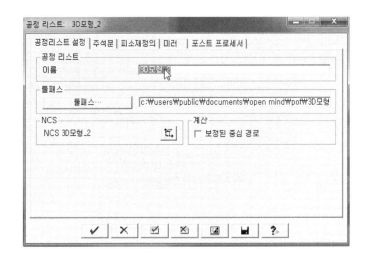)을 이용하여 원하는 원점을 지정한다. 일반적으로 3D모델링 원점은 CAD작업시의 원점을 그대로 사용한다. 원점을 변경하지 않는 경우 건너뛴다.

⑤ '피소재정의'모드를 선택하여 소재(stock)모델의 '설정'부분을 체크하고. 신규소재 아이콘(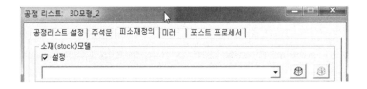)을 클릭한다.

⑥ 소재모델창이 나타나면 모드에서 '자동계산'을 체크하고 자동계산에서 '계산'버튼을 클릭한다. (현재의 3D모형에 적합한 원소재의 크기를 자동으로 생성한다.)

⑦ 소재모델 창에서 체크표시()를 클릭한다.(소재모델이 설정됨.)

⑧ 공정리스트 창에 있는 '파트(part)정의'부분에서 '설정'을 체크하고 신규절삭모델
아이콘( )을 클릭한다.(최종적으로 3D모형을 인식시켜주는 단계)

⑨ 절삭모델창 아래 부분에 있는 신규선택 아이콘( )을 클릭한다.

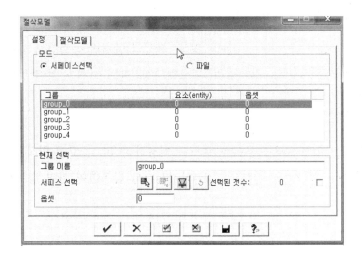

⑩ 그래픽 창(화면 오른쪽)에서 '서페이스 선택'이 주황색으로 표시된 상태에서 자판의
'A'를 눌러 모델 전체를 선택한다.(선택이 되지 않을 경우에는 '한/영'키를 한번
눌러주고 'A'를 누른다.)

그런 다음 체크표시(✔)를 클릭한다.(파트모델이 설정된다.)

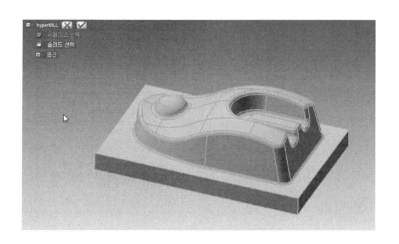

⑪ 절삭모델창이 다시 나타나면 체크표시(✔)를 클릭한다.
공정 리스트 창에서 '절삭소재'의 '설정'을 체크 해제한다.(소재 지정 해제)

공정 리스트 창의 맨 아래 체크표시(✔)를 클릭한다.

3) 황삭 가공공정 정보 입력 및 CL 데이터 생성

공정 리스트 작성이 끝난 다음 황삭, 정삭, 잔삭의 단계별 공정정보 입력을 차례대로
진행한다.(공정 리스트 이름, 좌표설정, 원소재지정, 파트 소재 지정 작업이 공정리스트
에서 설정된다.)

⑫ 화면 왼쪽 작업창에서 오른쪽 마우스를 이용하여 '3D 등고선 황삭가공(소재지정)'
을 선택한다.(황삭가공 정보입력, 절삭지시서를 참조하여 관련 정보를 입력한다.)

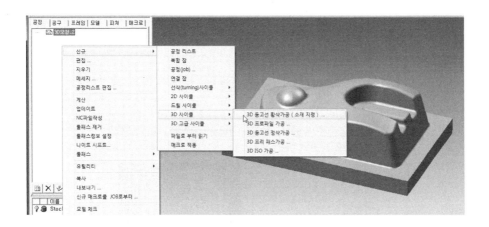

⑬ '공구' 모드에서 '플랫엔드밀'(평엔드밀)을 선택하고 신규공구 아이콘( )을 클릭한다.(공구 직경: ∅12mm, 스핀들RPM: 1400rpm, XY절삭속도: 100mm /min 을 입력하고 나머지는 그대로 둔다.)

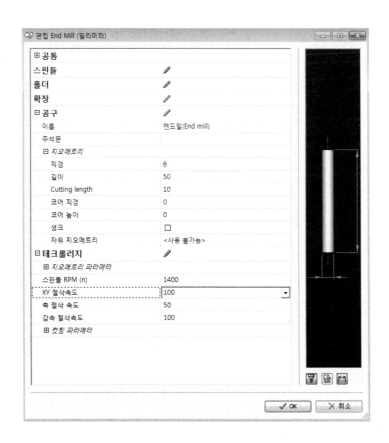

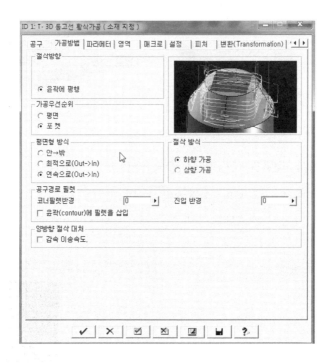 버튼을 누른다.

⑭ '가공방법'모드를 선택하고 원하는 절삭방향 및 절삭방식 등을 체크한다.

⑮ '파라메터'모드를 선택하고 가공영역, 절삭량, 여유량 등을 지정한다.
정삭가공을 위해 소재 여유량을 지정한다.

⑯ '영역'모드를 선택하고 가공 영역을 설정한다. 이미 소재지정이 되어 있는 공정의
경우 특별히 영역 지정을 하지 않아도 된다.

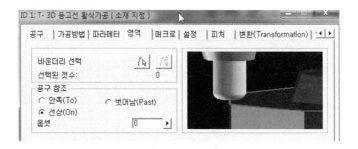

⑰ '매크로'모드를 선택하고 공구진입 정보를 입력한다, 각도 및 헬리컬 반경은 디폴트
값으로 지정된다.

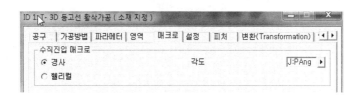

⑱ '설정'모드를 선택하고 다음과 같이 정보를 입력한 다음 계산 버튼()을 누른다.(공정 리스트에서 인식시킨 소재모델을 불러온다.)

⑲ 황삭 가공 결과를 확인한다.

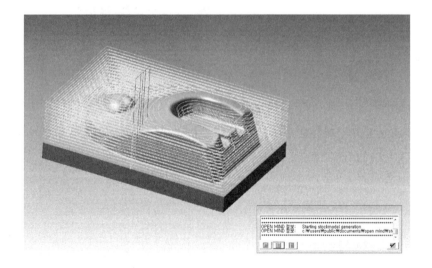

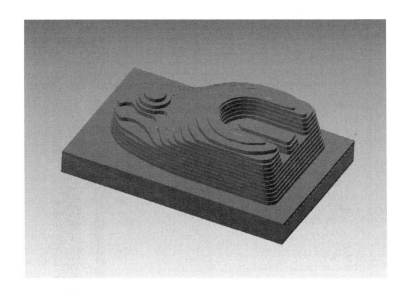

4) 정삭 가공 공정 정보 입력 및 CL 데이터 생성

⑳ 작업창의 빈 공간에서 오른쪽 마우스로 '3D 프로파일가공'을 선택한다. (정삭가공의 정보입력도 황삭가공과 동일한 방법으로 진행한다.)

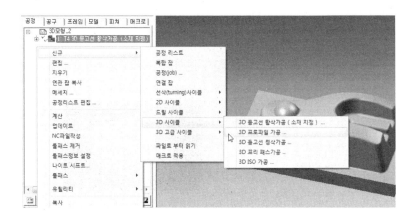

㉑ '프로파일 가공'창에서 '볼엔드밀'을 선택하고 신규공구 아이콘(⬛)을 클릭한다. 그런 다음 아래와 같이 정보를 입력하고 OK버튼을 누른다.(공구직경: ∅4, 스핀들 RPM: 1800, XY절삭속도: 90, 그 외 정보는 그대로 둔다)

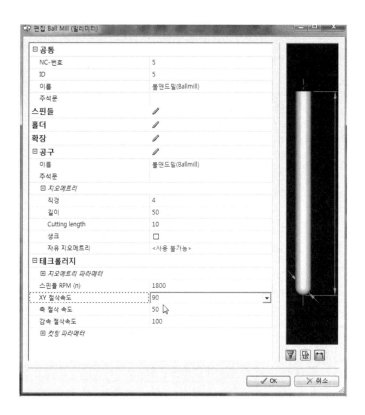

㉒ '가공방법'모드를 선택하고 다음과 같이 입력한다.

㉓ '파라메터'모드를 선택하고 다음과 같이 입력한다.(정삭가공이므로 소재여유량을
'0'으로 지정한다.)

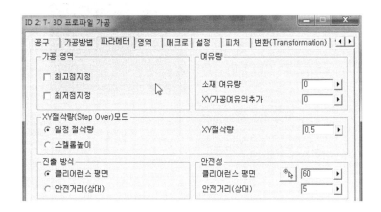

㉔ '영역'모드를 선택한 다음 신규선택 아이콘(   )을 클릭하여 3D모델의 위면 외곽
모서리 4개를 선택하고   버튼을 클릭한다.(소재지정이 되어 있지만 불필요한
가공부분을 줄이고자 함)

㉕ '매크로'모드를 선택하고 공구 진입과 진출관련 정보를 입력한다.

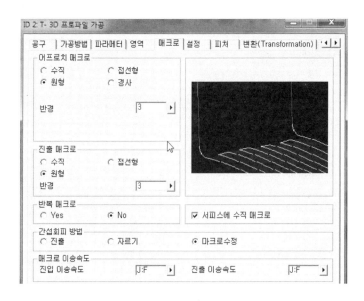

㉖ '설정'모드를 선택하고 다음과 같이 입력한다.

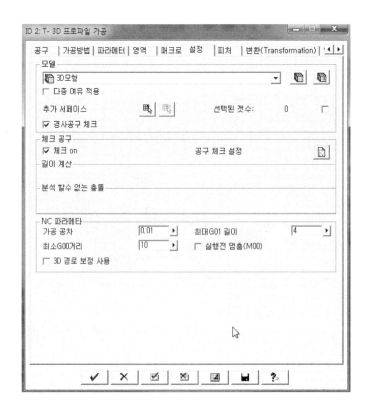

㉗ 계산 버튼(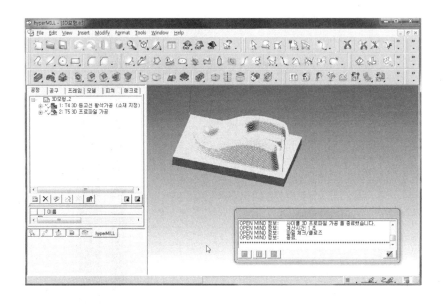)을 클릭한다.(정삭가공 정보입력완료)

5) 잔삭 가공 공정 정보 입력 및 CL 데이터 생성

㉘ 작업창에서 오른쪽 마우스로 '3D 펜슬가공'을 선택한다.

(잔삭가공은 앞공정에서 가공할 수 없었던 부분을 더 작은 공구로 추가 가공하는
공정이다.)

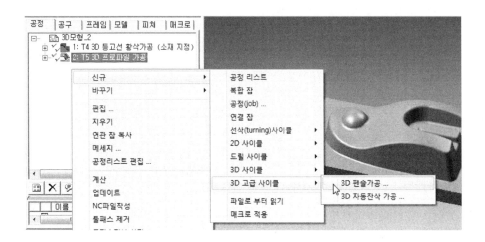

㉙ '공구'모드에서 신규공구 아이콘( )을 클릭하고 다음과 같이 정보를 입력하고 OK버튼을 누른다.

(공구직경: Φ2, 스핀들RPM: 3700, XY절삭속도: 80, 그 외 정보는 그대로 둔다)

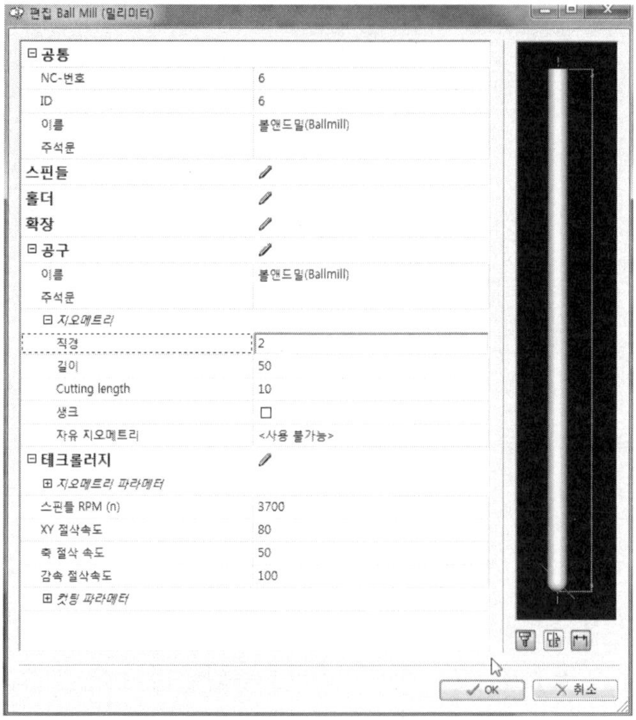

㉚ 활성화된 공구 창에서 'Reference tool(기준 공구: 직전 공정에서 사용하였던 공구)' 직경을 '4'로 입력한다.

㉛ '가공방법'모드에서는 '하향가공'과 가공모드 '끄기'를 체크한다.

㉜ '파라메터', '영역' 및 '매크로'모드는 건너뛴다.

㉝ '설정'모드에서 입력정보를 그대로 두고 계산 버튼( )을 클릭한다.

(기준공구 직경과 관련한 경고 메시지가 뜨면 '무시'버튼을 누른다.)

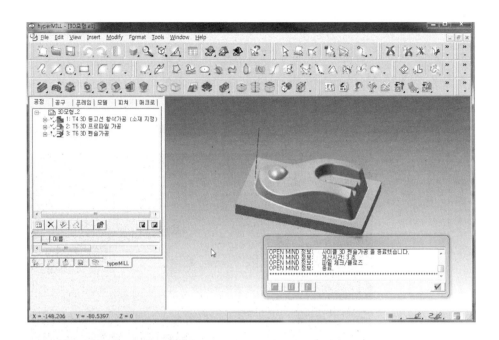

황삭, 정삭, 잔삭 공정 진행을 완료한다.

6) NC코드 생성 및 검증

㉞ 작업창에서 공정리스트 이름에 커서를 두고 오른쪽 마우스로 'HyperVIEW'를 선택
한다.

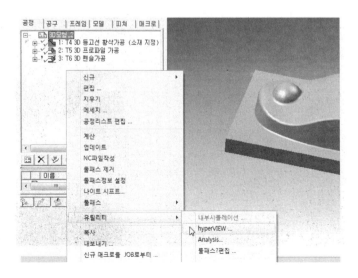

㉟ 'HyperVIEW'창이 뜨면 적용할 공작기계를 선택한다. 여기서는 화낙 밀링을 선택한
다.(공정 리스트 이름 바로 밑에 공작기계의 이름을 바르게 지정해야 한다.)
이름을 천천히 두 번 클릭하면 선택할 수 있는 화살표가 나타난다.

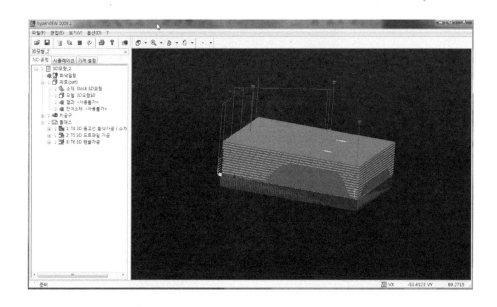

㊱ 작업창 바로 윗부분에 있는 '시뮬레이션' 모드를 클릭하고 작업창 아래의 '고속
앞으로 이동'(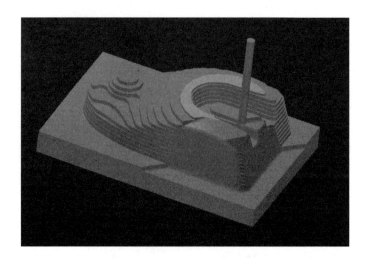)버튼을 눌러 시뮬레이션 진행 상황 및 결과를 확인한다.

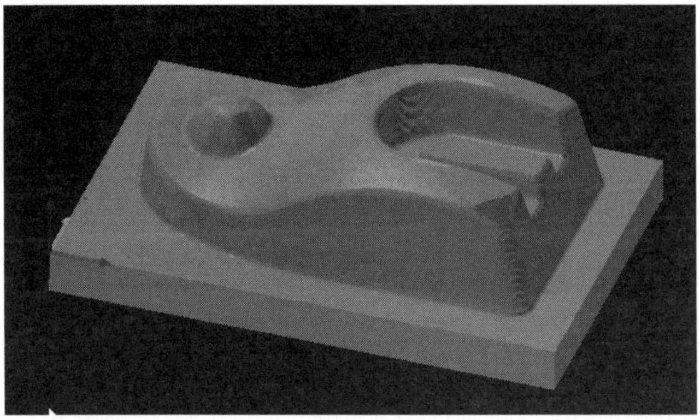

㊲ 시뮬레이션 결과 이상이 없으면 작업창의 'NC공정'모드를 누르고 화면 위부분에 있는 'NC파일로 변환 아이콘'( )을 클릭한다.

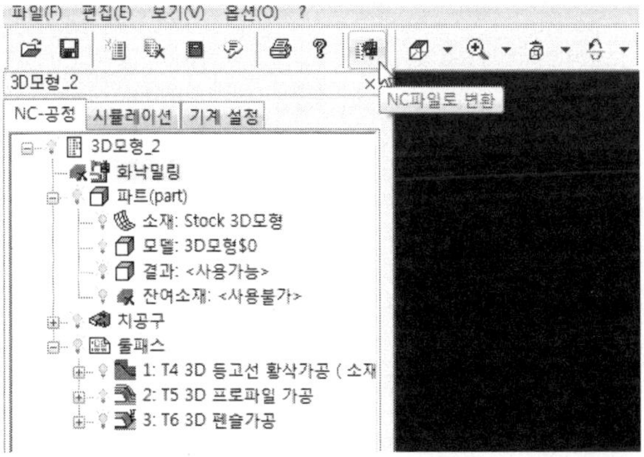

㊳ 차례대로 나오는 창에서 OK버튼을 눌러 NC코드를 생성한다.

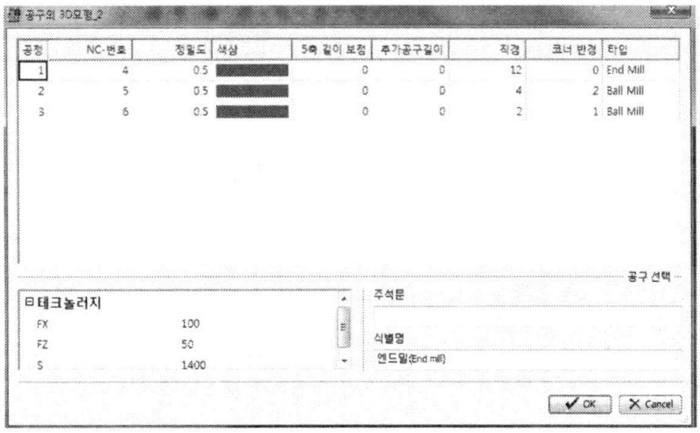

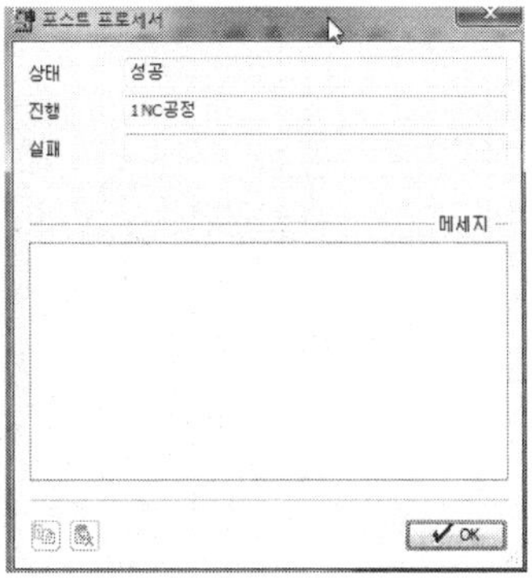

㊴ 최종적으로 NC코드가 생성된다.

```
3D모형_2 - 메모장

파일(F)  편집(E)  서식(O)  보기(V)  도움말(H)
%
01

N2 (T01-D6. CORNER:R0. /?  A D(END MILL))
(STOCK ALLOWANCE=0.5)
(2010.2.5.)

G90G80G40G49
G91G28Z0.
M06T1
T2
S1400M03
G54G90G0
G00X59.985Y-3.75M08
G43Z60.H01
Z31.
G01Z26.F50
Y-2.35F100
Y-0.031
X-0.025Y-0.016
X-0.022Y80.021
X120.021
Y-0.021
X59.985Y-0.031
Y2.939
X2.939Y2.94
X2.94Y77.06
X117.06
Y2.938
X59.985Y2.939
Y5.909
X5.909Y5.91
X5.91Y74.09
X114.09
Y5.908
X59.985Y5.909
X59.986Y8.879
X8.879Y8.88
X8.88Y71.12
X111.12
Y8.878
X88.297
Y11.848
X90.699Y12.504
X93.795Y13.589
```

㊵ 작성된 NC코드를 CNC 공작기계로 보내 실제 가공을 수행한다.(DNC운전)

참고문헌

1) 안중환, 김선호, 김화영, CNC공작기계 – 원리와 프로그래밍, 북스힐, 2006.

2) 최병규, 전차수, 유우식, 편영식, CAD/CAM시스템과 CNC 절삭가공, 희중당, 1996.

3) 김영일 외 4인, 최신 CNC 가공학, 원창출판사, 1996.

4) 화천훈련센터, 머시닝 센터 프로그래밍 설명서, 화천, 2004.

5) 김동열, 주호윤, CNC가공, 기전출판사, 1992.

6) 화천훈련센터, CNC터닝 센터 프로그래밍 설명서, 화천, 2004.

7) Delta Tau Korea, PMAC기술교육(기초과정)자료, Delta Tau Korea.

8) 박원규, 현동훈, 최신 CNC 가공, 청문각, 1997.

9) 맹희영, NC 기계가공, 도서출판 대웅, 1985.

10) 이봉진, NC 講義, 성안당, 1983.

11) 박흥식, 이충엽, 예규현, 이상재, 최신 수치제어공작기계 프로그래밍, 보성각, 2004.

12) 강철희, 공작기계의 첨단기술, 기술정보, 2000.

13) 김광희, 엄정섭, 허성중, 알기 쉬운 CNC 프로그램 가공, 문운당, 2001.

14) 강성균, 서석환, CNC 시스템의 원리와 설계, 청문각, 2002.

15) Peter Smid, CNC Programming Handbook(2nd ed.), Industrial Press Inc., 2003.

16) James V. Valentino, Joseph Goldenberg, Introduction to Computer Numerical Control, Regents/Prentice Hall, 1993.

17) Chris McMahon, Jimmie Browne, CAD·CAM–From principles to Practice, Addison–Wesley, 1993.

18) Hans B. Kief, T. Frederick Waters, Computer Numerical Control, Macmillan/

McGraw-Hill, 1992.

19) Steve Krar, Arthur Gill, CNC Technology and Programming, McGraw- Hill, 1990.

20) Chao-hwa Chang, Michel A. Melkanoff, NC Machine Programming and Software Design, Prentice-Hall, 1989.

21) John G. Bollinger, Neil A. Duffie, Computer Control of Machines and Processes, Addison-Wesley, 1989.

22) Yoram Koren, Computer Control of Manufacturing Systems, McGraw- Hill, 1983.

23) Roger S. Pressman, John E. Williams, Numerical Control and Computer - Aided Manufacturing, John Wiley & Sons, 1977.

24) Karunakaran S., Mechatronics and Machine Tools, McGraw-Hill, 1999.

25) Krar S. F. Check A. F. Technology of Machine Tools, 1997.

26) E. Abele, Y. Altinas, C. Brecher, "Machine tool spindle unit", CIRP Annals, pp. 781-802, 2010.

27) Y. Altinas, A. Verl, C. Brecher, L. Uriate, G. Pritschow, "Machine tool feed drives", CIRP Annals, pp.779-796, 2011.

28) Xi Chen, Yanbo Che, K.W.Cheng, "Motion Controller and the Application of PMAC in AC Servo CNC System", 3rd International Conference on Power Electronics Systems and Applications, 2009.

29) F. Proctor, B. Damazo, C. Yang, S. Frechette, Open Architecture for Machine Control, NIST Report.

30) Open Mind Technologies, hyperMILL Manual, 2009.

31) 宮田光人, 島 淳, 高速高精度曲線補間技術NURBS, 精密工學會誌, pp. 1263-1266, Vol. 65, No. 9, 1999.

32) 澤田潔, 竹内芳美, 超精密マシニングセンタとマイクロ加工, 日刊工業新聞社, 1998.

33) (株)安川電機製作所編, サーボ技術入門, 日刊工業新聞社, 1988.

34) 日本機械學會編, 工作機械の最先端技術－高速.高精度.複合化手法, 工業調査會, 1988.

35) 河合勝司, 松浦次雄, 高木明, NC工作機.ロボットのインターフェースと基本技術, 近 代圖書株式會社, 1986.

36) 岡田養二, 長坂長彦, サーボアクチュエータとその制御, コロナ社, 1985.

37) 齊田伸雄, 新しい關數概念の創造, pp. 300−309, 安川電機, 第38卷, No. 3, 1974.

38) 金子敏夫, 數值制御−基礎とサーボ技術, (株) オーム, 1972.

39) 池邊 潤, 數值制御通論, (株) オーム, 1971.

40) 山岸正謙, NC 工作機械, 日刊工業新聞社, 召和 50.

41) 淸水伸二, 初歩から學ぶ工作機械, 工業調査會, 2009.

42) 日本機械學會編, ものづくり機械の原理, 日刊工業新聞社, 2002.

43) 伊東 誼, 森脇俊道, 工作機械工學(改訂版), コロナ社, 2004.

44) 江澤 正, 電子機械制御, オーム社, 1995.

45) テクノウェイブ編, パソコンNC導入ガイド, 日刊工業新聞社, 1998.

부록 A 절삭공구

A.1 절삭 메카니즘

절삭가공은 전공정에서 절단, 압연, 단조 그리고 주조 등의 방법으로 만들어진 재료를 원하는 형상과 치수 그리고 표면 거칠기를 얻기 위해 필요 없는 부분을 제거해 나가는 과정이다. 절삭원리는 재료보다 매우 강한 절삭공구와 강성이 큰 공작기계를 사용하여 재료를 칩(chip)이라 부르는 작은 조각들로 깎아 내는 방법으로 필요 없는 부분을 제거해 나가는 것이다. 절삭공구는 선반에서처럼 회전하는 공작물에 대해 정지하고 있을 수도 있고, 밀링머신에서처럼 고정된 공작물에 대해 회전할 수도 있다. 그러나 최근에는 복합가공기의 등장으로 두 가지 방법이 혼합되는 경우도 있다.

절삭이 이루어지기 위해서는 절삭방향의 회전운동과 이송방향의 운동이 동시에 일어나야 한다. 절삭속도는 공작물이 공구를 지나가는 속도로 표현할 수도 있고, 공구의 절삭날이 공작물을 지나가는 속도로 표현할 수도 있다. 두 경우 모두 공구와 공작물 사이의 상대속도는 변하지 않는다. 일반적으로 절삭속도는 분당 미터(m/min)로 표현된다. 이송운동은 공작물을 따라 공구를 이동하거나(선반의 경우), 공구를 따라 공작물을 이동시키는 것(밀링머신의 경우)을 말한다. 보통 이송속도는 주축이 1회전할 동안 이동한 거리(mm/rev)로 또는 공작물의 분 당 이동거리(mm/min)(밀링머신의 경우)로 표현한다.

A.2 절삭공구 재료

절삭공구 재료는 용도에 따라 다양하다. 선반가공과 같은 연속절삭에서는 고온에 견딜 수 있는 내열성이 중요하고, 밀링가공과 같은 단속절삭에서는 내충격성이 강해야 한다.

1) 고속도강 공구(HSS, high speed steel)

고속도강이 발명되기 전에는 금속가공을 위해 경화된 보통 탄소강이 사용되었다. 탄소강은 고온상태에서 그 경도를 완전히 잃기 때문에 절삭속도를 높이기가 매우 어려웠다. 1900년대에 이르러 고속도강이 개발되었는데, 이것은 고온상태나 냉각상태에서 그 경도를 유지하는 성질이 있다. 고속도강은 연삭을 통해 복잡한 형상으로 가공이 가능하며 열처리로 경도를 높일 수 있다. 고속도강은 드릴, 엔드밀 공구, 선반공구 등에서 현재에도 널리 사용되고 있다. 고속도강 공구는 재연삭을 통해 공구수명을 연장시킬 수 있다.

2) 초경 공구(carbide)

텅스텐 카바이드(WC, tungsten carbide)가 주로 사용된다. 초경공구는 고속도강에 비해 훨씬 높은 고온경도를 가지며, 고속도강에 비해 3~4배 정도 절삭속도를 높일 수 있다. 초경공구를 제작하기 위해서는 텅스텐 카바이드 입자를 코발트 분말과 혼합하여 공구형상의 틀에 넣고, 노에서 소결시킨다. 이 과정에서 코발트 분말은 텅스텐 카바이드 입자와 결합하여 강도와 경도가 높은 고체로 변하게 된다. 초경재료는 내마모성을 높이기 위해 티타늄 카바이드(TiC, titanium carbide)와 탄탈륨 카바이드(tantalum carbide)를 혼합물에 첨가하기도 한다. 초경공구는 교체와 삽입이 가능한 홀더에 고정하는 방식으로 사용된다.

3) 세라믹 공구(ceramic)

경도가 매우 높은 재료를 절삭하거나 초경보다 더 높은 고온경도를 필요로 하는 가공에서 사용된다. 세라믹 공구는 초경 바이트에 비해 훨씬 높은 속도에서 절삭이 가능하지만 공작기계와 주변장치의 강성이 커야하며, 내충격성이 작아 단속절삭에는 적합하지 않다.

4) 서멧 공구(cermet)

초경재료와 세라믹을 혼합해서 소결시킨 서멧공구는 코팅 초경공구와 대등한 생산성을 가진다.

5) 다이아몬드 공구와 CBN공구(diamond and CBN)

다이아몬드 공구는 아주 정밀한 가공면의 마무리에 사용되며, 매우 정밀한 공차를 유지할 수 있다. CBN(cubic boron nitride, 입방질화붕소)은 인공으로 만들어진 재료로 다이아몬드 다음으로 높은 경도를 가지고 있다. CBN은 보통의 절삭공구로는 가공하기 어려운 고경질강을 가공하는데 사용되지만, 가격이 비싸다는 단점이 있다.

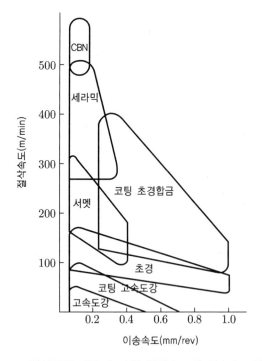

그림 A.1 절삭공구 재료에 따른 절삭속도와 이송속도의 관계

A.3 공구 코팅

만들어진 공구는 기계적 물리적 특성을 부여하기 위해 코팅을 하여 사용하는 것이 일반적이다.

1) CrN 코팅

크롬 질화물 코팅층은 크롬 도금층에 비해 탄성력 밀착강도 내산화성 경도가 높고, 고온 고속 및 고압과 같은 가혹한 마찰 조건하에서도 성능이 우수하다. 고온에서 사용되는 금형이나 절삭온도가 높은 절삭공구에 사용된다. 적용분야는 다이케스팅 금형, 사출 금형, 밴딩, 드로잉 금형, 가전, 의료기기 등이다.

2) TiN 코팅

가장 대중화되고 일반적인 코팅으로 내마모성과 내식성이 우수하기 때문에 펀칭, 프레스, 금형, 공구 등에 폭넓게 이용되고 있다. 코팅 처리온도가 낮기 때문에 치수변화가 없어 정밀 프레스 펀치 등에 활용된다. 적용분야는 절삭공구, 드로잉 금형, 포밍 공구 등이다.

3) TiAlN 코팅

비교적 최근에 개발된 코팅 방법으로 공구의 수명연장보다는 고경도 난삭재의 고능률 절삭을 목적으로 사용된다. 건식 고속가공에서는 고온에서 내산화성과 함께 내마모 내충격 특성을 가져야 하는데 이에 적합한 코팅이다. 적용분야는 절삭공구, 건식 고경도 가공용 등이다.

4) TiCN 코팅

두께는 몇 미크론에 지나지 않지만 경도는 금속보다 단단하고 화학적으로도 안정적이기 때문에 공구나 금형의 내마모성이 우수하고 마찰력을 크게 줄일 수 있다. 주로 난삭작업용 공구나 금형에 이용된다. 적용분야는 절삭공구, SUS 고강도 강판 가공용 포밍, 드로잉 펀치 금형 등이다.

표 A.1 코팅 종류별 물리적 기계적 특성

종 류	경도 (Hv)	내열한계 (℃)	공기중 산화안정 온도(℃)	마찰계수	열전도도 (25℃Wm/k)	표면조도 (Ra, μm)	색상
CrN	2000~	700	700	0.55	21	0.2	은색
TiN	2200~	550	500	0.65	19	0.2	금색
TiAIN	2800~	800	800	0.70	/	0.4	흑색
TiCN	3000~	400	350	0.45	36	0.18	청.흑색

표 A.2 코팅 종류별 물리적 기계적 저항 특성

코팅 종류	부식저항	산화저항	마모저항	소착저항	충격저항
CrN	◎	○	◎	◎	○
TiN	○	○	○	○	◎
TiAIN	○	◎	○	○	○
TiCN	△	△	◎	○	△

◎ 매우우수, ○ 우수, △ 보통

A.4 절삭공구

선반에 의한 선삭가공은 가공물의 회전과 공구의 이송운동이 결합된 가공방식이다. 공구의 이송운동은 가공물의 축을 따라 수행되는데 가공물의 축방향으로 이동하면서 동일한 직경의 외면을 만드는 축방향 선삭, 축방향과 반경방향의 동시 이동을 통해 곡선단면을 만드는 프로파일링 그리고 가공물의 끝에서 중심방향으로 이동하면서 단면을 만드는 평면가공이 대표적이다.

공작물을 직접 절삭하는 역할을 하는 공구를 인서트라고 하는데 홀더에 체결하여 사용하는 것이 일반적이다. 가공효율을 높이기 위해서는 크기, 모양, 형상 및 노즈 반경의 크기를 선택해야 한다. 인서트는 고속도강, 초경, 서멧, 세라믹 등이 사용되는데 용도와 목적에 따라 코팅을 해서 사용한다. 일반적인 인서트의 형상은 그림 A.3과 같다. 노즈 절삭날과 메인 절삭날은 목적에 따라 각도를 달리한다.

그림 A.2 세 가지 일반적인 선삭가공

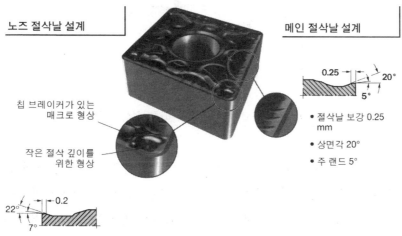

그림 A.3 선삭공구용 인서트

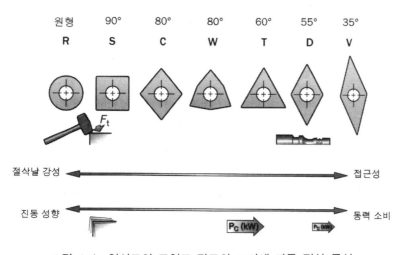

그림 A.4 인서트의 포인트 각도의 크기에 따른 절삭 특성

인서트는 모양과 포인트 각도가 다양하기 때문에 가공 접근성, 강성 그리고 안전성을 고려하여 선택해야 한다. 절삭날의 노즈 각도가 크면 강도가 높아지고 내진동성이 좋아진다. 반면에 노즈 각도가 작아지면 접근성은 좋아지지만 출력이 약해진다. 인서트의 포인트 각도의 크기에 따른 특성을 그림 A.4에 나타내었다.

인서트는 일정한 크기의 노즈 반경을 가지는데, 절삭깊이가 작은 가공에는 작은 노즈 인서트를 그리고 큰 가공에는 큰 노즈 인서트를 사용한다. 노즈 반경이 커지면 절삭날의 강성이 커지고 절삭날에 가해지는 압력이 균일해져서 가공표면이 좋아진다.

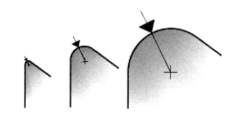

그림 A.5 노즈반경 크기에 따른 절삭 특성

인서트는 홀더에 고정하여 사용하는데, 고정하는 방법으로는 레버 클램핑, 리지드 클램핑 그리고 스크류 클램핑이 있다. 레버 클램핑은 네거티브 인서트에 사용되는데 칩 흐름이 좋고 고정방법이 간단하다. 리지드 클램핑은 네거티브 인서트에 사용되는데 고정방법이 아주 간단하다. 스크류 클램핑은 포지티브 인서트에 주로 사용되는데 정확도가 높고 칩 흐름이 좋다.

네거티브 인서트 클램핑

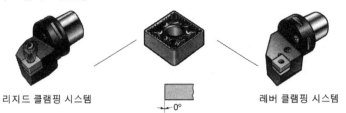

리지드 클램핑 시스템   0°   레버 클램핑 시스템

포지티브 인서트 클램핑

스크류 클램핑 시스템   7°   스크류 클램핑 시스템   11°

포지티브 T 레일 인서트 클램핑

T 레일

스크류 클램핑 시스템   5°/7°

레버 클램핑   리지드 클램핑

스크류 클램핑   스크류 클램핑 시스템, T 레일

그림 A.6 인서트의 클램핑 방법

밀링가공은 절삭공구가 회전하는 동시에 공작물이 움직이면서 가공이 이루어진다. 일반적으로 원형 형상의 가공물을 가공할 때는 선삭을 사용하고 평면 및 윤곽 표면을 가공할 때는 밀링을 사용한다고 하지만, 다축장비나 복합가공기에서는 가공법을 선택할 수 있어 선삭에서 가공되는 구멍, 축, 나사 등을 가공할 수도 있다. 밀링에서는 평면가공 외에 직각가공, 포켓가공, 아일랜드 가공과 같은 프로파일링, 나사밀링, 슬롯밀링이 가능하다.

● **평면 밀링**

일반적인 사용을 위한 커터

전용 커터

• **직각 밀링**

일반적인 사용을 위한 커터

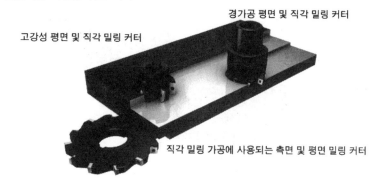

경가공 평면 및 직각 밀링 커터

고강성 평면 및 직각 밀링 커터

직각 밀링 가공에 사용되는 측면 및 평면 밀링 커터

엔드밀 및 롱에지 커터

교환형 솔리드 초경 헤드가 사용된 엔드밀

인서트 교환형 엔드밀

솔리드 초경 엔드밀

롱에지 밀링 커터

전용 커터

깊은 직각 밀링

직각 밀링 커터를 사용한 엣지 가공

- 프로파일링

일반적인 사용을 위한 커터 - 황삭

원형 인서트 커터

원형 인서트 엔드밀

일반적인 사용을 위한 커터 - 사상

솔리드 초경 볼 노즈 엔드밀

교환형 솔리드 초경 헤드가
사용된 엔드밀

기타 방법

턴 밀링

블레이드 밀링

- **슬롯 밀링**

  일반적인 사용을 위한 커터 - 반경 방향 슬롯 밀링

측면 및 평면 슬롯 밀링 커터

홈 및 절단 가공 슬롯 커터

내경 얕은 홈 및 슬롯 가공 엔드밀

외경 얕은 홈 및 슬롯 가공 커터

일반적인 사용을 위한 커터 - 축 방향 슬롯 밀링

인서트 교환형 엔드밀

교체형 솔리드 초경 헤드가 사용된 엔드밀

롱에지 밀링 커터

솔리드 초경 엔드밀

나사 밀링

솔리드 초경 엔드밀

인서트 교환형 엔드밀

인서트 교환형 커터

그림 A.7 밀링가공의 종류

밀링용 인서트는 홀더에 체결하여 사용되는데, 절삭날과 인서트 형상은 절삭 칩형성과 공구수명에 아주 중요한 요소로서 적절한 선택이 매우 중요하다. 일반적인 인서트의 형상은 그림 A.8과 같다. 코너와 메인 절삭날은 목적에 따라 각도를 달리한다.

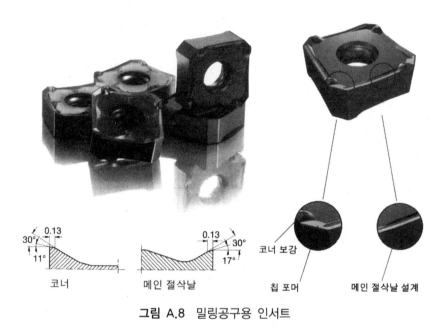

그림 A.8 밀링공구용 인서트

그림 A.9에 밀링 커터의 종류와 가공 특성을 정리했다.

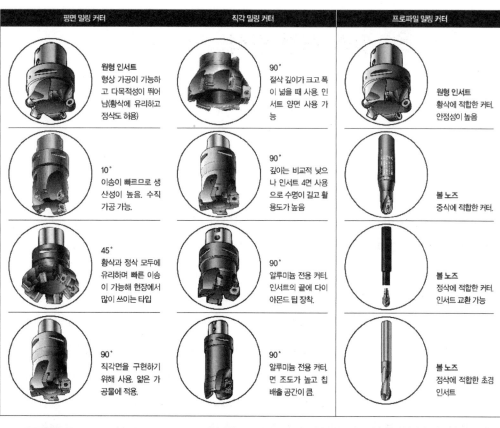

평면 밀링 커터	직각 밀링 커터	프로파일 밀링 커터
원형 인서트 형상 가공이 가능하고 다목적성이 뛰어남(황삭에 유리하고 정삭도 허용)	**90˚** 절삭 깊이가 크고 폭이 넓을 때 사용. 인서트 양면 사용 가능	**원형 인서트** 황삭에 적합한 커터. 안정성이 높음
10˚ 이송이 빠르므로 생산성이 높음. 수직 가공 가능.	**90˚** 깊이는 비교적 낮으나 인서트 4면 사용으로 수명이 길고 활용도가 높음	**볼 노즈** 중삭에 적합한 커터.
45˚ 황삭과 정삭 모두에 유리하며 빠른 이송이 가능해 현장에서 많이 쓰이는 타입	**90˚** 알루미늄 전용 커터. 인서트의 끝에 다이아몬드 팁 장착.	**볼 노즈** 정삭에 적합한 커터. 인서트 교환 가능
90˚ 직각면을 구현하기 위해 사용. 얇은 가공물에 적용.	**90˚** 알루미늄 전용 커터. 면 조도가 높고 칩 배출 공간이 큼.	**볼 노즈** 정삭에 적합한 초경 인서트

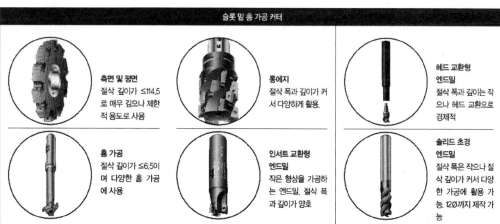

슬롯밀 홈 가공 커터		
측면 및 평면 절삭 깊이가 ≤114.5로 매우 깊으나 제한 적용도로 사용	**롱에지** 절삭 폭과 깊이가 커서 다양하게 활용.	**헤드 교환형 엔드밀** 절삭 폭과 깊이는 작으나 헤드 교환으로 경제적
홈 가공 절삭 깊이가 ≤6.5이며 다양한 홈 가공에 사용	**인서트 교환형 엔드밀** 작은 형상을 가공하는 엔드밀. 절삭 폭과 깊이가 양호	**솔리드 초경 엔드밀** 절삭 폭은 작으나 절삭 깊이가 커서 다양한 가공에 활용 가능. 12Ø까지 제작 가능

그림 A.9 밀링 커터의 종류

※ 본 부록에 사용된 그림 A.2~A.9는 "샌드빅 코로만트(www.sandvik.coromant.com)"의 허가를 받아 사용되었다.

부록 B 펄스 지령 방식

1회의 보간 알고리즘 연산마다 각축에 1개 이하의 펄스 지령(reference pulse)을 내는 방식이다. 알고리즘 처리 속도가 10ms 정도로 빨라도 1초당 100개 펄스를 낼 수 있으므로, 1 BLU가 1μm이라면 최대 이송속도가 0.1 mm/sec에 불과하다. 따라서 이 방식은 이상적인 지령경로를 벗어나는 오차는 1 BLU 이하지만 이송속도가 낮은 단점이 있기 때문에, 고속작업이 필요 없는 곳이나 스테핑 모터로 구동되는 곳에 주로 사용된다. XY 플로터는 그 좋은 예이다. 처리속도를 높이기 위해 알고리즘을 전자회로로 실현한 하드웨어 보간기가 많이 사용된다. 펄스 지령 방식에는 MIT법, DDA(Digital Differential Analyzer)법, 대수연산법, SFG(Saita Function Generator)법 등이 있는데, 각각 독특한 보간 알고리즘을 가지고 있다.

보간기 성능평가의 주요기준으로 보간속도의 균일성(uniformity)에 있다. 궤적에 따른 속도가 균일하지 않으면 정밀도와 표면상태가 나빠진다. 예를 들면, 레이저 가공기에서 절단폭(kerf) 변동, NC 공작기계에서 표면 상태 바뀜, 접착제 도포에서 접착제의 폭 변동 등을 초래한다.

B.1 MIT 방식

B.1.1 원리

MIT 방식(또는 BRM(Binary Rate Multiplier) 방식)은 MIT가 NC를 개발할 때 이용한 방식이다. MIT가 개발한 방식으로 그림 B.1처럼 n개 플립플롭(Flip Flop: FF)에 의한 N단 카운터(counter) 회로에서 각 단의 FF에서 나온 펄스를 해당 게이트의 상태(0

또는 1)에 따라 통과 또는 차단하면 레지스터 A에 설정한 수만큼의 펄스가 P로 출력된다. 각 축마다 이 회로를 부착하면 되므로 동시 다축 보간기 구현이 쉽다.

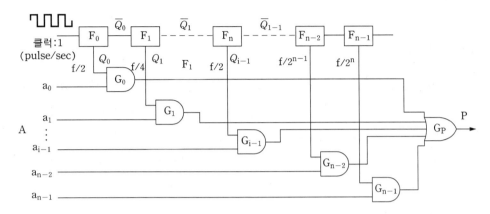

그림 B.1 MIT 방식의 원리

Gp 출력 펄스수 P는

$$P = \sum_{i=0}^{n-1} a_i \frac{f}{2^{i+1}} = \frac{f}{2^n} (a_0 \cdot 2^{n-1} + a_1 \cdot 2^{n-2} + \ldots + a_{n-1} \cdot 2^0)$$

$$= \frac{f}{2^n} A \,(\mathrm{pulse/sec})$$

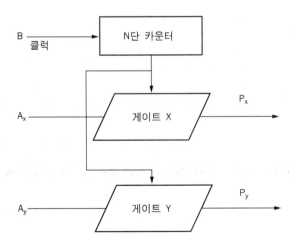

그림 B.2 2축 MIT 보간기 블록도

이다. 따라서 클럭 주파수 $f = 2^n$이면 1초 동안 A개 펄스가 출력된다. 2축 제어일 때는 X축, Y축의 이동량 A_x, A_y를 2진수로 설정하면 해당하는 펄스가 생성된다. 그림 B.2는 2축 MIT 보간기의 블록도이다.

B.1.2 특징

직선만 가능하고 원호는 직선으로 근사한다. 지령 펄스가 군데군데 빠져 있어 균일하지 않아 근사 오차가 1BLU를 넘을 수 있다. 클럭 주파수를 m배한 뒤 출력 지령을 1/m배 하면 어느 정도 균일화할 수 있다. 그림 B.3은 m=4일 때 사례를 보인다. 현재 NC 공작기계에는 거의 사용하지 않고 XY 플로터나 사무용 기기에서 사용된다. 클럭 펄스(clock pulse)를 조절해서 이송속도를 제어할 수 있다.

속도가 $V(\mathrm{mm/min})$이면

$$V_x = V \frac{A_x}{\sqrt{A_x^2 + A_y^2}} = V \frac{A_x}{L}, \quad \frac{f}{2^n} A_x = V_x \frac{1}{60} \frac{1}{1\mathrm{BLU}}$$

따라서

$$f = \frac{2^n\, V}{60\, 1\mathrm{BLU}\, L} = \frac{2^n}{60} \left(\frac{\mathrm{FRN}}{10} \frac{1}{1\mathrm{BLU}} \right) = \frac{2^n}{600} 2^m = \frac{2^{n+m}}{600}$$

(클럭 펄스 주파수, FRN (Feed Rate Number) = 10 V/L)

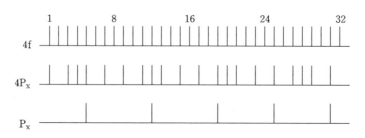

그림 B.3 클럭 주파수 체배에 의한 펄스 간격의 균일화(m=4)

B.1.3 사례

XY 평면에서 (0,0)에서 (6,5)로 직선으로 움직일 때를 생각한다. $\Delta X = 6, \Delta Y = 5$이므로 각 축의 레지스터는 Ax=110, Ay=101로 설정한다. 표 B.1은 1~7 지령 값에 대한 레지스터 설정 모습과 그때 통과펄스를 나타낸다. 이 표를 참고하여 지령 값 6과 5일 때 통과펄스가 출력될 때마다 해당 축(X 또는 Y축)을 한 눈금씩 움직이면 그림 B.4처럼 나타난다.

표 B.1 3비트 설정값과 통과 펄스

지령 펄스수	2진 설정값			클럭 펄스와 통과 펄스						
	X_2	X_1	X_0	1	2	3	4	5	6	7
7	1	1	1	↑	↑	↑	↑	↑	↑	↑
6	1	1	0	↑	↑		↑	↑	↑	↑
5	1	0	1	↑		↑		↑	↑	↑
4	1	0	0	↑			↑		↑	↑
3	0	1	1		↑		↑		↑	
2	0	1	0		↑				↑	
1	0	0	1			↑				

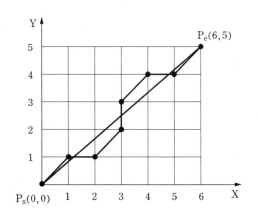

그림 B.4 MIT 방식에 의한 이동궤적

B.2 DDA 방식

B.2.1 원리

적분의 원리를 이용한다. 데이터 지령보간기와 원리가 같으나 한 번에 펄스를 1개 이상 출력할 수 없다는 점이 다르다. 그림 B.5처럼 속도함수 $V(t)$가 주어지면 이동거리 $S(t)$는 다음과 같이 구해진다.

$$S(t) = \int_0^t V(t)\, dt \;\fallingdotseq\; \sum_{i=1}^k V_i \cdot \Delta t$$

$$S_k = \sum_{i=1}^{k-1} V_i \cdot \Delta t + V_k \cdot \Delta t = S_{k-1} + \Delta S_k$$

디지털 적분 순서는

① $V_k = V_{k-1} + \Delta V_k$

② $\Delta S_k = V_k \cdot \Delta t$

③ $S_k = S_{k-1} + \Delta S_k$

여기서 ΔS_k에 해당하는 펄스를 해당축 모터구동기에 입력시키면 이것이 누적되어 S_k만큼 이동하게 된다. 이때 중요한 것은 Δt가 작을수록 정밀하고 부드러운 움직임이 되는데 너무 작으면 계산시간이 많이 걸리게 된다. 이는 스케일 팩터(scale factor)(C)로 조정 가능하다.

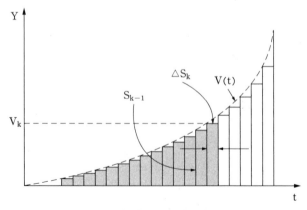

그림 B.5 연속함수의 디지털 적분 △

$$\Delta S_k = V_k C \Delta t \quad (C = \frac{f}{2^n})$$

오버플로우(overflow) 펄스의 평균주파수($\frac{\Delta S_k}{\Delta t}$)는 V_k와 f에 비례하고, 2^n에 반비례하고 n이 클수록 정밀도가 높아진다.

B.2.2 직선보간

1) 원리

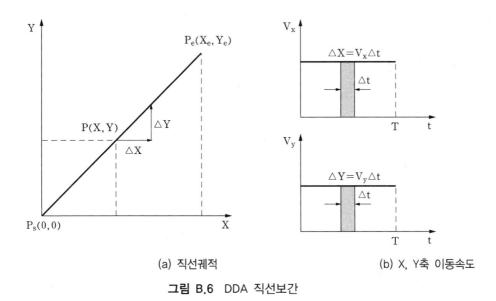

(a) 직선궤적　　　　　　　　　　　(b) X, Y축 이동속도

그림 B.6 DDA 직선보간

그림 B.6처럼 $P_s(0,0)$, $P_e(X_e, Y_e)$ 두 점을 직선보간할 때 전체 이동시간을 T, X, Y축의 속도성분을 V_x, V_y라고 하면

$$\Delta x = V_x \Delta t = \frac{X_e}{T} \Delta t = \frac{X_e}{N}$$

$$\Delta y = V_y \Delta t = \frac{Y_e}{T} \Delta t = \frac{Y_e}{N}$$

한 번에 펄스를 1개 이상 출력하면 안 되므로 Δx(또는 Δy)가 1보다 작게 되도록 Δt(즉, 가산횟수 N≥max(X_e, Y_e))를 조정한다. Δx(또는 Δy)는 일정하고 이것을 반복

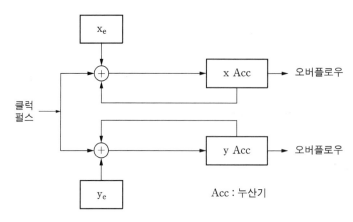

그림 B.7 DDA 직선보간 회로

해서 더해가면서 누적 값이 1을 넘어설 때마다 펄스를 1개씩 지령으로 사용한다. 이것을 표시하면 그림 B.7과 같다. 오버플로우가 축 구동 지령 펄스가 된다.

2) 사례

XY 평면에서 (0,0)에서 (6,5)로 직선으로 움직일 때를 생각한다.

$\Delta x = \dfrac{6 \cdot \Delta t}{T}$, $\Delta y = \dfrac{5 \cdot \Delta t}{T}$ 이므로 $\dfrac{\Delta t}{T} = \dfrac{1}{8}$ (즉, N=8)로 두면 한 번에 1개 이상의 펄스가 출력되는 경우는 안 생긴다. 그리고 이동량 6과 5를 2진수로 나타낼 때 3비트가 필요하다. 표 B.2는 DDA(Digital Differential Analyzer) 직선보간 계산과정을 나타낸다. 오버플로우 되는 펄스마다 해당 축을 1눈금씩 이동하면 그림 B.8처럼 나타낸다.

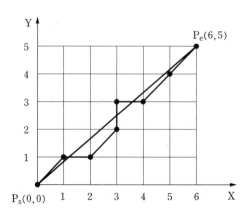

그림 B.8 DDA 직선보간에 의한 이동궤적

표 B.2 DDA 직선보간의 계산 사례(Δx=6, Δy=5)

| 가산 횟수 | X 누산기 | | Y 누산기 | |
	오버플로우 ⊿x	X+Xe	오버플로우 ⊿y	Y+Ye
1	0	0 0 0 + 1 1 0	0	0 0 0 + 1 0 1
2	①	1 1 0 + 1 1 0	①	1 0 1 + 1 0 1
3	①	1 0 0 + 1 1 0	0	0 1 0 + 1 0 1
4	①	0 1 0 + 1 1 0	①	1 1 1 + 1 0 1
5	0	0 0 0 + 1 1 0	①	1 0 0 + 1 0 1
6	①	1 1 0 + 1 1 0	0	0 0 1 + 1 0 1
7	①	1 0 0 + 1 1 0	①	1 1 0 + 1 0 1
8	①	0 1 0 + 1 1 0	①	0 1 1 + 1 0 1
펄스 수	6개	0 0 0	5개	0 0 0

B.2.3 원호보간

1) 원리

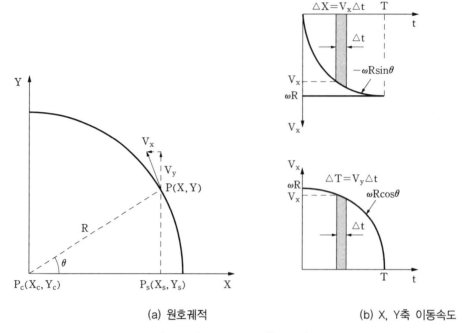

(a) 원호궤적   (b) X, Y축 이동속도

그림 B.9 DDA 원호보간

중심이 Pc(Xc, Yc)이고 반지름이 R인 원통 상에서 원주속도는 일정해도 X, Y축 속도는 위치에 따라 매순간 달라지고, 삼각함수 값으로 나타난다. 임의의 위치 P(X, Y)에서 각축 속도와 순간이동량을 삼각함수 대신에 위치 값을 이용하여 다음과 같이 구할 수 있다.

$$X = R\cos\theta , \; Y = R\sin\theta$$

$$V_x = -wR\sin\theta = -w\,(Y - Y_c), \; V_y = wR\cos\theta = w(X - X_c)$$

$$\Delta x = V_x\,\Delta t = -w(Y - Y_c)\Delta t, \quad \Delta y = V_y\,\Delta t = w(X - X_c)\Delta t$$

이때도 Δx, Δy가 1보다 작게 되도록 Δt를 조정한다. 직선보간과는 달리 현재 위치 X, Y값이 시시각각 바뀌므로 축이 이동할 때마다 그 값을 반영해야 한다. 이것을 회로로 나타내면 그림 B.10처럼 오버플로우 펄스가 상대 축에 반영되는 형태로 된다.

2) 사례

XY평면에서 중심이 (0,0)이고 반경이 5인 원호를 (5,0)에서 (0,5)로 움직이는 경우를 생각한다. 시작단계에 X, Y축 누산기는 모두 0으로 두고 보간 계산과정을 정리하면 표 B.3과 같다. 가산회수 9번째에 Y축 5에 도달했기 때문에 11번째 X, Y펄스가 동시에 출력되더라도 Y축 펄스는 무시되고 X축만 −1 눈금 움직인다. 13단계에 종점인 (0,5)에

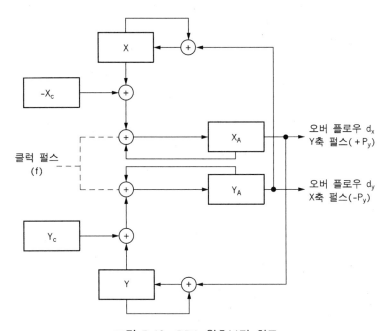

그림 B.10 DDA 원호보간 회로

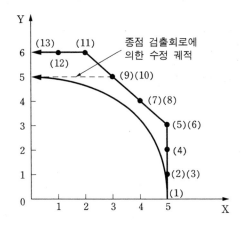

그림 B.11 DDA 원호보간의 지령 펄스

도달한다. 이처럼 초과펄스는 DDA 보간의 단점으로 삼각함수 근사로 인한 누적오차에 의해 생긴다.

표 B.3 DDA 방식 원호보간 계산 사례

가산 횟수	0	1	2	3	4	5	6	7	8	9	10	11	12	13	종점
$x(=V_y)$		101	101	101	101	101	101	101	100	100	011	011	010	001	000
XA	000	101	010	111	100	001	110	011	111	011	110	001	011	100	
$dx(+p_y)$	0	0	1	0	1	1	0	1	0	1	0	1*	0	0	
$y(=V_x)$		000	000	001	001	010	011	011	100	100	101	101	110	110	110
YA	000	000	000	001	010	100	111	010	110	010	111	100	010	000	
$dy(-p_x)$	0	0	0	0	0	0	0	1	0	1	0	1	1	1	

(* 종점 검출회로에 의해 출력되지 않는다.)

B.2.4 특징

① 간단한 회로 구성으로 원호, 직선, 포물선 등을 보간할 수 있다.
② 직선보간은 3차원까지, 원호보간은 2차원까지 가능하다.
③ 동시 3축 직선보간에서 MIT와 대수 연산 방식보다 우수하다.
④ 공구경 보정계산이 복잡하다.
⑤ 미국, 유럽에서 널리 사용된 방식이다.
⑥ 근사식에 의한 영향으로 끝점이 반드시 일치한다고 볼 수 없다. 따라서 종점 검출 회로를 별도로 설치해서 종점이 ±1 펄스 내에 들어오면 강제적으로 정확한 종점으로 끌어들일 필요가 있다.
⑦ 레지스터 비트수가 많을수록 분해능이 좋고 최대허용 치수도 커진다.

B.3 대수연산 방식

일본 후지쯔(Fujitsu) 사가 개발한 방식으로 판별식에 의한 대수연산과 논리판단으로 펄스를 분배하며 계단식으로 추적한다. 3차원 보간이 어렵기 때문에, 제3축 방향으로 조금씩 이송하면서 2차원 절삭을 반복하면 3차원 절삭이 가능하다.

원호보간에서 DDA보다 우수하고 실시간에 공구경 보정 계산을 최초로 한 방식이다. 대수연산(stairs approximation)방식은 속도제어 및 확장성에 스스로 한계가 있다.

B.3.1 직선보간

그림 B.12 (a)에 보듯이 $\overline{P_s P_e}$ 직선의 방정식은 $x_e y - y_e x = 0$ 이다. 임의의 점 (x_i, y_j) 에서 판별식은 $D_{i,j} = x_e\, y_j - y_e\, x_i$ 인데 두 가지 경우가 생긴다.

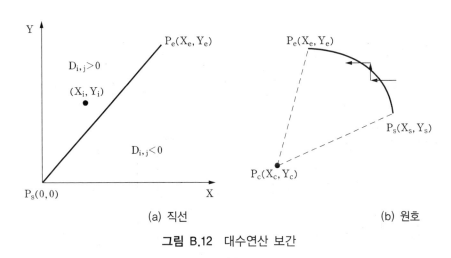

(a) 직선　　　　　　　　　　　　　(b) 원호

그림 B.12　대수연산 보간

① $D_{i,j} > 0$ 일 때 점은 직선 상측에 있으므로 다음 지령은 +x 펄스이어야 지령궤적이 직선에 근접하게 된다. 이동한 뒤의 점 (i+1, j)에서 새로운 판별식 $D_{i+1, j}$ 은 다음과 같이 구해진다.

$$D_{i+1, j} = x_e\, y_j - y_e\, (x_i + 1) = D_{i,j} - y_e$$

② $D_{i,j} < 0$ 일 때 점은 직선 하측에 있으므로 다음 지령은 +y 펄스이고 그 다음 점 (i, j+1)에서 새로운 판별식 $D_{i, j+1}$ 은 다음과 같다.

$$D_{i,j+1} = x_e\, (y_j + 1) - y_e\, x_i = D_{i,j} + x_e$$

따라서 알고리즘이 덧셈, 뺄셈으로만 구성되고 오차는 ±1 펄스 이내이다. 판별식이 0이면 ①, ② 어디로 하여도 관계없다.

B.3.2 원호보간

그림 B.12 (b)에서 중심 (x_c, y_c), 시작점 (x_s, y_s), 끝점 (x_e, y_e)인 원호의 식은
$(x - x_c)^2 + (y - y_c)^2 = (x_s - x_c)^2 + (y_s - y_c)^2$이고, (x_i, y_j) 점에서 판별식은
$D_{i,j} = (x_i - x_c)^2 + (y_j - y_c)^2 - (x_s - x_c)^2 - (y_s - y_c)^2$이다.

① $D_{i,j} > 0$ 일 때, 점은 원의 외부에 있으므로 다음 지령은 $-x$ 펄스이고, 그 다음
점 (i+1, j)에서 판별식은 $D_{i+1,j} = (x_i - 1)^2 + y_j^2 - r^2$ 이다.

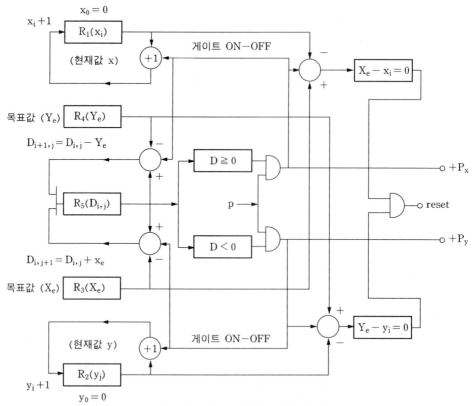

그림 B.13 직선보간회로 (대수연산)

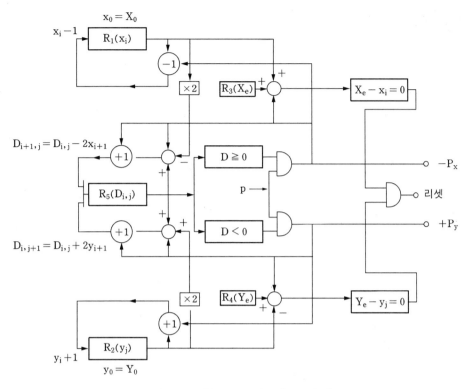

그림 B.14 원호보간 회로 (대수연산)

② $D_{i,j} < 0$일 때, 점은 원의 내부에 있으므로 다음 지령은 +y 펄스이고 그 다음 점 (i, j+1)에서 판별식은

$$D_{i,j+1} = x_i^2 + (y_i+1)^2 - r^2 = D_{i,j} + 2y_j + 1 = D_{i,j} + y_i + y_j + 1$$

이다.

따라서 알고리즘이 덧셈 3개로만 이루어지고 오차 1펄스 이내이다. 판별식이 0이면 ①, ② 어떤 쪽으로 처리하여도 관계없다.

대수연산 보간은 알고리즘이 덧셈, 뺄셈으로만 이루어지기 때문에 전자회로로 구성하기 쉽다. 따라서 처리속도를 높일 수 있다. 그림 B.13, B.14는 대수연산 보간회로를 나타낸다.

B.4 SPD

SPD(Smoothed Pulse Distribution) 방식은 대수연산 방식을 개선한 방식으로 궤적이 X축으로부터 45° 직선에 대해서 위인지 아래인지에 따라 X, Y 동시펄스 즉, 45° 운동을 가능하게 함으로써 대수 연산 방식의 오차를 줄이고자 하는 것이다. 그림 B.15에서 알 수 있듯이 직선일 경우 경사가 45° 이상일 때는 Y펄스 아니면 X, Y 동시펄스 출력이고, 45° 이하 경사일 때는 X펄스 아니면 X, Y 동시펄스 출력이다. 원호일 경우 45° 이상에서는 −X펄스와 −X, Y 동시펄스 출력이고, 45° 이하에서는 Y펄스와 −X, Y 동시펄스 출력이다.

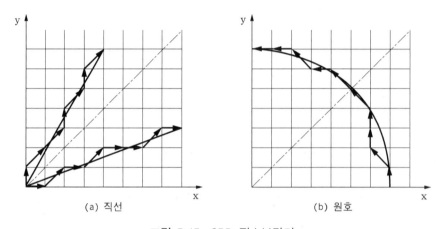

(a) 직선   (b) 원호

그림 B.15 SPD 펄스보간기

부록 C 원호의 직선 근사

C.1 근사 오차와 분할각 결정

그림 C.1은 원호 $P_i P_{i+1}$를 직선근사할 때 한쪽으로 치우치지 않고 근사직선이 원호의 내·외부에 적절히 걸치도록 했을 때 생기는 오차를 나타낸 것이다. ER_i 를 반경오차, EH_i 를 높이오차라고 한다.

① 반경오차(ER)

$$ER_i = R_i - R = \sqrt{X_i^2 + Y_i^2} - R = (\sqrt{(A^2 + B^2)^i} - 1)R \qquad (C.1)$$

왜냐하면

$$X_{i+1}^2 = A^2 X_i^2 + B^2 Y_i^2 - 2AB X_i Y_i$$

$$Y_{i+1}^2 = A^2 Y_i^2 + B^2 X_i^2 + 2AB X_i Y_i$$

$$X_{i+1}^2 + Y_{i+1}^2 = (A^2 + B^2)(X_i^2 + Y_i^2)$$

이므로 $X_0^2 + Y_0^2 = R^2$ 이라 두면

$$R_i^2 = X_i^2 + Y_i^2 = (A^2 + B^2)^i R^2$$

따라서 $R_i = \sqrt{(A^2 + B^2)^i}\ R$ 이기 때문이다.

문제는 A, B가 삼각함수 값으로 근사오차 때문에 $A^2 + B^2 \neq 1$ 이므로 오차가 누적된다는 것이다.

$$ER_i = i(\sqrt{A^2 + B^2} - 1) R \tag{C.2}$$

반복횟수 i 가 커질수록 오차가 커진다.

1개 NC 원호보간 명령에서 $\frac{1}{4}$ 원(circle)이 만들어진다면

최대 반복횟수 : $N = \frac{1}{4}$ 원 $\div \alpha = \dfrac{\pi}{2\alpha}$

이때 $ER_{\max} = \dfrac{\pi}{2\alpha}(\sqrt{A^2 + B^2} - 1) R$

② 높이오차(chord height error : EH)

$$EH_i = R - R_i \cos\frac{\alpha}{2} = R - R_i \cdot \sqrt{\frac{1+A}{2}} \tag{C.3}$$

$$\left(\because \cos\frac{\alpha}{2} = \sqrt{\frac{1+\cos\alpha}{2}} \right)$$

이 오차는 반복횟수에 따라 누적되지 않는다.

③ 분할각(α) 결정

MAX(ER, EH) 〈 1 BLU가 되도록 α를 정한다.

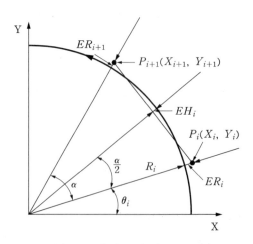

그림 C.1 원호의 직선 근사오차

C.2 반경오차의 최소화 방법(Tustin Method)

ER=0로 하는 내부 직선근사 방식이다. Tustin 근사식은 연산자(operator) s와 z의 관계식, 즉 $s = \dfrac{2}{T}(\dfrac{z-1}{z+1})$을 이용한다.

그 결과,

$$A = \frac{1-(\alpha/2)^2}{1+(\alpha/2)^2}, \quad B = \frac{\alpha}{1+(\alpha/2)^2} \tag{C.4}$$

A, B 근사식을 4장의 식 (4.2), (4.3)에 대입하면

$$DX_i = -\frac{1}{1+(\alpha/2)^2}[\frac{\alpha^2}{2}X_i + \alpha Y_i]$$

$$DY_i = \frac{1}{1+(\alpha/2)^2}[-\frac{\alpha^2}{2}Y_i + \alpha X_i] \tag{C.5}$$

$$V_{x_i} = -\frac{V}{R[1+(\alpha/2)^2]}[\frac{\alpha}{2}X_i + Y_i]$$

$$V_{y_i} = \frac{V}{R[1+(\alpha/2)^2]}[-\frac{\alpha}{2}Y_i + X_i] \tag{C.6}$$

식 (C.4)를 truncation 오차식 식 (C.2)에 대입하면 $ER_i = 0$이다. 따라서 α 는 EH로 결정된다.

$$R_i = R \text{이므로 } EH = R - \frac{R}{\sqrt{1+(\alpha/2)^2}}$$

$$\alpha \ll 1 \text{이므로 } EH = \frac{\alpha^2}{\alpha^2 + 8}R$$

EH = 1 BLU이려면,

$$\alpha = \sqrt{\frac{8}{R-1}} \approx \sqrt{\frac{8}{R}} \tag{C.7}$$

따라서 $\dfrac{1}{4}$ 원에 필요한 반복횟수

$$N = \frac{\frac{\pi}{2}}{\sqrt{\frac{8}{R}}} = \frac{\pi}{4\sqrt{2}}\sqrt{R}$$

C.3 개선된 Tustin Method

실용적 측면에서 근사각 α 가 큰 것이 바람직하다. 따라서 ER=0 로 하지 않고 ER=EH=1 BLU 이 되도록 α 를 정하는 근사방식이다.

$$\cos\frac{\alpha}{2} = \frac{R-1}{R+1} = \sqrt{\frac{1+A}{2}}$$

따라서,

$$\frac{R+1}{R-1} = \sqrt{\frac{2}{1+A}} = \sqrt{1+(\frac{\alpha}{2})^2} \approx 1 + \frac{\alpha^2}{8} \tag{C.8}$$

$$\Rightarrow \quad \alpha = \sqrt{\frac{16}{R-1}} \approx \frac{4}{\sqrt{R}}$$

식 (C.7)과 비교하면 α 가 $\sqrt{2}$ 배 커진다. 따라서 $\frac{1}{4}$ 원에 필요한 반복횟수는 $N = \frac{\pi}{8}\sqrt{R}$ 이다.

C.4 원호보간 예

R=10000 BLU인 $\frac{1}{4}$ 원에 필요한 반복횟수를 구하라.

① Tustin 법 $\alpha = \sqrt{\frac{8}{10000}}$ $N = \frac{\pi}{2\alpha} = 56$

② ITM $N = 40$

③ software DDA $N = \pi\frac{R}{2} (=$ 호의 길이$) = 15708$

부록 D 자유곡선 보간

D.1 3차 다항식 보간기

4장의 그림 4.12의 i번째 분절좌표 값 $\mathbb{R}_i$은 다음과 같이 표현된다.

$$\mathbb{R}_i(t) = \begin{bmatrix} x_i(t) \\ y_i(t) \\ z_i(t) \end{bmatrix} = \begin{bmatrix} a_{x0} \ a_{x1} \ a_{x2} \ a_{x3} \\ a_{y0} \ a_{y1} \ a_{y2} \ a_{y3} \\ a_{z0} \ a_{z1} \ a_{z2} \ a_{z3} \end{bmatrix} \begin{bmatrix} 1 \\ t \\ t^2 \\ t^3 \end{bmatrix} \tag{D.1}$$

$$= \mathbb{A}_i \mathbb{B}(t)$$

여기서, $\mathbb{A}_i$는 스플라인 계수 행렬, $t_{i-1} \le t \le t_i$ $\dot{\mathbb{R}}(t) = \mathbb{A} \cdot \dot{\mathbb{B}}(t)$, $\ddot{\mathbb{R}}(t) = \mathbb{A} \cdot \ddot{\mathbb{B}}(t)$

여기서, $\dot{\mathbb{B}}(t) = \begin{bmatrix} 0 \\ 1 \\ 2t \\ 3t^2 \end{bmatrix}$, $\ddot{\mathbb{B}}(t) = \begin{bmatrix} 0 \\ 0 \\ 2 \\ 6t \end{bmatrix}$

$\mathbb{A}_i$의 계수 값들은 i번째 분절의 양 끝점의 경계조건에서 구해진다.

$$\mathbb{P}_i = \mathbb{A}_i \cdot \mathbb{E}_i$$

$$\mathbb{A}_i = \mathbb{P}_i \cdot \mathbb{E}_i^{-1} \tag{D.2}$$

여기서, $\mathbb{P}_i = \begin{bmatrix} \mathbb{R}_i(t_{i-1}) \ \dot{\mathbb{R}}(t_{i-1}) \ \mathbb{R}(t_i) \ \dot{\mathbb{R}}(t_{i-1}) \end{bmatrix}$,

$\mathbb{E}_i = \begin{bmatrix} \mathbb{B}(t_{i-1}) \ \dot{\mathbb{B}}(t_{i-1}) \ \mathbb{B}(t_i) \ \dot{\mathbb{B}}(t_i) \end{bmatrix}$

i번째 분절의 지령은 제어주기(T)마다 식 (D.1)에서 시간 t를 증가시키며 구한 x, y, z의 변화량이다. 제어주기가 짧으면 정밀도를 높일 수 있다.

예를 들어 그림 D.1 (a)의 궤적을 4개의 분절로 나누어 생성하는 지령을 구해 보자. 이 궤적의 x, y 좌표 값을 시간축으로 각각 그림 D.1 (b), (c)처럼 나타내고, 주어진 경계조건(표 D.1)을 식 (D.2)에 대입하면 각 분절마다 계수 행렬이 계산된다.

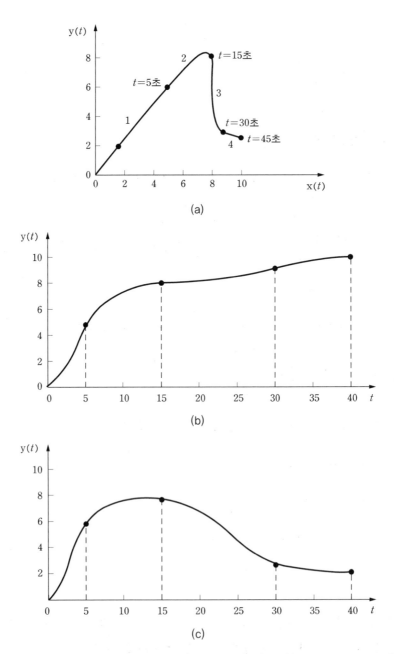

(a)

(b)

(c)

그림 D.1 XY평면 내 궤적(a)과 각 축의 시간궤적(b, c)(Bollinger & Duffie)

1분절$(0 \leq t \leq 5)$: $\mathbb{A}_1 = \begin{bmatrix} -0.052 & 0.46 & 0 & 0 \\ -0.064 & 0.56 & 0 & 0 \end{bmatrix}$

2분절$(5 \leq t \leq 15)$: $\mathbb{A}_2 = \begin{bmatrix} 0.001 & -0.065 & 1.275 & 0.125 \\ 0.004 & -0.16 & 2.1 & -1 \end{bmatrix}$

3분절$(15 \leq t \leq 30)$: $\mathbb{A}_3 = \begin{bmatrix} 5.185 \times 10^{-4} & -2.667 \times 10^{-2} & 0.45 & 5.5 \\ 1.852 \times 10^{-3} & -1.333 \times 10^{-1} & 2.75 & -9.5 \end{bmatrix}$

4분절$(30 \leq t \leq 40)$: $\mathbb{A}_4 = \begin{bmatrix} 0.0005 & -0.065 & 2.8 & -30 \\ -0.0015 & 0.17 & -6.4 & 82.5 \end{bmatrix}$

0.01초 주기로 지령을 생성했을 때 매초마다 10초 동안의 지령을 정리하면 표 D.2와 같다.

표 D.1 경계조건

i	t_i[sec]	x_i[cm]	$\dfrac{dx_i}{dt}$[cm/s]	y_i[cm]	$\dfrac{dy_i}{dt}$[cm/s]
0	0	0.0	0.00	0.0	0.00
1	5	5.0	0.70	6.0	0.80
2	15	8.0	0.00	8.0	0.00
3	30	9.0	0.25	3.0	-0.25
4	40	10.0	0.00	2.5	0.00

표 D.2 3차 다항식 보간지령(1,000개 중 11개만 추출)

n	t	u_1	x	y	z
0	0.0	0.0	0.000	0.000	0.000
100	1.0	0.1	-0.028	0.000	0.028
200	2.0	0.2	-0.104	0.000	0.104
300	3.0	0.3	-0.216	0.000	0.216
400	4.0	0.4	-0.352	0.000	0.352
500	5.0	0.5	-0.500	0.000	0.500
600	6.0	0.6	-0.648	0.000	0.648
700	7.0	0.7	-0.784	0.000	0.784
800	8.0	0.8	-0.896	0.000	0.896
900	9.0	0.9	-0.972	0.000	0.972
1000	10.0	1.0	-1.000	0.000	1.000

D.2 NURBS 보간기

D.2.1 직선 근사 가공의 문제점

금형이나 항공기 부품 등의 곡면을 정밀하게 가공하려면 미소 직선 근사를 해야 하는
데, 이 경우 NC 프로그램이 너무 길어져서 고속데이터 전송이 필요하고 분절마다 각이
지게 된다. 미소 직선 연결부에서는 급격한 속도 변화에 따른 충격을 줄이기 위해 감속이
필요하게 되어(그림 D.2) 가공시간이 길어지는 단점이 있다. 또 공차가 작을수록 데이터
량이 증대하는 단점도 있다. 실제 곡선을 미소 직선 근사하는 과정은 그림 D.3처럼
CAD에서 곡선을 모델링한 NURBS(Non Uniform Rational B-Spline) 곡선을 CAM에
서 다시 미소 직선으로 하여 NC 지령으로 바꾼다.

그림 D.2 곡선의 미소 직선 근사에서 CAD-CAM-CNC 역할

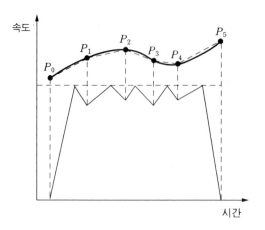

그림 D.3 미소 직선 근사에서 속도변동

D.2.2 NURBS 보간의 장점

CAD에서 사용한 NURBS 지령을 그대로 사용하면 되기 때문에 미소 직선 근사는
불필요하다. 따라서 프로그램 크기가 작아져서 고속데이터 전송이 불필요하고, 부드러
운 가공형상을 얻을 수 있고, 미소 직선 사이에서 감속이 없으므로 가공시간이 줄어든다.
곡률변화에 따라 허용 최대속도로 가공할 수 있어 가공시간이 단축된다.

D.2.3 NURBS 곡선

NURBS 근사는 1, 2차 미분 연속이라는 함수의 속성 상 곡선 전 영역에서 부드럽고,
원추 곡선(원, 타원, 포물선, 쌍곡선)도 근사할 수 있고 곡선의 일부(국소적) 변경해도
다른 부분에 영향을 주지 않는 장점이 있다.

NURBS 곡선은 제어점(control point), 가중치(wright), 노트(knot)를 이용해서 다음
과 같이 정의된다.

$$- P(t) = \frac{\sum_{i=0}^{n} N_{i,4}(t) \cdot w_i \cdot P_i}{\sum_{i=0}^{n} N_{i,4}(t) \cdot w_i}$$

$$N_{i,1}(t) = \begin{cases} 1 \ (x_i \leq t \leq x_{i+1}) \\ 0 \ (t < x_i \ , \ x_{i+1} < t) \end{cases}$$

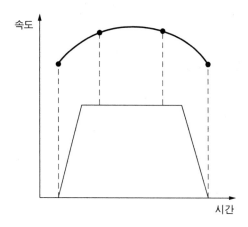

그림 D.4 NURBS 보간에서 속도변동

$$N_{i,k}(t) = \frac{(t-x_i) \cdot N_{i,k-1}(t)}{x_{i+k-1}-x_i} + \frac{(x_{i+k}-t)N_{i+1,k-1}(t)}{x_{i+k}-x_{i+1}}$$

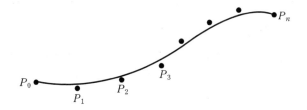

P_i : 제어점, w_i : 가중치, x_i : 노트

① 제어점 : 곡선의 위치를 알려주는데, 보통 곡선 상에 있지 않다.

② 가중치 : 제어점의 가중치를 나타내는데, 클수록 곡선은 그 제어점에 가깝다.

③ 노트 : 곡선상의 각 분절점에서 매개변수 t 값을 나타낸다. 노트 사이의 값이 작으면 곡선이 급변하고, 크면 완만하게 변한다.

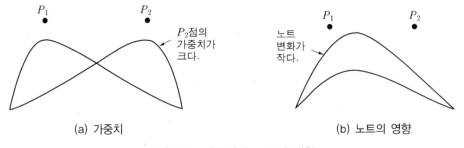

그림 D.5 가중치와 노트의 영향

D.2.4 NURBS 보간 지령형식

NURBS 보간 지령의 NC 코드는 다음과 같이 표현된다.

```
G06.2   X_ Y_ Z_ R_ K_ ;
        X_ Y_ Z_ R_ K_ ;
        .
        .
        .
        X_ Y_ Z_ R_ K_ ;
        K_ ;  K_ ;  K_ ;
```

여기서 X, Y, Z는 제어점, R은 가중치, 그리고 K는 노트 값을 의미한다.

D.2.5 NURBS 보간의 미소 직선 계산

제어주기 간격이 짧을수록 보간점 간격이 짧아지고 부드러움도 향상된다.

예] 허용가속도 0.2G인 기계로 곡률반경 50mm 곡선을 가공할 때 1ms의 제어주기로
지령을 낼 때 미소 직선 길이는?

풀이 우선 허용속도(v)를 구하면,

$$rw^2 = 0.2G$$

$$v^2 = (rw)^2 = 0.2G \times r$$

$$= 0.2 \times 9.8 \mathrm{m/s}^2 \times \frac{50}{1000}\mathrm{m}$$

$$= 0.098 \mathrm{m}^2/\mathrm{s}^2$$

$$\therefore v = \sqrt{0.098}\,\mathrm{m/s} = 60 \cdot \sqrt{0.098}\,\mathrm{m/min} = 18.8 m/min$$

1ms 간격으로 보간한다면 미소직선 길이

$$l = 1\mathrm{ms} \times v = 0.313\mathrm{mm}$$

이때 근사오차는

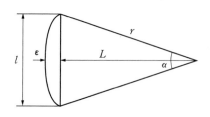

$$\epsilon = r - L = r - r \cdot \cos\frac{\alpha}{2} = r\left(1 - \cos\frac{\alpha}{2}\right)$$

$$= r\left(1 - \sqrt{\frac{1}{2}(1 + \cos\alpha)}\right)$$

테일러 시리즈에 의해 $\epsilon \approx \dfrac{\alpha^2}{8} \cdot r = \dfrac{(r\alpha)^2}{8r} = \dfrac{l^2}{8r} = 0.245\mu\text{m}$ 이다.

따라서 NURBS 보간에 의해 고속에서 공차 $1\mu m$ 이하의 고정도가공이 가능하다.

D.2.6 5축 NURBS 보간

직선 3축에 회전 2축을 추가하면 5축 보간이 가능하다.

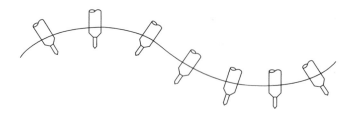

그림 D.6 5축 가공에서의 공구자세

G06.2 X_ Y_ Z_ α_ β_ R_ K_ ;
          X_ Y_ Z_ α_ β_ R_ K_ ;
          ......
          X_ Y_ Z_ α_ β_ R_ K_ ;
          K; K; K;

찾아보기

저자와
협의에
의해 인지를
생략함

CNC공작기계와 프로그래밍

2014년 3월 5일 1판 1쇄 발행
2017년 3월 2일 1판 2쇄 발행

저 자 ◉ 안 중 환·김 창 호·김 선 호·김 화 영
발행자 ◉ 조 승 식
발행처 ◉ (주) 도서출판 북스힐
　　　　 서울시 강북구 한천로 153길 17
등 록 ◉ 제 22-457 호

 (02) 994-0071(代)

 (02) 994-0073

 bookswin@unitel.co.kr
www.bookshill.com

값 20,000원

잘못된 책은 교환해 드립니다.
ISBN 978-89-5526-706-8

※ 잘못된 책은 서점에서 교환해 드립니다.
※ 남의 물건을 훔치는 것만이 절도가 아닙니다.
　무단복사·복제를 하여 제3자의 지적소유권에
　피해를 주는 것은 문화인으로서 절도보다도
　더한 수치로 양심을 훔치는 행위입니다.